职业教育计算机专业改革创新教材

系统故障诊断与维护

主　编　李林孖
副主编　李　洋
参　编　刘　仁　康　倩　汪　旭

机 械 工 业 出 版 社

本书以项目的形式，结合实际工作任务，培养读者在计算机故障诊断与维护方面的相关岗位职业能力。本书的主要内容包括计算机系统故障诊断与维护的基础知识与计算机软件、硬件和网络系统故障诊断与维护的基本方法。书中内容系统全面、结构清晰合理、通俗易懂、案例丰富、实用性强。

本书可以作为各类职业院校计算机及相关专业的教材，也可以作为计算机维修人员的参考用书。

本书还配有电子课件，选用本书作为教材的教师可以从机械工业出版社教材服务网（www.cmpedu.com）免费注册下载或联系编辑（010-88379194）咨询。

图书在版编目（CIP）数据

系统故障诊断与维护/李林孖主编. —北京：机械工业出版社，2015.12（2024.8重印）
职业教育计算机专业改革创新教材
ISBN 978-7-111-52670-4

Ⅰ. ①系… Ⅱ. ①李… Ⅲ. ①计算机系统—故障诊断—高等职业教育—教材 ②计算机系统—维护—高等职业教育—教材 Ⅳ. ①TP30

中国版本图书馆CIP数据核字（2016）第006622号

机械工业出版社（北京市百万庄大街22号 邮政编码100037）
策划编辑：梁 伟 责任编辑：李绍坤 陈瑞文
责任校对：刘秀芝 封面设计：鞠 杨
责任印制：邓 博

北京盛通数码印刷有限公司印刷

2024年8月第1版第6次印刷
184mm×260mm · 15印张 · 370千字
标准书号：ISBN 978-7-111-52670-4
定价：48.00元

电话服务	网络服务
客服电话：010-88361066	机 工 官 网：www.cmpbook.com
010-88379833	机 工 官 博：weibo.com/cmp1952
010-68326294	金 书 网：www.golden-book.com
封底无防伪标均为盗版	机工教育服务网：www.cmpedu.com

前　言

目前，计算机的应用已非常普及，它在人们生活中的作用也越来越重要。然而，计算机在使用过程中难免会出现各种故障，轻则影响工作，重则会造成大的损失。做好计算机的日常维护工作并及时地排除故障，对于保证计算机正常运行及延长计算机使用寿命是至关重要的。掌握计算机维护与维修的技术并能处理计算机系统的一些简单故障，已成为对职业院校学生，特别是计算机相关专业毕业生的基本工作要求。通过本书的学习，学生可以掌握计算机软件、硬件和网络系统故障诊断的基本方法，提高计算机维护与维修的基本能力，以增加就业创业机会和竞争力。

本书根据国家职业标准和职业院校教学特点，采用“项目引导—任务驱动”的教学模式，任务均采用“任务情境—任务分析—任务实施—任务评价—任务拓展”的体例（导学部分除外），从完成计算机维修的典型工作任务出发，培养计算机故障诊断与维护相关岗位的职业能力，使读者能够根据计算机的故障现象处理常见的系统故障并进行一般性的维护，保障计算机系统的正常运行。

本书共 12 个项目，导学部分简述故障基础知识和维修人员必备素质；项目 1 ～项目 3 介绍软件系统故障诊断与维护的相关知识，包括优化操作系统、重新安装 Windows 操作系统和系统加密与数据恢复；项目 4 ～项目 8 介绍硬件系统故障诊断与维护的相关知识，包括内存和 BIOS 故障诊断与维护、主板和 CPU 故障诊断与维护、显示故障诊断与维护、存储设备故障诊断与维护以及其他硬件故障诊断与维护；项目 9 ～项目 11 介绍网络系统故障诊断与维护的相关知识，包括网络故障诊断与维护、网络安全维护以及反病毒软件的使用。

本书由李林孖任主编，李洋任副主编，参加编写的还有刘仁、康倩和汪旭。其中，项目 1、项目 3、项目 9 和项目 11 由李林孖编写；项目 2、项目 4、项目 7 和项目 10 由李洋编写；项目 6 和项目 8 由刘仁编写；项目 5 由康倩编写；项目 0 由康倩和汪旭共同编写。

本书是编者根据多年的实际教学经验编写而成的，但由于计算机软硬件发展非常迅速，加之作者水平有限，书中难免存在疏漏和不妥之处，敬请读者和专家批评指正。

编　者

目　　录

项目0 导 学

项目情境

小李刚毕业就到计算机公司工作。公司准备先对小李进行岗前培训，使其了解计算机故障诊断与维护的基础知识和公司对维修人员的要求。

项目概述

俗话说：“人吃五谷杂粮，哪有不生病的。”在计算机的实际使用过程中，出现故障也是在所难免的事情。五花八门的计算机故障总是不请自来，无孔不入。其实，大部分计算机故障的出现都是因为计算机使用者的一些错误的使用习惯、病毒感染、各种设置不当等原因造成的。所以，一旦学习了故障诊断与维护的基础知识，了解一些常用的维修方法和工具软件，就可以轻松排除许多常见的故障。

本项目主要介绍故障诊断与维护的基础知识和维护人员的必备素质。

学习目标

知识目标：

1. 了解计算机故障的分类；
2. 掌握计算机故障的诊断原则；
3. 了解计算机故障诊断与处理的工具和方法；
4. 掌握维修人员应具备的工作素质要求。

能力目标：

1. 能按照客服提供的处理要求为客户提供服务；
2. 能按故障处理流程诊断故障和维护计算机。

情感目标：

1. 产生学习兴趣和求知欲望；
2. 提高交际和协作能力；
3. 能够利用多种手段进行自学和接受新知识。

任务 1 故障基础知识

1. 常见的故障现象

当计算机出现故障时，故障检测是排除硬件故障的第一步，也是最为重要的一个步骤。虽然计算机故障的产生原因纷繁多样，但只要掌握好相关技巧，识别故障产生的原因还是有章可循的。在对计算机进行维修前，一定要先清楚计算机产生故障的具体现象，这样才能准确、明晰地判断计算机产生故障的原因。计算机在出现故障时，通常表现为死机、蓝屏、黑屏、花屏、自动重启、无法进入系统和无法进入自检状态等，常见的计算机故障现象见表 0-1。

表 0-1 常见的计算机故障现象

故障现象	详细说明
死机	计算机死机是较为常见的故障之一，它主要表现为系统以及所有的应用程序被锁死，用户无法通过鼠标或键盘对其进行操控，甚至会出现鼠标光标无法移动、无法从键盘输入的现象
黑屏	黑屏主要表现为计算机显示器突然关闭，或在正常工作状态下显示器没有信号输入
蓝屏	计算机显示器出现蓝色屏幕，且屏幕上有数段白色英文提示；通常在计算机启动、关闭或运行某些软件时发生，同时伴有死机现象
花屏	花屏一般在启动或运行软件程序时出现，一般表现为显示器显示的图像错乱，也会伴有死机现象
自动重启	自动重启故障一般在运行某些程序时发生，一般表现为在执行某些操作时，系统突然出现非正常提示或不出现提示信息，自动重新启动操作系统
程序运行缓慢	程序运行缓慢一般表现为在计算机运行程序时，响应异常缓慢
无法开机	无法开机故障主要表现为按下计算机的电源开关后，计算机无法加电启动
无法从键盘输入	按下键盘上的任何按键都没有反应
鼠标光标无法移动	如果在系统运行时将鼠标从主机上拔下再插上，则会出现鼠标无响应的情况

除了上述常见的故障现象以外，用户在实际的使用过程中，还经常会出现一些如网络连接状态为断开、按下显示器的电源无法打开显示器等现象。

这些常见的故障一般都是较为简单的计算机故障。常见的计算机故障的原因大致分为四类，具体见表 0-2。

表 0-2 常见的计算机故障原因

故障原因	详细说明
人为因素	计算机故障 70% 以上均为此原因。不正确的使用方法和操作习惯，如大力敲击键盘、随意插拔硬件设备、不正常关机等，都会损坏计算机硬件，使故障率增加
病毒	病毒和木马会使计算机启动时间加长，运行速度变慢，正常操作出错，更甚者会造成操作系统的瘫痪
器件	计算机硬件设备中所使用电子元器件和其他配件的质量及制造工艺，都会影响硬件的可靠性和寿命。另外，硬件和硬件间、操作系统和硬件间、硬件和驱动程序间还是存在不能完全兼容的现象，这些不兼容同样会导致计算机各种故障的出现
环境	长期工作在多灰尘、多静电等恶劣环境中，一些部件就会因为积尘、静电和潮湿等而出现故障。供电电压不稳，没有可靠接地，开关电源品质不良等，不能按时、正确地对计算机设备进行必要的日常维护，也会增加其故障率

只要仔细观察产生的故障现象，回忆一下出现故障之前曾经执行过哪些操作等，一般都会非常快速地判断出计算机故障发生的原因并一步一步将其解除。

2. 计算机故障的类型

计算机故障主要可以分为硬件故障和软件故障两大类，下面将分别介绍这两大类故障的基本概念。

（1）硬件故障　在行业语言描述中，硬件故障一般被简称为“硬故障”，这是一种由于计算机硬件使用不当或硬件的物理损坏而造成计算机不能正常使用的现象。在常规情况下，硬故障的故障现象比较明显，如主机箱上的电源指示灯不亮、主机箱的电源风扇不转动、显示器不显示任何内容、启动时提示出错信息而无法进入操作系统等。硬故障又可以根据故障的具体现象分为“真”故障和“假”故障两个类型。

1）“真”故障。“真”故障是指各种板卡（如显卡和内存条）外接设备等出现元器件故障或机械故障，属于硬件的物理损坏。这类故障一般会导致这些硬件设备的功能完成丧失，甚至会造成整台计算机处于瘫痪状态，这类故障如果不及时排除，则还有可能导致其他相关部件的损坏。

2）“假”故障。“假”故障是指计算机主机的各种硬件设备完好，但是不能正常运行或部分功能丧失的故障。这类故障一般是由于硬件的安装和设置不当造成的，这类故障不会造成更严重的其他类故障产生。

（2）软件故障　软件故障一般也被简称为“软故障”，这类故障是由于软件系统出现问题而导致的计算机故障，也是计算机故障中最为常见的故障类型。例如，在使用过程中，屏幕出现系统错误，或安装的一些其他软件无法运行或运行出错等。

要迅速地处理这些计算机故障，首先需要用户熟悉计算机各种软硬件的相关特性，按故障处理原则定位故障，从而将故障排除。

3. 故障诊断的原则

计算机故障的处理是一项技术性较强但同时又具备较强逻辑性的工作。在进行故障处理时，除了应掌握一定的原理知识，具备一定的逻辑分析、检修能力和故障处理经验，还应遵循一定的原则并按照一定的步骤进行。如果不遵循诊断逻辑，那么可能会进一步扩大故障。在诊断计算机故障时，应遵循先静后动、先简后繁、先软后硬、先外后内的基本诊断原则。

（1）先静后动　处理故障时，第一要务就是仔细观察，然后静心分析，最后动手处理，要具备足够的耐心和信心。

观察内容主要包括以下几个方面：

1）周围环境。电源环境，其他高功率电器，电、磁场状况，计算机的布局，网络硬件环境，温湿度，环境的洁净程度，安放计算机的台面是否稳固，周边设备是否存在变形、变色、异味等异常现象。

2）硬件环境。机箱内的清洁度、温湿度、颜色、形状和气味等，主板跳线设置、配件的连接是否正确，有无错误或错接，缺针、断针等现象，用户加装的与计算机相连的其他设备等一切可能与计算机运行有关的其他硬件设施。

3）软件环境。系统中加载了何种软件、它们与其他软硬件间是否有冲突或不匹配的地方；除标配软件及设置外，要观察设备、主板及系统等的驱动程序和补丁程序是否安装且合适；要处理的故障是否为业内公认的 bug 或兼容问题；用户加装的其他应用与配置是否合适。

4）加电过程中的观察。元器件的温度、异味、是否冒烟等，系统时间是否正确，指示灯的状态等。

5）拆装主板时的观察。要有记录主板原始安装状态的好习惯，且要认真观察主板上元器件的形状、颜色和原始的安装状态等情况。

6）观察用户的操作过程和习惯是否符合要求等。

（2）先简后繁　遇到计算机故障后，先要从最简单、最可能的故障原因开始排除，如电源的连接、各种硬件的物理连接、各种连接线缆是否连通等，检查完这些简单的，如果还没能解决故障，则再往复杂的方向去排查。

（3）先软后硬　因为硬件故障出现的几率远远小于软件故障出现的几率，而且处理软件故障比硬件故障更容易，所以当计算机出现故障时，不要急于动手检查硬件，而要先从软件上来分析故障原因，如计算机是否中了病毒、是否CMOS参数设置不当、是否系统错误等。通过检测软件或工具软件排除软件方面故障的可能，如果不能解决，则再来检查硬件方面的故障。

（4）先外后内　先外后内是指检查故障时应遵循先从机箱的外部查找故障，再从机箱的内部查找故障，逐步缩小查找范围的原则，最终找出故障点。因外设原因引发的故障往往比较容易发现和排除，因此可根据故障现象或提示进行检修，如键盘无法输入可以先检查连接线是否连接紧密，若故障仍未排除，则再考虑打开机箱，尽量不要盲目拆卸硬件部件。

经验分享

注意维修安全

在诊断计算机故障时一定要做好安全防护措施，并且在进行故障现象复现和维修判断的过程中，要避免扩大故障范围。特别是在拆机检查时，一定要先将主机的电源切断，不可在带电的情况下插、拔各种插卡、插头和接线。因为在带电情况下，插拔各种适配卡会产生很强的瞬间反激电压，足以击毁芯片，而且带电插拔也会使很多外部设备的连接电缆和接口损坏。所以，如果未查清楚故障产生的原因就贸然通电，则可能导致更多的元器件被损坏，给维修工作带来困难。另外，对于自己不熟悉的应用或设备，应在认真阅读用户使用手册或其他相关文档后，才可动手操作。

4. 故障处理的基本流程

对计算机进行故障诊断与排除，应遵循如下步骤：

1）了解情况，即在服务前，与用户沟通，了解故障发生前后的情况，进行初步的判断。如果能了解故障发生前后尽可能详细的情况，那么不仅能初步判断故障部位，也对准备相应的维修备件有帮助，可以使现场维修效率及判断的准确性得到提高。

2）复现故障，即在与用户充分沟通的情况下，确认：

① 用户所报修故障现象是否存在，并对所见现象进行初步的判断，确定下一步的操作；

② 是否还有其他故障存在。

3）判断维修，即对所见的故障现象进行判断和定位，找出产生故障的原因，并进行修复的过程。在进行判断和维修的过程中，应遵循维修原则，注意有关事项。

4）检验。维修后必须进行检验，确认所复现或发现的故障已解决，且用户的计算机不存在其他可见的故障。

5. 故障诊断与处理的方法

在排除计算机故障时，应先掌握正确的检测方法、分析方法和维修技巧，这样当遇到故障时就可以轻松应对。

（1）观察法　观察法是进行计算机故障判断时常用的方法之一。计算机出现故障时会有一定的表现，通过观察计算机发生故障时的现象，就可以推断出故障的位置，然后进一步判断故障原因，找到解决办法。观察法包括“看”“听”“闻”“摸”四大手段。

1）“看”：查看显示器上的画面或信息；查看计算机主机中的各种硬件设备是否存在歪斜，主板上的各种电阻、电容引脚是否相触碰，是否爆裂，表面是否烧焦，是否有异物掉进主板中造成元器件短路等。

2）“听”：听各硬件设备工作时发出的声响，如电源风扇和硬盘等，当这类设备发生故障时，往往会发生异响。

3）“闻”：用鼻子闻主机中的硬件设备是否有烧焦等异味，以确定硬件故障所在的位置。

4）“摸”：用手按压机箱中的硬件设备以及各种活动芯片，查看其是否存在松动或接触不良等现象。另外，还可以在系统运行时用手触摸或靠近CPU、显卡芯片等硬件设备的外壳，因为根据其温度也可以判断设备的运行是否正常。

（2）清洁法　灰尘对任何电子产品的危害都是巨大的。主机内部灰尘过多会引发很多故障，如散热器上堆积的灰尘过多会造成CPU散热困难，从而导致死机和重启等故障出现。对于使用时间过长或使用环境恶劣的计算机，应先对其进行清洁，用毛刷轻轻刷去内部的灰尘，如果灰尘已经清扫但故障仍然存在，则考虑硬件其他方面的原因。

清洁法主要包括以下几个方面：

1）风道的清洁。

2）风扇的清洁。

3）接插头、座、槽、板卡金手指部分的清洁。

4）大规模集成电路和元器件等引脚处的清洁。

（3）拔插法　拔插法是一个比较常用的故障排除方法，一些故障是因为板卡、芯片与插槽接触不良造成的，可将这些板卡取出后再重新正确插入一次，主要是插拔内存和显卡，如果这两个设备没有插好，则将导致计算机无法正常启动。在使用插拔法时要注意以下两点：

1）不能带电操作。在插拔板卡和芯片时应先关闭电源，不能在带电的情况下操作，以免烧毁板卡或芯片，另外带电操作也容易对人体造成伤害。

2）在插拔板卡时用力要均匀，只要方法掌握得当，不需要花费很大的力气。如果在插拔板卡或芯片时用力过大，则说明没有掌握正确的插拔方法，这样很容易损坏主板上的插槽或插孔。

（4）替换法　替换法一般用于容易拆卸的硬件设备，是故障排除中最常用的故障确定方法之一，它指将相同型号、相同功能的配件交换使用，根据故障现象的变化情况来确定故障所在部位。

一般来说，交换法主要包括以下两个方面：

1）将怀疑有问题的计算机配件换到另一台运行正常的计算机上试用，如果正常，则说明该配件没有问题；如果不正常，则说明该配件可能有问题。

2）用另一个正常且同型号的计算机配件替换可能出现故障的配件，将替换的配件安装在故障计算机上，如果使用正常，则说明原配件出现了故障；如果故障依旧，则说明问题不在原配件上，可能是其他配件或主板出现了问题。

（5）最小系统法　最小系统是指从维修判断的角度能使计算机开机或运行的最基本的硬件和软件环境，主要是先判断在最基本的软、硬件环境中，系统是否能正常工作。如果不能正常工作，则可以判定是在最基本的软、硬件中有故障，从而起到故障排除的作用。最小系统有以下两种形式：

1）硬件最小系统法。硬件最小系统法就是保留系统能够运行的最小环境，把其他可暂时不使用的配件从系统中去除，然后加电观察最小系统是否能够正常运行。

使用硬件最小系统法检测计算机故障时，将主机箱内的所有板卡设备取出，并去掉硬盘和光驱等设备，只保留主板、CPU 和电源。然后打开电源，如果系统仍无任何反应或发出报警声，则说明故障出在主板、CPU 或电源上；如果打开电源，系统可以正常启动，则说明上述 3 个配件基本正常。然后，再逐步向系统中加入其他配件来扩大系统，每加入一个配件之后都启动一次计算机并观察产生的现象，如果发现在加入某个配件后，计算机系统变得不正常，则说明该配件可能存在问题，此时可针对该配件进行重点检测。另外，有时除主板、CPU 和电源外，也可加上内存、显卡和显示器组成显示最小系统，用以进行故障检测。

2）软件最小系统法。软件最小系统法只保留一个最基本的操作系统环境（可能是屏蔽掉所有应用、安全模式或重新安装操作系统），然后根据分析判断的需要，加载需要的应用。当要判断系统问题、软件或软硬件间的冲突问题时，就需要使用一个干净的操作系统。

除了上述例举的基本诊断方法外，还有清零重设法、重装软件法、查杀病毒法和诊断卡法等也常用于故障的诊断与处理。

6. 计算机故障排除必备工具

“工欲善其事，必先利其器”，在进行计算机故障诊断和排除之前也需要一些顺手的工具才能事半功倍。

（1）拆装工具　常用的拆装工具有螺钉旋具、镊子和尖嘴钳等。

1）螺钉旋具。目前计算机主板内所有的螺钉几乎都是十字的，推荐使用带有磁性的十字螺钉旋具，它可以轻松吸取计算机组装中所用的螺钉，拆卸和安装都很好用。十字螺钉旋具和一字螺钉旋具如图 0-1 所示。

2）镊子。当在机箱内部设置主板上的跳线及硬盘等设备时，由于机箱内空间太小，所以无法直接用手设置时，可以借助镊子来设置，如图 0-2 所示。

图 0-1　螺钉旋具

图 0-2　镊子

3）尖嘴钳。尖嘴钳用处不是很多，但可以用于拆卸机箱后面的挡板和校正机箱变形，为计算机配件的安装和拆卸提供了方便，如图 0-3 所示。

（2）清洁工具　排除计算机硬件故障时经常需要做计算机的清洁工作，因此还应配备一些相关的工具，如橡皮、毛刷、吹气球、酒精和脱脂棉等。这些工具主要用于处理因灰尘堆积过多影响散热而导致的故障等。毛刷和吹气球如图 0-4 所示。

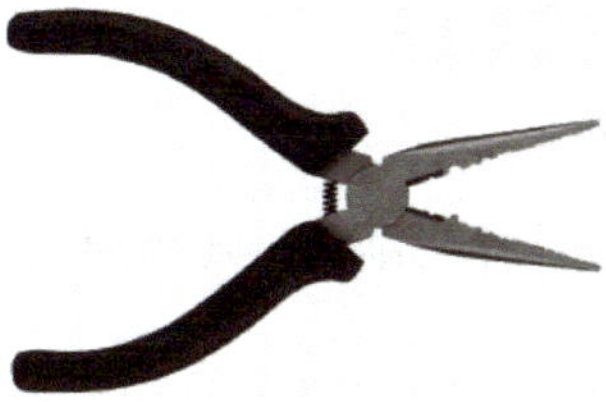

图 0-3　尖嘴钳

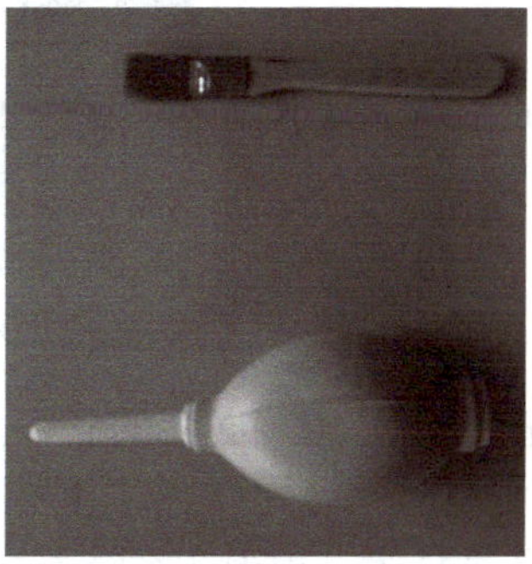

图 0-4　毛刷和吹气球

（3）测试工具　在进行计算机维修的过程中，除了需要有扎实的理论基础和丰富的实践经验外，有时还必须会使用一些测试仪器。

1）万用表。在进行计算机急救的过程中还需要用到测试工具，最主要的测试工具是万用表。万用表主要用于检测电路以及电路中的各配件，如检测电路中的电流、元器件两端的电压、电阻以及部分电路的阻抗等，以便及时找到故障根源。常见的万用表分为数字式万用表和指针式模拟万用表两种。前者读取速度快，检测结果直观，但是在高频电路中误差较大；后者的精确度较高，但是读取速度较慢，需要自己分析和判断测试结果。图 0-5 所示左侧为数字式万用表，右侧为指针式模拟万用表。

图 0-5　万用表

2）主板故障诊断卡。主板故障诊断卡又称为 debug 卡，如图 0-6 所示，它被誉为主板维修的“利器”，在计算机维修中，debug 卡的使用频率非常高。它的工作原理是利用主板中 BIOS 内部自检程序检测结果，把故障代码通过数码管一一显示出来，维修人员通过 debug 卡附送的代码含义速查表，就能很快知道计算机的故障所在。当出现计算机黑屏、没有报警声等故障时，使用 debug 卡更能体现出其便利。

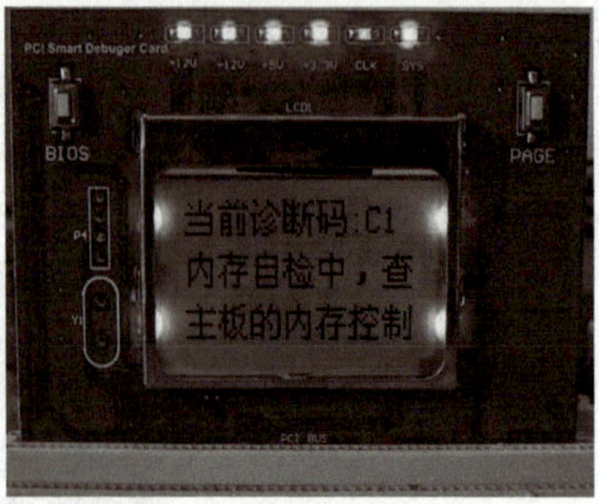

图 0-6 主板故障诊断卡

(4) 维护工具　除了必备的硬件工具外，在进行计算机维修时还需要使用一些工具软件来完成一些操作，具体有以下几种。

1）PE 启动 U 盘：用于在系统无法从硬盘启动或硬盘感染病毒的情况下启动计算机。

2）系统安装盘：一般情况下，当操作系统出现问题而无法正常启动时，就需要重新安装操作系统，因此一张操作系统的安装光盘是必不可少的。通常情况下准备主流的 32 位/64 位 Windows 7 和 Windows XP 操作系统安装光盘即可。

3）驱动程序：包括主板、显卡、声卡和网卡等设备的驱动程序，以便在排除故障或重装系统后能正常地使用硬件。

4）杀毒软件：用于病毒的检测和清除，以确保系统能在正常的情况下运行。

5）维护工具软件：主要用于对系统进行维护和优化。

7. 检修后的维护

计算机维修的次数越多，相应的故障部件的寿命就可能会缩短，整机的寿命可能也随之缩短。故障处理后，应该认真吸取经验教训，加强检修后的维护工作，以避免类似故障再次发生。

(1) 改善环境　如果计算机运行环境不良，则应该更换或改善环境。例如，如果周围环境中灰尘太多，则不应长期敞开机箱，不使用时就应该想办法防止灰尘进入计算机；如果电压不稳定，则应购买稳压器，或在用电高峰时不开机。

(2) 注意防毒　病毒的破坏力实在让人感到不安，但是只要加强防范，病毒也不会经常来找麻烦。预防病毒的主要手段是安装杀毒软件并及时更新，且时刻打开实时监控和防火墙。对于来历不清楚的光盘和 U 盘等应先查毒，再使用。

(3) 不乱删改、定期维护　操作系统和应用软件中的许多文件和设置都是不能删除和修改的。如果进行了删除或修改，则很容易导致系统崩溃。如果不清楚文件是否有用，但又想清理垃圾文件，则最好使用专门的工具软件来进行清理。

计算机在使用一段时间后，会产生一些垃圾，此时应及时清除，不要在没有存储空间时才整理系统。进行系统整理与维护既可以使用 Windows 操作系统自带的系统工具，也可以使用第三方提供的工具软件。

(4) 保证器件质量　质量低劣的配件和耗材会诱发计算机故障，缩短其使用寿命。例如，质量差的光盘会使光驱不停地读盘，造成循迹机构的磨损，致使光头寿命大大缩短，严重的还会损坏光驱。

任务2　维修人员必备素质

1. 服务对象与内容

（1）客户定位　一般来说，计算机维修要面对的客户主要有以下三种：

1）缺少计算机维护知识的大众计算机用户。

2）各类学校或中小型企业的中端客户。

3）金融、证券等公司重要部门的高端客户。

主要服务对象以第一类客户为主。

（2）业务范围　计算机维修服务的范畴很广，要不断选择并优化服务项目，主要服务项目如下：

1）软件维护。计算机软故障占全部故障的90%，服务项目包括操作系统的安装、调试及维护，各类应用软件的安装维护，软件故障的排除，系统软件的升级、优化，病毒的防范和清除，以及系统数据备份等。

2）出售软硬件、耗材及周边产品。除了整机和配件外，还可以根据用户需求出售各种相关外设，如打印机、扫描仪、刻录机、墨盒和墨水，以及打印纸、色带和空白刻录光盘等各种耗材。

3）硬件配件及维修。配件级的服务关键是要快速定位故障，且要能特别熟练地拆装配件。快速查出损坏的计算机配件后，在用户同意花费的情况下，进行更换。

4）计算机升级服务。可以指导用户对其计算机进行硬件升级、推荐配置及核算总价，在客户同意的情况下，采购所需配件并安装调试，关键还需避免兼容性问题。

5）网络调试。主要针对家庭和小型公司的局域网以及共享上网的调试和维护。

6）一般数据恢复。家庭及小型公司的用户在计算机上存放了重要数据，进行丢失后的恢复也较常见。

2. 维修人员应具备的工作素质

（1）技术学习

要保证服务质量，背后是靠技术支撑，计算机科学发展非常快，因此维修人员需要不断学习专业技术，以成为行业高手。

1）通过计算机期刊学习。通过期刊上最新、最实用的软硬件信息来丰富自己的知识，还可以在服务过程中给客户分析、推荐一些热点的故障解决方法，这点对开店者来说也很实用，便于解决最新的软硬件故障。

2）关注硬件核心网站。类似“中关村在线”这样的硬件网站，其内容比计算机期刊更海量，更新速度比计算机期刊还快。

3）随时随地学习。有些问题可能自己也解决不了，要学会上网求助，在计算机相关贴吧和网站中都可以查阅、咨询，可以在那里获得更多人的帮助。

4）经验积累。平时要多注意通过维修记录、其他维修人员的经验和相关技术资料来积累自己的经验并提高维修水平。

（2）服务策略

1）服务快捷，包括上门快、服务快。用户的机器一旦出现故障，都非常着急，维修人员应该在第一时间作出反应，根据用户提出的服务需求估计处理需要的时间并进行筛选和分析，以作出优先排序，依据优先级进行即时服务。

2）记录详细。对每一个服务对象进行用户情况登记，详细记录客户的计算机软硬件资料和维护履历，并有义务对客户进行电话回访和基本的软件升级。另外，还可记录客户的主要需求和消费习惯，进一步按服务内容进行分类，如找回丢失的数据、硬件维修、网络或周边设备故障维修等类别，以便有的放矢地开展业务。

（3）服务规范

1）言行方面要体现得有礼貌、周到、耐心。接待客户时要注意以下几个方面：

不否定——任何时候，不能强硬地说“不”。

不指责——不对客户表示出怀疑对方的言行，不与客户争论技术问题，特别不能与客户吵架。

要理解——站在客户的立场考虑问题。

要切记——让对方不满意地离开是专业维修人员最大的失败。

2）日常工作中要注意以下几个方面：

时刻维护公司形象。

服装统一、整洁、干净。

注意保守公司的商业、财务、技术等机密信息。

当天的工作要当天完成，不得无故拖延，影响第二天的工作。

不准在公司吸烟、看报纸、聊天、吃东西、干私活。

不准坐着接待顾客，不准背对顾客答语。

不准在公司堆放个人用品。

不准顶撞、嘲讽、挖苦顾客。

不准私分或私拿礼品。

无顾客要求，不准玩计算机游戏。

3）常见的客服接待处理要求见表0-3。

表0-3　客服接待处理要求

服　务	要　求
电话接待	接待人员接到用户的电话咨询和报修后，应认真、详细地记录用户反映的问题。如果问题比较容易解决，则通过电话引导客户动手解决故障；如果故障不能通过客户动手解决，则预约时间进行上门服务，并快速做好各项服务准备工作（即联系用户、准备配件、上门服务）
客户送修	主动、礼貌、热情地接待送修产品的客户，礼貌地和客户沟通，引导其描述故障现象，填写客户基本信息。迅速查明故障原因并立即修理，如因特殊原因不能立等可取的，要讲明原因并请客户留下电话和地址，以便修好后通知用户来取。服务完毕后，进行全程试机，然后请用户对服务的全程填写《维修服务单》并签字确认
上门服务	遵纪守法，上门服务时不收纳客户的礼物，执行外地维修工作时要尊重当地群众的习俗习惯。服务前应引导客户说出自己的意见，填写客户基本信息，了解产品故障及使用方法，以便更快、更好地为客户服务。宣传服务产品的特点，讲解产品的使用方法和日常维修、保养措施，耐心解答客户提出的问题。出现故障的产品，一定要实行全面检查，及时发现隐患，力求一次修好，半年内不得出现同一故障，并在一周内进行电话回访。服务完毕后，进行全程序试机，然后请客户对服务的全程填写《维修服务单》并签字确认

4）计算机公司维修服务单见表0-4。

表 0-4 计算机公司维修服务单

计算机公司维修服务单

年 月 日 NO:

客户信息	客户名称		客户地址		
	类型	□客户送修 □上门服务	故障描述		
检测现象					
服务内容	故障处理				
	维修费用	硬件	其他	总计	
	硬件保修	□保修_年_月_天 □不保修		维修工程师：	

维修协议

1．维修时请客户提供相匹配的驱动程序及应用软件，若因此而导致维护目标未能达成，则维修服务费照常收取

2．客户应自行备份硬盘中的重要资料，否则造成的数据损坏或丢失等后果，本公司不承担任何责任

3．因计算机部件老化、不稳定等原因引起的自然损坏，本公司不承担任何责任

4．我公司有责任为客户计算机内的资料保密，有义务对客户地址等隐私保密

（服务完成后，请仔细检查您的物品是否完好无损；您的签字表示确认上述协议）

客户确认	故障：□已解决 □未解决	服务质量：□满意 □一般 □不满意	
	公司维修热线：024-12345678 客户联系电话：		客户签字： ____年____月____日

--∞∞∞∞∞∞∞∞∞∞--

计算机公司维修服务单存根 NO.

客户名称		详细地址			
故障描述		检测结果			
维修费用		其他费用		总计	
服务内容		□保修__年__月__天 □不保修			
		□送修 □上门		工程师：	
客户确认	故障：□已解决 □未解决	服务质量：□满意 □一般 □不满意			
	客户联系电话：			客户签字： ____年____月____日	
	意见建议：				

项目总结

本项目通过对故障基础知识和维修人员必备素质的介绍，使学生掌握故障处理的原则、流程、基本方法和客户服务规范等相关知识，具备客户接待与故障诊断的基本能力。

1．维修要点

1）维修人员应时刻遵守操作规程，保证人身和主机配件的安全。

2）维修人员应把客户需要放到首位，尽力使客户对服务满意。

3）维修人员应随时更新自己的知识储备，以适应计算机软件和硬件飞速发展的现状。

4）维修人员要善于积累经验，以便迅速、准确地推断故障原因并排除故障。

5）维修人员应熟练掌握故障处理技巧，检修故障时力求迅速、准确。

2. 解决思路

计算机故障解决思路如图 0-7 所示。

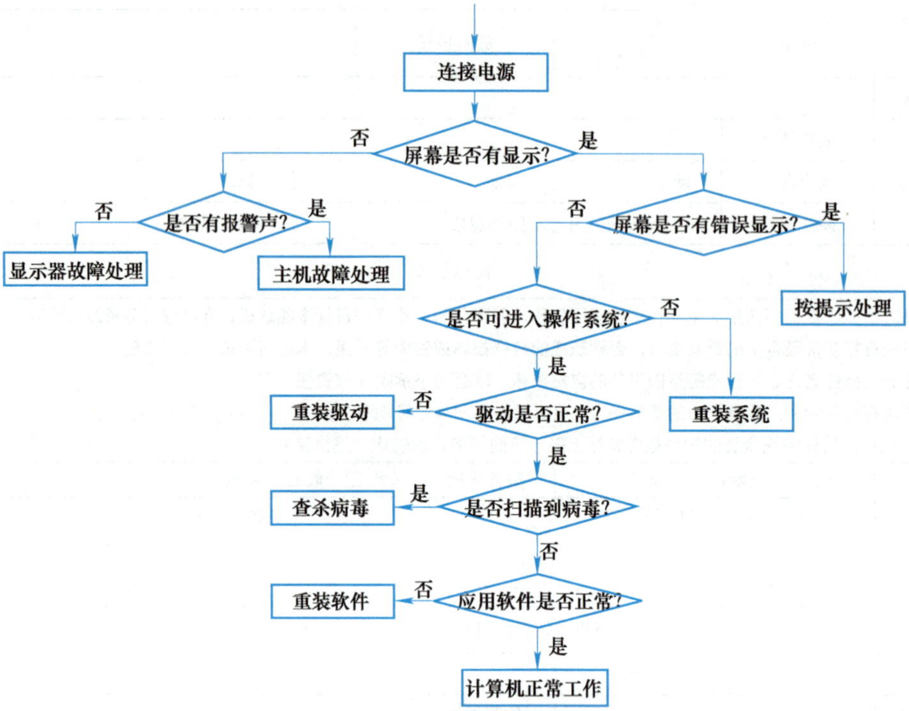

图 0-7　计算机故障解决思路

项目 1　优化操作系统

项目情境

小李在岗前培训合格后，终于可以上岗了。由于刚步入职场，小李觉得一切都很新鲜，但他缺少实践经验，因此被派到软件维护部一边学习一边工作。

有很多用户发现，计算机使用一段时间后，运行速度就变得越来越慢，只能选择重新安装操作系统。但事实上，只要善于对系统进行优化，就完全不必重新安装，也可以让计算机重新高效运转。

项目概述

在计算机的使用过程中，绝大多数用户都饱受 Windows“怪脾气”的折磨，如运行缓慢、反应迟钝、死机、系统崩溃、数据丢失……那么，除了忍受，难道别无他法吗？

很多用户可能选择了重新安装操作系统，但重装系统不是解决问题的唯一办法。如果当前系统中有非常重要的数据，不允许重装系统，那么遇到这种情况，应该怎么办呢？

本项目中通过计算机启动缓慢和运行缓慢两个典型案例，介绍系统优化的解决思路和方法。其中，计算机启动缓慢从优化系统启动项入手，而计算机运行缓慢可以从关闭不必要的服务项目着手解决。

学习目标

知识目标：

1. 了解 Windows 的启动流程；
2. 了解 Windows 的常见服务项含义；
3. 掌握系统运行缓慢的常见原因和处理方法。

能力目标：

1. 能够优化 Windows 启动项；
2. 能够关闭 Windows 中不必要的功能和服务；
3. 能够进行磁盘空间的优化。

情感目标：

1. 能够与客户交流，了解故障现象；
2. 能够与客户沟通，确定故障解决方案；
3. 对于不熟悉的内容，能够查阅相关资料进行工作。

任务 1　系统开机优化

任务情境

周先生的计算机开机很慢，每次都需要很长时间才能进入 Windows 7 操作系统。周先生将自己的计算机拿到计算机公司进行维修。软件维护部的小李接待了他，并进行计算机故障诊断，解决存在的问题。

情境对话：

小　李：您好，您的计算机有什么问题吗？

周先生：我的计算机开机太慢了，您给看看怎么能解决一下。

小　李：计算机买多长时间了，是不是很老啊？

周先生：计算机上个月才买的，刚开始开机很快，现在越来越慢，也不知道是什么原因。

小　李：我先看看再做决定，请您填写维修服务单客户信息部分。

周先生：好。

客户填写的维修服务单客户信息部分如图 1-1 所示。

电脑公司维修服务单		日期：　年　月　日 NO.：××××××		
客户信息	客户名称	周先生	客户地址	银州区 ×××
	类型	☑ 客户送修 ☐ 上门服务	故障描述	开机缓慢

图 1-1　客户信息部分

任务分析

1. 观察现象

开机观察，确认故障现象，看是否与用户描述相符，观察后记录。

小李开机时发现从按下电源开关到进入 Windows 7 操作系统确实很慢，花了 2 ～ 3min，系统启动后可以看到 Windows 7 桌面上的图标很多，并且自动弹出 QQ 登录窗口，如图 1-2 所示。

图 1-2　用户计算机的启动桌面

小李在维修服务单中填写故障现象，如图 1-3 所示，然后开始分析、判断故障原因。

检测现象	系统启动 2 ～ 3min，QQ 自动登录，桌面图标多

图 1-3　填写故障现象

2. 故障分析

开机时间优化，这是计算机用户一个“永远”的话题，要真正理解开机优化机制，还得从认识操作系统的启动过程入手。

Windows 7 的完整开机加载过程如下：

1）打开计算机电源后，系统将进行加电自检（POST）。如果通过，则之后会由计算机的核心部分——BIOS 按顺序尝试启动项，找到启动硬盘后读取该硬盘的主引导记录（MBR），接下来 MBR 读取硬盘分区表（DPT），从中找出活动的主分区（也就是引导扇区），然后读取活动主分区的分区引导记录（PDR）。PBR 再搜寻分区内的启动管理器文件 Bootmgr，在 Bootmgr 被找到后，控制权就交给了 Bootmgr。

Bootmgr 位于引导扇区的第一扇区，是系统引导启动所必须的，如果缺失或损坏，则系统将无法启动。有的系统启动故障现象，屏幕左上角会显示“Bootmgr is Missing”或“MBR is Missing”，这就是系统引导丢失的提示，此时就得尝试操作系统启动的修复了。

2）Windows 启动管理器 Bootmgr 读取 \boot\bcd 文件（BCD 即 Boot Configuration Data，也就是“启动配置数据”，简单地说，Windows 7 操作系统下的 bcd 文件就相当于 Windows XP 操作系统下的 boot.ini 文件，里面存放着安装在用户计算机上的所有操作系统的配置信息），这时会根据 BCD 的引导记录生成系统选择菜单，供用户选择。

当选择启动 Windows 7 操作系统后，Bootmgr 就会去启动盘中寻找 Windows 目录中 System 32 文件夹中的 Winload.exe 文件。然后通过 Winload.exe 加载 Windows 7 操作系统内核文件 Ntoskrnl.exe 和 hal.dll，从注册表中读取设置并加载驱动程序，紧接着运行 Windows 会话管理器（smss.exe）和 Windows 启动程序（wininit.exe）、本地安全验证（lsass.exe）与服务（services.exe）进程。完成后，即进入熟悉的系统登录界面了。

在此过程中，如果是由休眠状态恢复 Windows 7，那么 Windows 启动管理器将调出 winresume.exe 并恢复先前的使用环境；如果在系统选择菜单中选择的是早期的 Windows 版本，则 Windows 启动管理器将定位系统安装所在的分区，并且调用早期系统加载器，也就是 ntldr.exe，并生成一个由 boot.ini 内容决定的启动菜单供用户选择。

3）当输入用户名和密码，进入 Windows 7 操作系统时，操作系统会加载当前登录账户的个人专用设置文件和开机启动项目中的软件。这些软件会常驻在桌面的右下角和内存之中。当这些软件加载完毕后，才算真正进入了 Windows 桌面。

Windows 7 的这个开机过程绝大部分适用于目前已知的 Win 95 之后的 Windows 操作系统。可以把前面的过程简单地概括为：POST → BIOS → MBR → DPT → PBR → Bootmgr → bcd → Winload.exe →加载 Windows 内核→读取 Windows 7 注册表→启动整个 Windows 7 操作系统。

在前面两个步骤中，可优化的余地是非常小的（可以禁用 BIOS 对 USB 接口的读取，开机时间也只缩短 5s 左右），一般只是缩减启动菜单的等待时间。真正的优化，在于第 3 个步骤中，这里包含的系统字体、服务和软件加载都占用了大量的开机时间，而这里主要就是优化这些内容。

小贴士

UEFI 启动模式

目前，计算机发展正处于从传统 BIOS 启动到 UEFI 启动的过渡阶段，因而多数采用 UEFI 的 PC 依然可以使用 BIOS 兼容模式。

UEFI 下的启动过程：

加电初始化→ efi shell →启动管理器（*.efi）→配置文件（bcd）→ winload.efi → ntoskrnl.exe →注册表

从流程上可以看出，UEFI 的启动步骤有所减少，另外，传统的 BIOS 工作在 16 位实模式下，而 UEFI 现今常见的都是 64 位版本，因此理论上的开机速度自然更快，这点在网络启动时差异更加明显。

任务实施

1. 故障判断

由于周先生的计算机刚购置，所以因硬件配置原因而导致启动变慢的可能性不大。小李判断可能由于该系统的启动加载项过多，从而导致计算机启动变慢。

于是他单击计算机桌面右下角通知区域中的“显示隐藏的图标”按钮，如图 1-4 所示，发现通知区域中确实有很多软件已被启动。小李决定对该计算机的启动项进行优化。

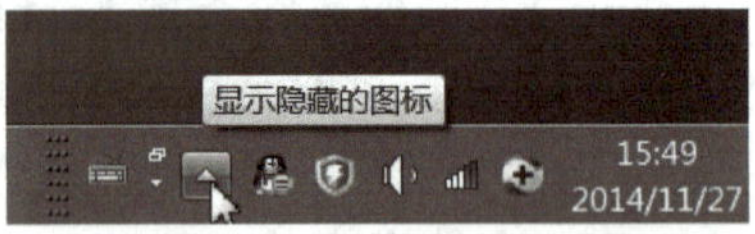

图 1-4　查看通知区域

2. 故障解决

启动过程优化的过程如下：

1）删除启动组中一些不常用的文件。一些软件在安装过程中会自动向启动组中添加一些启动程序（如 QQ 和杀毒软件等），如果启动组中加载的程序过多，则将导致系统的启动速度变慢。要想加快计算机的启动速度，应删除启动组中的一些不必要的程序。

步骤 1：单击“开始”按钮，在“开始”菜单中打开“所有程序”列表中的“附件”应用程序组，选择“运行”选项，弹出“运行”对话框，如图 1-5 所示，在“打开”文本框中输入“Msconfig”，单击“确定”按钮，弹出“系统配置”对话框。

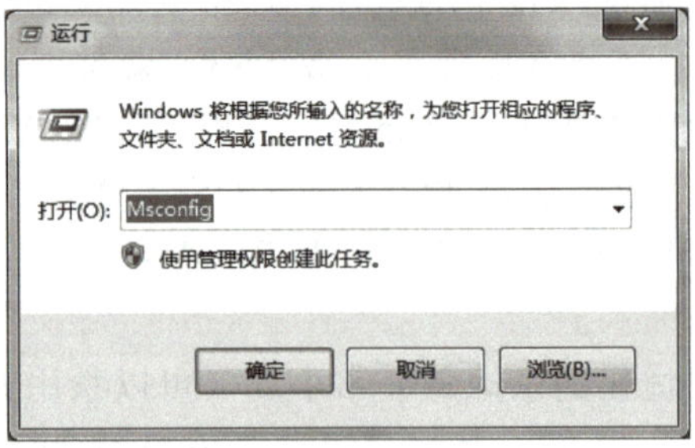

图 1-5　“运行”对话框

步骤 2：在“系统配置”对话框中，选择“启动”选项卡，取消勾选不需要的启动项，如图 1-6 所示，单击“确定”按钮。重启计算机后设置才可以生效。

2）将程序从任务栏中解锁。在 Windows 7 操作系统下，一些程序已经锁定在了任务栏中，这种程序过多就会大大影响系统启动的速度。可以将不需要的应用程序从任务栏中解锁，如图 1-7 所示。

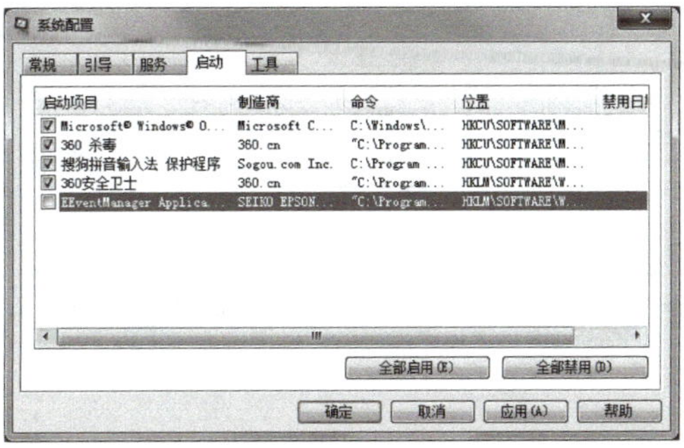

图 1-6 “启动”选项卡

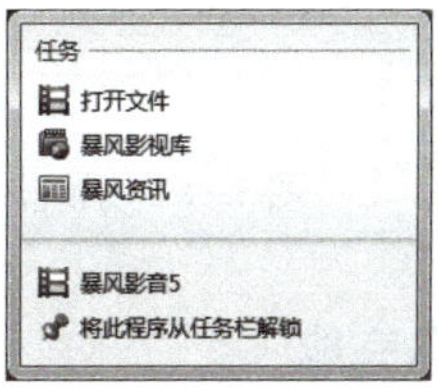

图 1-7 解锁应用程序

3）处理过多的桌面图标。在桌面上建立一个文件夹，将桌面上不常用的图标放到该文件夹中。

经验分享

系统选择菜单优化

如果用户安装了多个系统后，则在启动系统时计算机屏幕上会出现一个系统选择菜单，如图 1-8 所示。默认情况下，需要等待 30s，可以通过以下方法将此时间缩短。

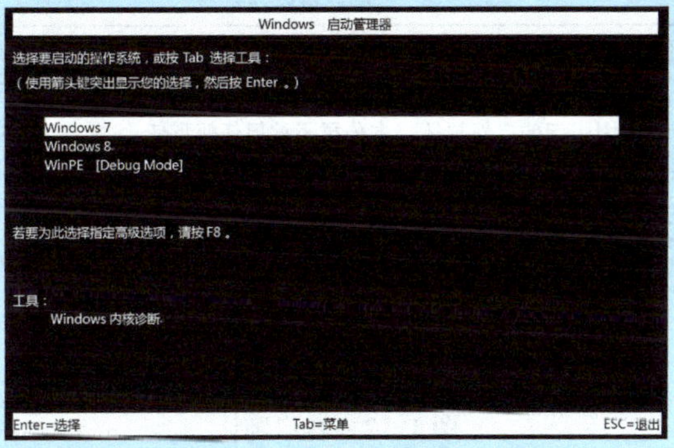

图 1-8 系统选择菜单

步骤 1：在桌面上的“计算机”图标上单击鼠标右键，在弹出的快捷菜单中选择“属性”选项。在“系统”对话框中，单击“高级系统设置”链接，弹出“系统属性”对话框，选择“高级”选项卡，如图 1-9 所示。

步骤 2：单击“启动和故障恢复”中的“设置”按钮，弹出“启动和故障恢复”对话框，如图 1-10 所示，在“显示操作系统列表的时间”中可以更改引导菜单的等待时间。系统默认的启动时间为 30s，在此可以缩短系统启动时的等待时间。完成后，单击“确定”按钮即可。重启计算机后设置才可以生效。

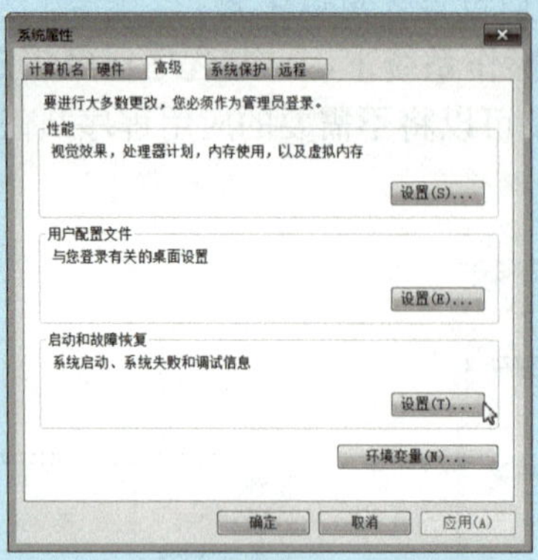

图 1-9 “系统属性”对话框

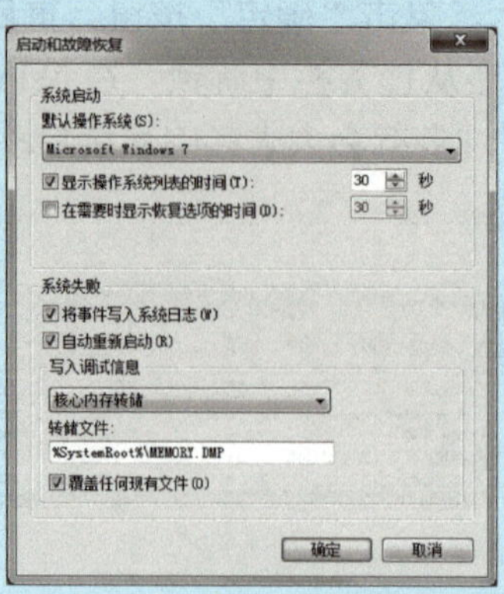

图 1-10 “启动和故障恢复”对话框

3. 任务完成

小李首先让周先生确认故障已经解决，然后说明是由于计算机的启动项太多导致的系统变慢。小李提醒周先生在平时使用计算机的过程中，要避免增加不必要的启动项。

最后小李自己填写维修服务单的服务内容，如图 1-11 所示。让周先生填写客户确认信息，如图 1-12 所示。最后陪同周先生拿着填好的维修服务单交款，周先生满意地交了钱，带着自己的计算机离开了公司。

服务内容	故障处理	开机启动优化			
	维修费用	硬件	其他　××元	总计	××元
	硬件保修	□ 保修__年__月__天 □ 不保修		维修工程师：李 ××	

图 1-11　服务内容

维修协议		
1．维修时请客户提供相匹配的驱动程序及应用软件，若因此而导致维护目标未能达成，则维修服务费照常收取 2．客户应自行备份硬盘中的重要资料，否则造成的数据损坏或丢失等后果，本公司不承担任何责任 3．因计算机部件老化、不稳定等原因引起的自然损坏，本公司不承担任何责任 4．我公司有责任为客户计算机内的资料保密，有义务对客户地址等隐私保密 （服务完成后，请仔细检查您的物品是否完好无损；您的签字表示确认上述协议）		
客户确认	故障：☑ 已解决　□ 未解决	服务质量：☑ 满意　□ 一般　□ 不满意
	公司维修热线：024-12345678 客户联系电话：024-××××××××	客户签字：周先生 __年__月__日

图 1-12　客户确认

温馨提示

软件安装时的优化

用户在安装软件时，有些软件开发人员将一些用户不需要的功能进行捆绑安装，影响了系统的启动速度，以常用的 QQ 软件为例进行说明。

1）安装软件时，用户需注意有没有附带的其他软件，可以选择不安装，如图 1-13 所示。在 QQ 安装时可以取消勾选不必要的软件。

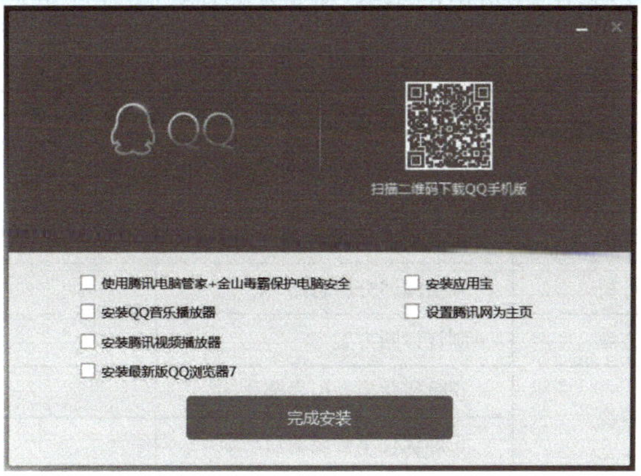

图 1-13　不安装不必要的软件

2）在已安装的软件设置中也可以设置不必要开机加载的软件为不启动，如常用的QQ 软件，可以在“系统设置”面板中，取消勾选“开机时自动启动 QQ”复选框，如图 1-14 所示。再单击右上角的“关闭”按钮即可生效。

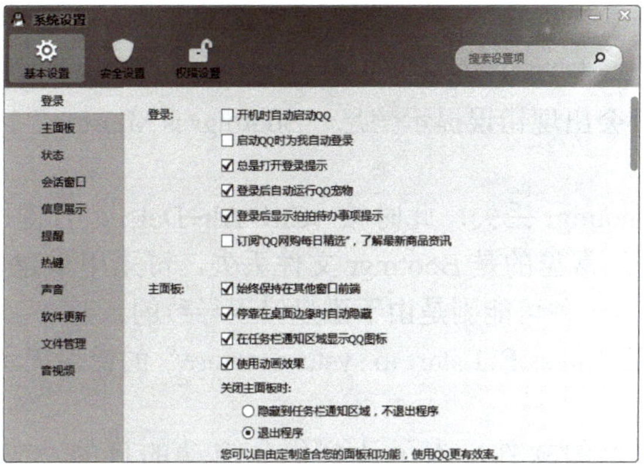

图 1-14　QQ 软件的“系统设置”对话框

任务评价

将学生分成小组，各小组选出组长。组长带领组员，针对不同系统启动缓慢的计算机进行故障诊断与解决，同时填写故障分析记录，见表 1-1。

表 1-1　故障分析记录

故障现象	
故障分析	
诊断方案	

根据各组学生的实际操作情况和记录表填写情况作出任务评价，并填入表 1-2。

表 1-2　系统启动优化任务评价

评价内容		评价要求	小组评价	教师评价
知识掌握		简述 Windows 操作系统的启动过程		
实际操作	故障现象	正确描述并记录		
	故障分析	完整阐述分析思路		
	诊断方案	制订诊断方案		
	故障解决	正确优化启动引导菜单		
		正确优化不必要的启动项		
教师建议：			评价汇总： A. 优秀 B. 良好 C. 基本掌握	

任务拓展

分析以下故障现象，制订解决方案。

1）每当开机时，都会出现错误提示信息“Bootmgr is Missing”。

诊断提示：

该错误提示表示 Bootmgr 丢失，此时按 <Ctrl+Alt+Del> 组合键即可重新启动。这种启动故障产生的原因，最为常见的是 Bootmgr 文件丢失，可采用重建 Windows 7 引导文件的方法来解决此问题；还有一种可能则是由于磁盘错误导致的。

2）开机后出现类似“press F11 start to system restore”的错误提示。

诊断提示：

许多一键 Ghost 之类的软件，为了达到优先启动的目的，在安装时往往会修改硬盘 MBR，这样在开机时就会出现相应的启动菜单信息，不过要是此类软件有缺陷或与 Windows 7 操作系统不兼容，则非常容易导致 Windows 7 操作系统无法正常启动。

对于硬盘主引导记录（即 MBR）的修复操作，利用 Windows 7 操作系统安装光盘中自带的修复工具——Bootrec.exe 即可轻松解决此故障。

3）开机时不能正常地登录系统，而是直接弹出 Oxc000000e 故障提示。

诊断提示：

由于安装或卸载某些比较特殊的软件，往往会对 Windows 7 操作系统的引导程序造成非常严重的破坏，因此 Windows 7 操作系统在启动时就会出现 Oxc000000e 错误从而导致无法正常启动系统。在这种情况下，可以尝试在 Win PE 环境中执行修复操作。

知识储备

SSD 固态硬盘

计算机启动时在后台做了很多繁琐的事情，30～40s 完成开机已经很不错了，但如果加装了 SSD 固态硬盘，就会轻松实现 10s 开机，大大快于传统机械硬盘的启动速度。

固态硬盘（Solid State Disk 或 Solid State Drive，简称 SSD）是一种采用闪存（NAND Flash 芯片）作为永久性存储介质的计算机存储设备。固态硬盘大部分被制作成与传统硬盘相同的外壳尺寸，如常见的 1.8 寸、2.5 寸或 3.5 寸规格，并采用了相互兼容的接口，如图 1-15 所示。现在新一代的固态硬盘普遍使用 SATA Ⅲ接口，也有使用 PCI-E 等其他接口的固态硬盘。

图 1-15　三星 SSD 840 EVO 120GB 固态硬盘

1）固态硬盘的优点。由于采用闪存作为存储介质，所以固态硬盘与传统的机械硬盘相比，最大的优点就是读写速度快。固态硬盘不用磁头，寻道时间几乎为 0。持续写入的速度非常惊人，固态硬盘厂商大多会宣称自家的固态硬盘持续读写速度超过了 500MB/s。固态硬盘随机读写速度快直接体现在了绝大部分的日常操作中。与之相关的还有极低的存取时间，最常见的每分钟 7200 转的机械硬盘的寻道时间一般为 12 ～ 14ms，而固态硬盘可以轻松达到 0.1ms 甚至更低。

此外，固态硬盘还具有低功耗、无噪音、抗振动、低热量等特点。这些特点不仅使得数据能更加安全地得到保存，而且也延长了靠电池供电的设备的连续运转时间。

2）固态硬盘的缺点。目前影响固态硬盘普及的最大问题就是价格和使用寿命。

最初的固态硬盘容量小，价格高，以致性价比远不及传统的机械硬盘，但随着固态硬盘的不断发展，其容量已有明显提高，价格也直线下滑，已在传统的硬盘市场中抢得不少份额。而在使用寿命方面，随着固态硬盘主控芯片的改进，固态硬盘可以更晚达到自己的最大擦写次数。

现在，对于台式机和笔记本式计算机的用户来说，使用两块硬盘是比较好的方法，小容量的固态硬盘用来安装操作系统及常用数据，大容量的机械硬盘用于存储其他文件。

任务 2　系统运行优化

任务情境

沈女士的计算机运行十分缓慢，给其工作和娱乐带来了很大不便，沈女士将计算机拿到计算机公司进行维修。软件维护部的小李为她服务，诊断并解决计算机故障。

情境对话：

小　李：您好，您的计算机有什么问题吗？

沈女士：我的计算机太慢了，干啥都卡。

小　李：计算机啥配置？买了几年了？

沈女士：别人帮我买的，买了六七年了吧。

小　李：一直都慢么？

沈女士：刚买来的时候也挺快的，最近几年越来越慢，上个月找人重装了新的 Windows 7 操作系统，好像更慢了。

小　李：好，我帮您看看，请填写维修服务单客户信息部分。

沈女士：好。

任务分析

1. 观察现象

小李通电检查该计算机的运行情况，发现该计算机启动和运行都很慢，而该机的启动项看起来也不是很多，用优化启动项的方法看来起不到效果。小李记录故障现象，进行故障诊断和处理。

2. 故障分析

现在已经有不少配置不是很高的计算机用户正式用上了 Windows 7 操作系统，如果用户想让低配置计算机可以更流畅地运行 Windows 7 操作系统，那么就要对 Windows 7 操作系统进行手动优化处理，优化处理的对象往往是 Windows 系统服务。

（1）Windows 系统服务　Windows 系统服务是系统用以执行指定系统功能的程序或进程，其功用是支持其他应用程序，一般在后台运行。与用户运行的程序相比，系统服务不会出现程序窗口或对话框，只有在任务管理器中才能观察到它们的身影。

在 Windows 操作系统中，默认带有很多的系统服务来维持系统很多功能的运行，这些系统服务在开启运行的同时也会占用很多资源，如果将其中自己不需要的服务关闭，那么就可以合理地优化系统，提高操作系统的运行速度。

（2）系统服务的启动类型　系统服务的启动类型分为“手动”“自动”“自动（延时启动）”和“禁用”。

1）“自动”和“自动（延时启动）”有什么不同？

“自动”启动是指计算机启动时同时加载该服务项，以便支持其他在此服务基础上运行的程序。而“自动（延时启动）”则是 Windows 7 操作系统中非常人性化的一个设计。采用这种方式启动，可以在系统启动一段时间后延迟启动该服务项，这样可以很好地解决一些低配置计算机因为加载服务项过多而导致的计算机启动缓慢或启动后响应慢的问题。

2）“手动”和“禁用”有什么不同？

在服务启动状态为“手动”的情况下，该进程虽然关闭，但依然可以在特定情况下被激活，而设置为“禁用”后，除非用户手动修改属性，否则服务将无法运行。

任务实施

1. 故障判断

小李查看该计算机的系统信息，如图 1-16 所示。

图 1-16 计算机系统信息

从该计算机的 CPU 和内存来看，已经是六七年之前的产品了，而且还装了 Windows 7 32 位的操作系统，与新计算机相比，显然会慢很多。小李准备进行系统优化。

2. 故障解决

（1）关闭不常用的系统服务

与其他版本的 Windows 操作系统一样，Windows 7 操作系统安装后默认会启动不少系统服务，但是对于大多数人来说，有些服务基本用不到，启动这些反而会浪费系统资源。一般可将不常用的服务的“启动类型”更改为“禁用”，如果该服务当前已经启动，则可以先“停止”再更改。

如果平时对各类文件都进行归类并有序存放，且很少使用搜索功能，那么可以将 Windows 自带的搜索功能关闭。关闭 Windows 搜索服务功能的操作步骤如下：

步骤 1：单击“开始”按钮，在弹出的列表中选择“控制面板”选项，打开“控制面板”窗口，如图 1-17 所示。

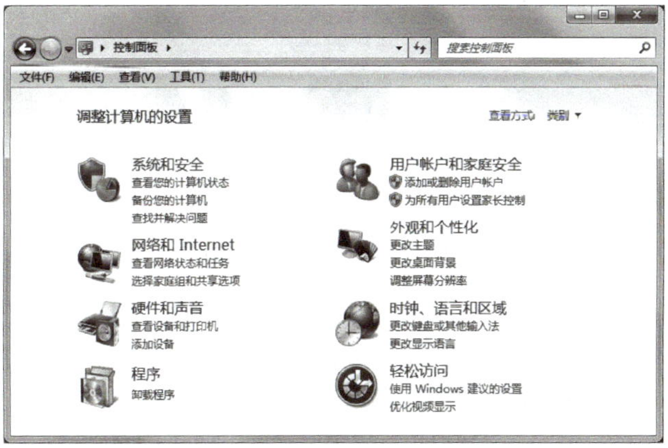

图 1-17 “控制面板”窗口

步骤 2：在“控制面板”窗口中，单击“系统和安全”链接，打开“系统和安全”窗口，如图 1-18 所示。

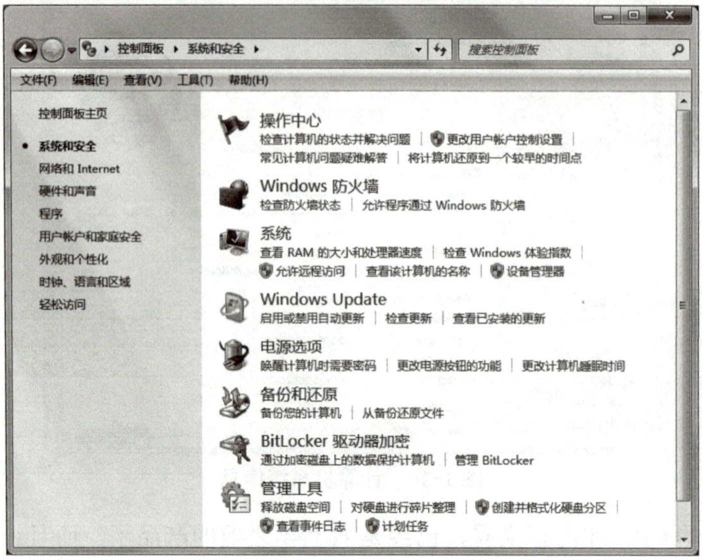

图 1-18 “系统和安全”窗口

步骤 3：在“系统和安全”窗口中，单击“管理工具”链接，打开“管理工具”窗口，如图 1-19 所示。

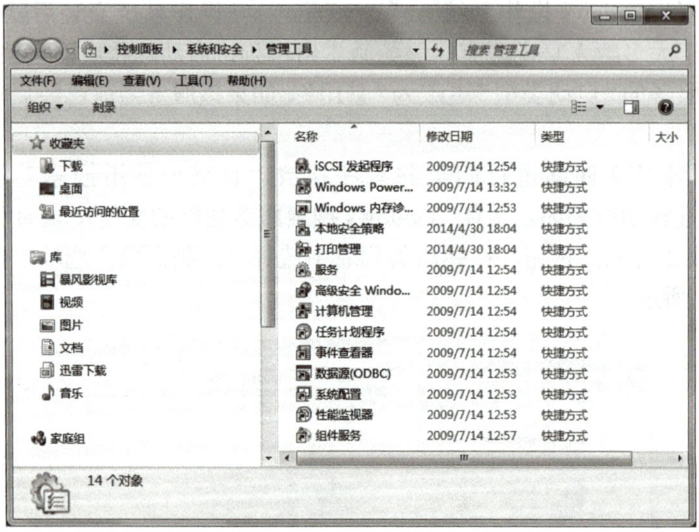

图 1-19 “管理工具”窗口

步骤 4：在“管理工具”窗口中，双击“服务”选项，弹出“服务”窗口，如图 1-20 所示。

步骤 5：在“服务”窗口中，双击“Windows Search”选项，弹出“Windows Search 的属性（本地计算机）”对话框，在“启动类型”下拉列表中，选择“禁用”选项，如图 1-21 所示。单击“确定”按钮，即完成关闭 Windows 搜索服务。

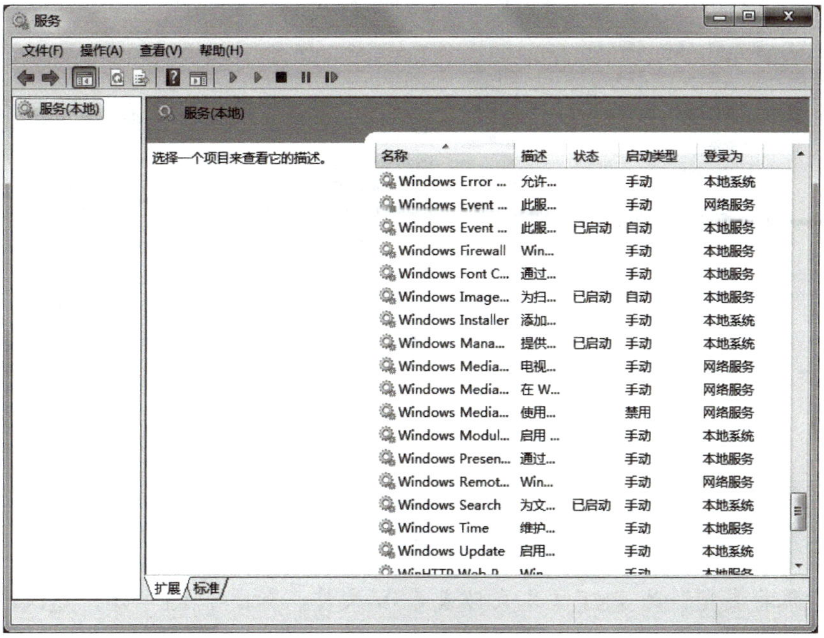

图 1-20　“服务”窗口

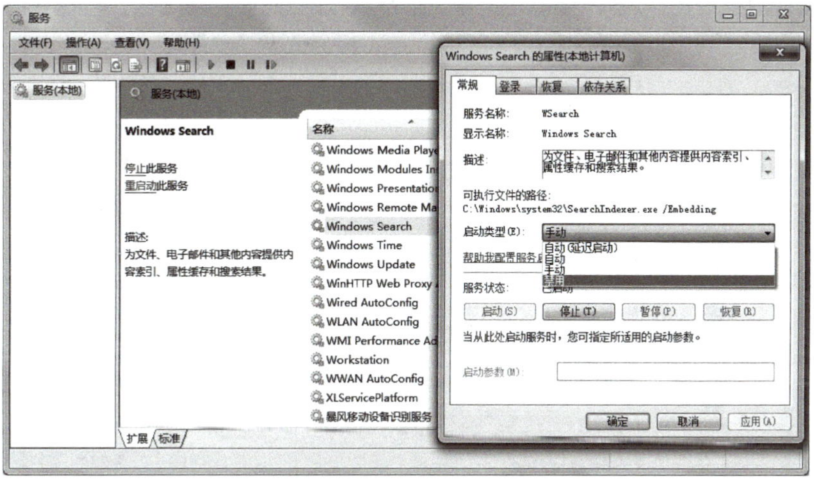

图 1-21　关闭 Windows 搜索服务

经验分享

备份服务设置

修改系统服务可能会造成一些意想不到的问题，所以在修改前最好将默认的服务状态进行备份，方法为：打开“服务”窗口后执行“操作”→“导出列表”命令，如图 1-22 所示。

图 1-22　导出服务列表

选择“保存类型”为 TXT 文本文件或 CSV 文件，如图 1-23 所示。建议选择保存为 CSV 文件，因为该文件可以用 Excel 打开。

图 1-23　保存服务列表为 CSV 文件

此外，如果出现因为修改错误而导致无法正常进入系统的情况，则可以在开机时按 <F8> 键选择进入安全模式，在安全模式中修改服务启动属性。

（2）磁盘空间优化

1）清理临时文件。

用户可能不注意磁盘空间的问题，甚至在计算机运行过程中，在任务栏中出现磁盘空间不足的提示时也没引起重视。然而，磁盘空间不足确实会导致系统缓慢，特别是系统盘所在磁盘分区的空间太小，将直接导致运行速度变慢。

对于磁盘空间不足而导致系统运行缓慢的问题，可以通过清理磁盘的方法来解决，而清理磁盘包括两种方法：其一，卸载系统中不必要的软件和程序；其二，清理系统中的垃圾文件。卸载程序的方法不多介绍，通过“磁盘清理”程序可以帮助清理硬盘上无用的文件，从而为系统的正确运行留出空间。

“磁盘清理”的操作方法如下：

步骤 1：依次执行“开始”→“所有程序”→“附件”→“系统工具”→“磁盘清理”命令，如图 1-24 所示。

步骤 2：选择要清理的磁盘，选择 C 盘，单击“确定”按钮，如图 1-25 所示。

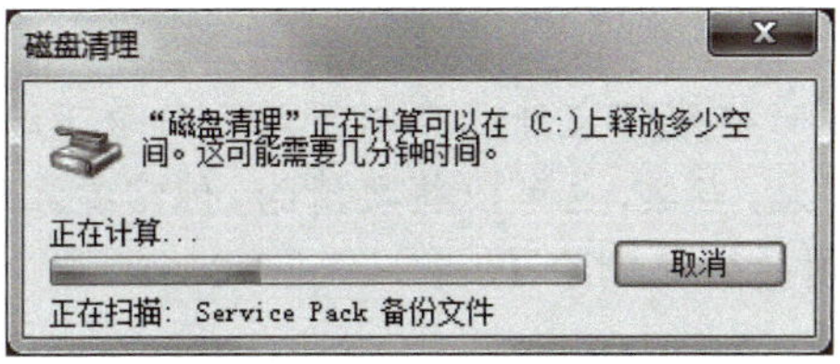

图 1-24 执行磁盘清理程序

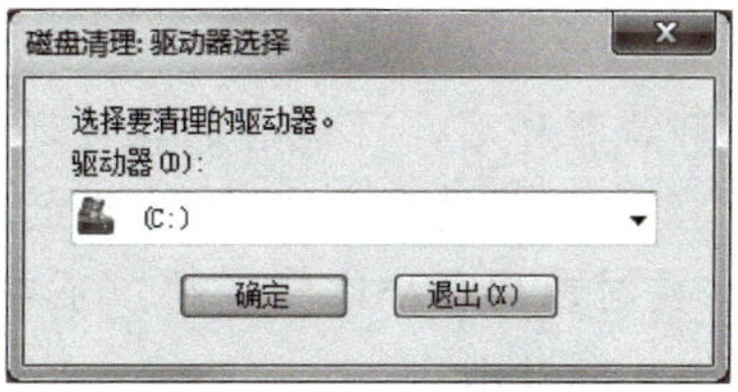

图 1-25 选择磁盘

步骤 3：在“磁盘清理”对话框中，系统列出了多种需要清理的文件，勾选需要清理的文件，单击“确定”按钮，如图 1-26 所示。

步骤 4：系统弹出“磁盘清理”对话框，如图 1-27 所示。单击“删除文件”按钮，开始清理文件，清理过程如图 1-28 所示。此操作会把搜索到的文件清理干净。

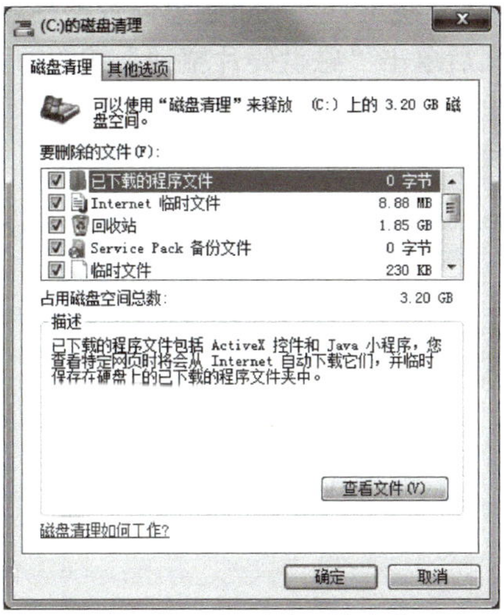

图 1-26 选择要清理的文件

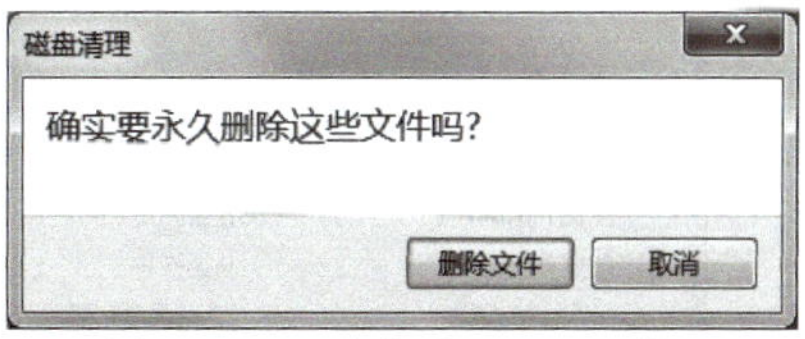

图 1-27 “磁盘清理”对话框

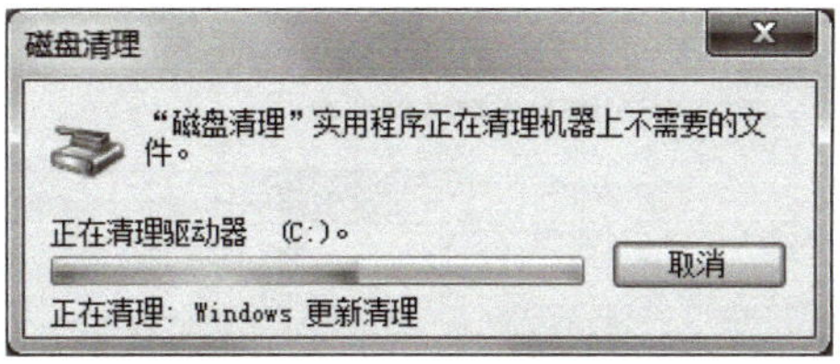

图 1-28 清理过程

经验分享

手动清理临时文件

1）系统临时文件目录：

C:\Documents and Settings\ 用户名 \Local Settings\Temp\

C:\Windows\Temp\

2）IE 浏览器临时文件目录：

C:\Documents and Settings\ 用户名 \Local Settings\Temporary Internet Files\

如果以上几个目录从来没有清理过，那么删除其中的垃圾文件甚至可能节省几 GB 的空间。

3）卸载程序后，可能有的软件还会产生一些残留文件，在以下几个目录下通常会有一些已被卸载程序的残余文件，占用的空间不大，当然，也可以将之清除，但需要注意的是，此操作需要对应用程序比较了解，不要将有用的软件删除了。

C:\Program Files\

C:\Documents and Settings\ 用户名 \Application Data\

C:\Documents and Settings\ 用户名 \Local Settings\Application Data\

2）磁盘碎片整理。

随着计算机使用时间的增加，文件的存储、读取、删除等都会导致磁盘碎片的产生，而磁盘碎片增多会大大降低系统读取文件的速度。磁盘碎片整理的操作方法如下：

执行“开始”→“所有程序”→“附件”→“系统工具”→“磁盘碎片整理程序”命令，即可打开磁盘整理程序，选择要整理的磁盘，然后单击“磁盘碎片整理”按钮即可整理磁盘碎片，如图 1-29 所示。

图 1-29　磁盘碎片整理程序

3. 任务完成

小李对计算机进行了基本的优化和调整工作后，沈女士计算机的 Windows 7 操作系统运行速度有了一定提升，小李向沈女士说明，由于该计算机的硬件配置相对较弱，所以这些优化不会带来大的飞跃，只是在现有基础上进行适当改善，如果想真正解决此问题则只能进行硬件升级。沈女士对现在计算机的运行程度已经表示满意，填好维修服务单后交款，并在离开前表示，如果以后要升级计算机，那么还会来找小李帮忙。

温馨提示

老计算机升级建议

由于绝大多数的新配件和老计算机并不兼容，所以更换整个平台成本太高。老计算机升级时一般都优先考虑扩大内存，投资不多且效果明显，是目前性价比较高的选择。

任务评价

将学生分成小组，各小组选出组长。组长带领组员，针对不同开机故障的计算机进行故障诊断与解决，同时填写故障分析记录，见表 1-3。

表 1-3　故障分析记录

故 障 现 象	
故 障 分 析	
诊 断 方 案	

根据各组学生的实际操作情况和记录表填写情况作出任务评价，并填入表 1-4。

表 1-4　系统运行优化任务评价

评 价 内 容		评 价 要 求	小 组 评 价	教 师 评 价
知识掌握		简述 Windows 系统服务的启动类型		
实际操作	故障现象	正确描述并记录		
	故障分析	完整阐述分析思路		
	诊断方案	制订诊断方案		
	故障解决	正确检测计算机配置并给出升级建议		
		正确优化系统服务		
		正确优化磁盘空间		
教师建议：			评价汇总： A. 优秀 B. 良好 C. 基本掌握	

任务拓展

分析以下故障现象，制订解决方案。

1）计算机开机后每打开一个链接或程序，速度都非常慢，任务管理器中经常显示 CPU 使用率高达 70%，甚至有时到 100%，应用程序中的任务栏显示为无响应，有时过一会儿才能开始运行，而有时系统直接卡死，只能重新启动计算机。

诊断提示：

这些现象都是典型的系统运行缓慢的症状，可能的原因有两种：其一，如果只是开机时间运行缓慢，那么很可能是中了病毒，或系统加载的启动项和服务过多；其二，如果计算机运行一直反应很慢，则还可能是磁盘空间不够、磁盘碎片太多、硬盘坏道以及木马病毒作怪。如果是木马病毒导致的计算机运行缓慢，则可以尝试进行杀毒或重装操作系统。

2）计算机安装的是 Windows 7 操作系统，平时的常用软件一般安装在其他硬盘中，以避免占用 C 盘的空间。但是每次安装都要修改路径，很麻烦。有没有办法把默认的安装目录修改到其他硬盘呢？

诊断提示：

打开注册表编辑器，定位到“HKEY_LOCAL_MACHINE\SOFTWARE\Microsoft\Windows\CurrentVersion”，然后选择窗口右侧的“ProgramFilesDir”并单击鼠标右键，将默认的“C:\ProgramFiles”修改为希望的路径，就将软件默认的安装路径指向其他磁盘分区了。这样，在安装软件时就可以一直单击“Next”按钮了。

知识储备

注册表编辑器

Windows 注册表（Registry）实质上是一个庞大的数据库，用于存储以下内容：软、硬件的有关配置和状态信息，应用程序和资源管理器外壳的初始条件、首选项和卸载数据；计算机的整个系统的设置和各种许可，文件扩展名与应用程序的关联，硬件的描述、状态和属性；计算机性能记录和底层的系统状态信息，以及各类其他数据。在日常的计算机维护和使用中，可能经常和注册表打交道，特别是可能会涉及对注册表的修改。

在“开始”菜单的“搜索程序和文件”文本框中输入“regedit”命令即可打开注册表编辑器，如图 1-30 所示。为了解决操作系统的一些问题，可能会在这里对注册表的相关键值进行编辑和修改。

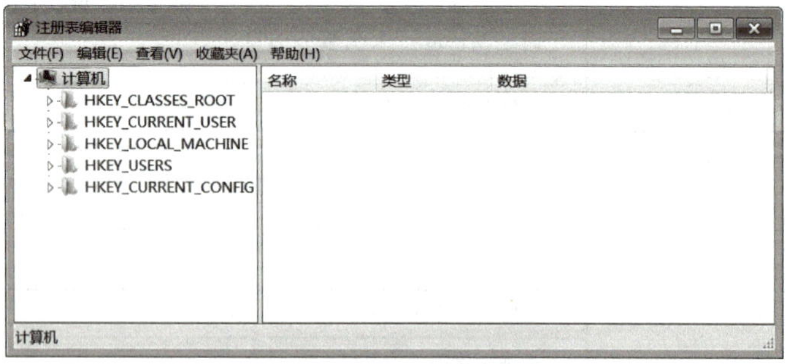

图 1-30　注册表编辑器

对注册表进行操作有一定的风险，错误的改动甚至可能导致系统崩溃。所以，一般在对注册表做任何改动前，建议用户先把需要改动的注册表相关部分导出备份。

项目总结

本项目通过对 Windows 系统优化的典型案例介绍，使学生掌握优化 Windows 操作系统启动加载项、设置 Windows 系统服务的启动类型和系统磁盘空间优化等相关知识，具备 Windows 操作系统启动缓慢和运行缓慢故障的解决能力。

1. 维修要点

1）维修人员应以用户需要为先，系统优化就能解决的故障无须重新安装操作系统。

2）维修人员应了解 Windows 操作系统的启动过程，这样有助于故障的检测与排除。

3）维修人员要了解 Windows 操作系统的相关资料，如系统服务等，若不清楚也应善于上网查阅。

4）维修人员应随时更新自己的知识储备，以适应计算机软件和硬件的飞速发展。

5）维修人员要善于积累经验，以便迅速、准确地推断故障原因并排除故障。

2. 解决思路

计算机启动运行缓慢的故障解决思路如图 1-31 所示。

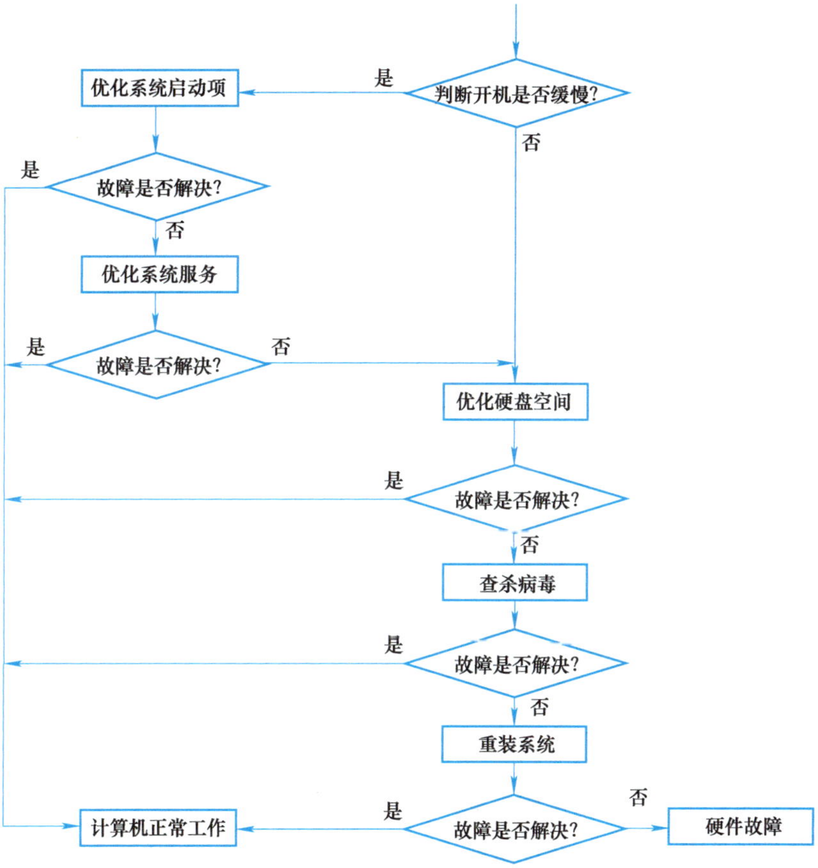

图 1-31　计算机启动运行缓慢的故障解决思路

项目2　重新安装 Windows 操作系统

项目情境

计算机公司的软件维护部主要负责计算机软件故障的诊断和处理，这部分工作相对比较容易，给用户重新安装操作系统或软件是小李在软件维护部经常要完成的工作。

重装 Windows 操作系统是维护软件和解决故障最常用的手段之一，小李在实际工作中自己也积累了不少经验和技巧。

项目概述

很多时候，即使操作系统已经表现出了故障现象，用户也不愿意重新安装操作系统，原因在于，每次重装系统都可能丢失很多有用的资料。但如果将这些资料备份后再重装，问题就得到了很好的解决。

本项目中，主要通过一个典型案例介绍重新安装操作系统前的数据备份工作，以及重装操作系统的方法。

学习目标

知识目标：

1. 了解各种 Windows 操作系统的版本功能与配置要求；
2. 掌握计算机基本配置的查看方法；
3. 掌握计算机组装的相关知识。

能力目标：

1. 能够正确备份用户的数据资料；
2. 能够根据用户要求选择合适的操作系统进行重装；
3. 能够查找相关的说明书进行正确的操作判断。

情感目标：

1. 能够与客户交流，了解故障现象；
2. 能够与客户沟通，确定故障解决方案；
3. 对于不熟悉的内容，能够查阅相关资料进行工作。

任务 1 备份用户资料

任务情境

宋先生新买的笔机本式计算机预装的是 Windows 7 32 位家庭普通版操作系统，想增加内存并更换新的操作系统，因此将计算机拿到计算机公司进行维护。由软件服务部的小李为他服务，诊断并解决计算机故障。

情境对话：

小　李：您好，您的计算机有什么问题吗？

宋先生：我的笔记本电脑用一年了，现在想重装操作系统。

小　李：那原来系统中的文件有需要备份的吗？

宋先生：我原来工作的文档、上网时收藏的页面都很重要，QQ 聊天记录和表情最好也帮我备份出来。

小　李：那我先帮您备份出来吧，请您填写维修服务单客户信息部分。

宋先生：好的。

任务分析

1．观察现象

小李单击“开始”菜单中的用户名称“Administrator”，如图 2-1 所示。打开“Administrator”用户名的个人用户文件夹，如图 2-2 所示。

图 2-1 “开始” 菜单

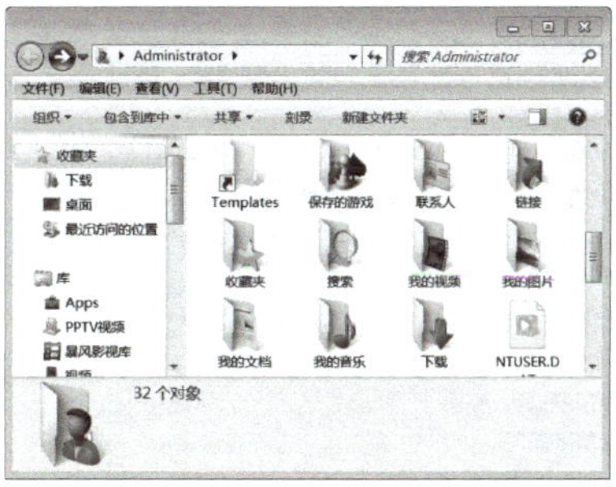

图 2-2 个人用户文件夹

个人用户文件夹中有很多有用的资料，但默认该文件夹放在系统分区下，在重新安装操作系统前可将这些资料备份出来。

2．故障分析

用户的数据文件通常都被保存在系统分区（一般为 C 盘）中，一旦系统遭到破坏或需要重装系统，这些数据都将丢失。因此在重新安装操作系统前，需要先将重要的资料备份到除系统分区之外的磁盘中，这样在重新安装操作系统后就可以快速还原。在备份数据时，应先列好需要进行备份的数据清单，然后一项一项地进行备份，以防丢失重要资料，主要内容包括：

1）用户的 IE 浏览器收藏夹。

2）用户桌面及 C 盘上的有用文件，如“我的文档”等。

3）计算机中的驱动程序，可以使用驱动精灵或驱动人生等软件进行备份。

4）用户上网凭证：针对 PPPoE 拨号上网用户，备份用户个人上网账号和密码；针对固定 IP 用户，备份 IP 属性设置。

5）用户要求的其他资料。

实际备份内容可与用户协商确定。

任务实施

1. 故障判断

宋先生要求备份“IE 收藏夹”“我的文档”和“QQ 聊天记录与表情”等个人资料，小李针对这些内容列出清单，逐项进行备份。

2. 故障解决

（1）备份 IE 收藏夹　IE 收藏夹收藏着用户喜爱的或经常访问的网页地址，一旦重装系统，这些记录将全部被清除，给用户造成很大的不便，因此备份收藏夹是很必要的。具体的备份步骤如下。

步骤 1：打开 IE 浏览器（这里用的是 IE 8），按住 <Alt> 键，显示菜单，执行“文件”→“导入和导出”命令，如图 2-3 所示。

步骤 2：打开“导入 / 导出设置”对话框，选中“导出到文件”单选按钮，单击“下一步”按钮，如图 2-4 所示。

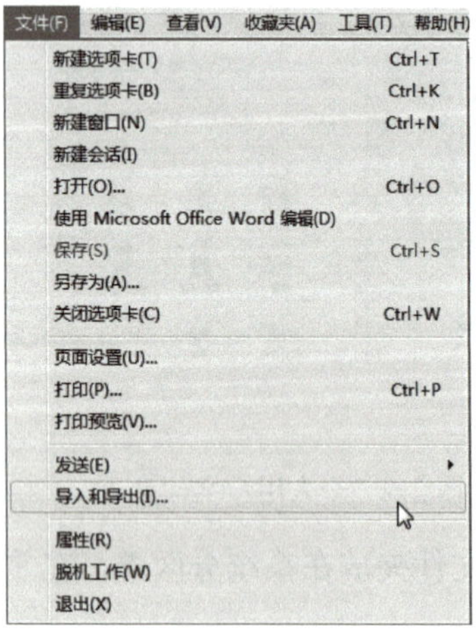

图 2-3　执行命令

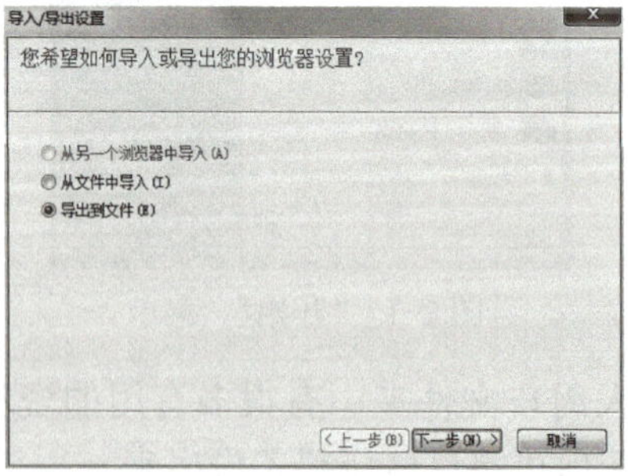

图 2-4　导入 / 导出设置

步骤 3：勾选“收藏夹”复选框，单击“下一步”按钮，如图 2-5 所示。

步骤 4：选择“收藏夹”选项，单击“下一步”按钮，如图 2-6 所示。

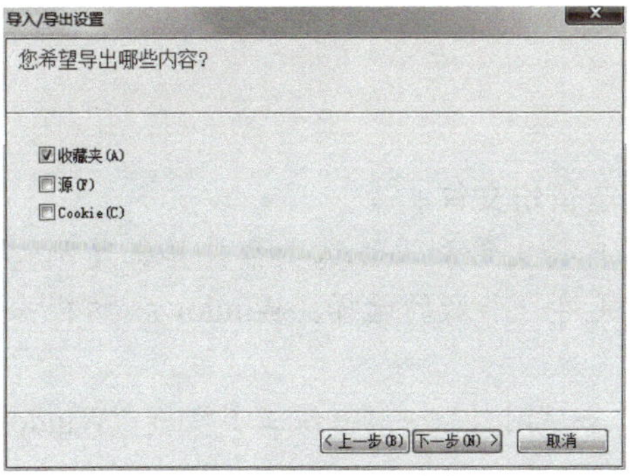

图 2-5　选择导出的内容

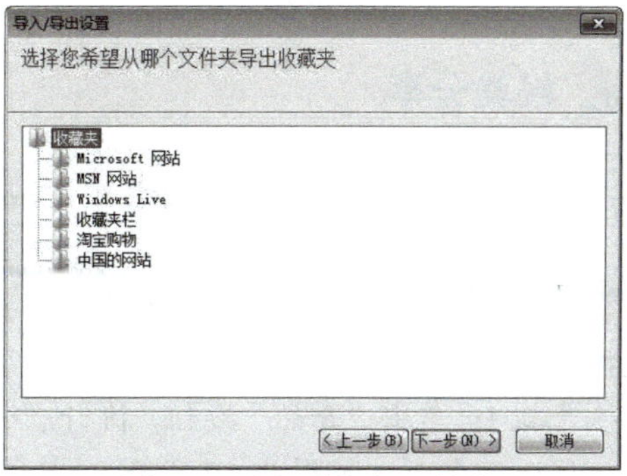

图 2-6　选择导出的文件夹

步骤 5：选择导出位置并设置文件名，然后单击“导出”按钮（这里不要选择在 C 盘的某一位置），如图 2-7 所示。

步骤 6：“收藏夹”中的内容即导出完成，如图 2-8 所示。

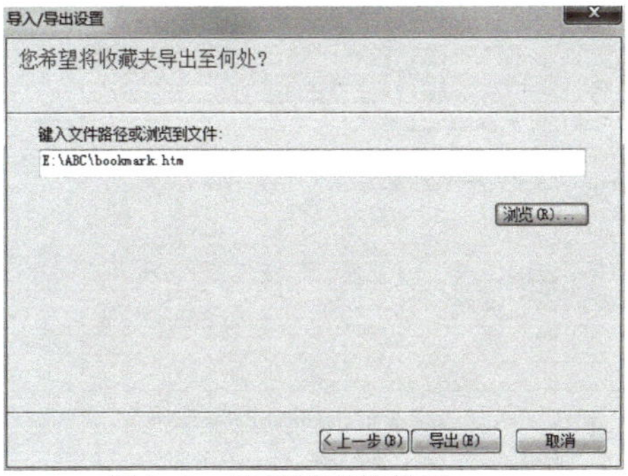

图 2-7　选择导出的位置

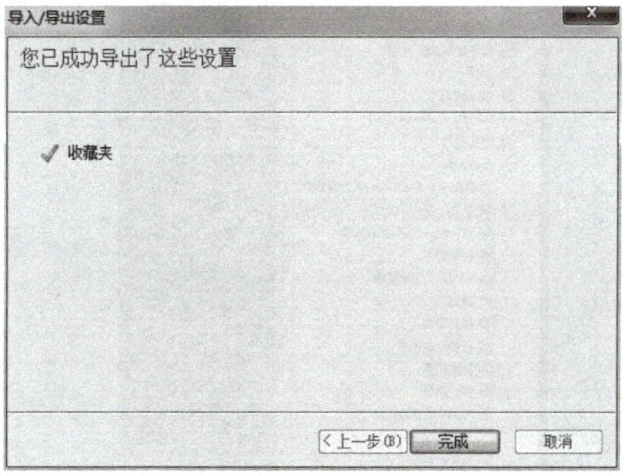

图 2-8　导出完成

系统重装后，如果要导入收藏夹的内容，则只要按照同样的步骤，在步骤 2 中选中“从文件中导入”单选按钮，然后选择备份的文件进行导入操作即可。

（2）备份“我的文档”　很多用户习惯将自己的文件放在“我的文档”内，默认情况下，“我的文档”存放在系统分区中，所以备份“我的文档”是重装操作系统前必做的一项工作。由于 Windows7 操作系统在设计之初就考虑到了“我的文档”的特殊性，所以备份“我的文档”要比备份其他信息容易得多。

“我的文档”的默认路径为：“C:\Users\用户名\Documents”，按该路径找到“我的文档”，单击鼠标右键，在弹出的快捷菜单中选择“属性”命令，打开“我的文档属性”对话框中选择“位置”选项卡，将目标位置改在其他分区中，如 e:\Documents，如图 2-9 所示。

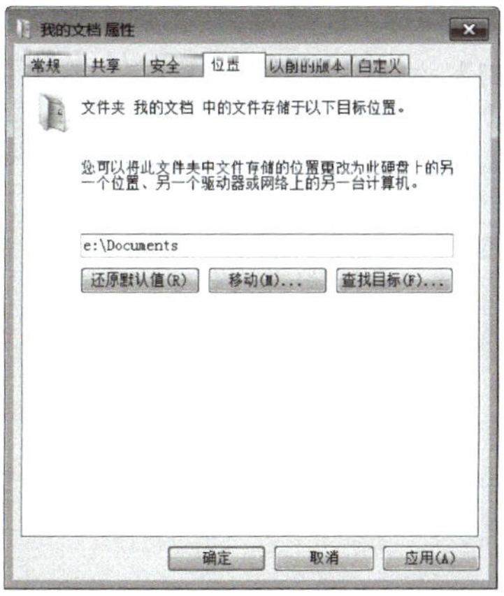

图 2-9　“我的文档属性”对话框

单击“确定”按钮，弹出“移动文档”对话框，单击“是”按钮可以自动将原“我的文档”中的内容复制到新位置，这样“我的文档”的备份工作就完成了。

重装系统后，“我的文档”位置会改为系统默认值，与备份方法类似，可将“我的文档”的所在位置设定为备份时的文件夹。

经验分享

利用 Windows 轻松传送备份文件

利用 Windows 的轻松传送功能，可以帮助用户将文件和设置从一台计算机复制到另一台计算机，这对于升级安装系统的用户来讲无疑是一个好的选择。Windows 的轻松传送操作步骤如下：

步骤 1：单击“开始”按钮，执行“所有程序”→“附件”→“系统工具”→“Windows 轻松传送”命令，如图 2-10 所示。

步骤 2：打开 Windows 轻松传送向导，单击“下一步”按钮，如图 2-11 所示。

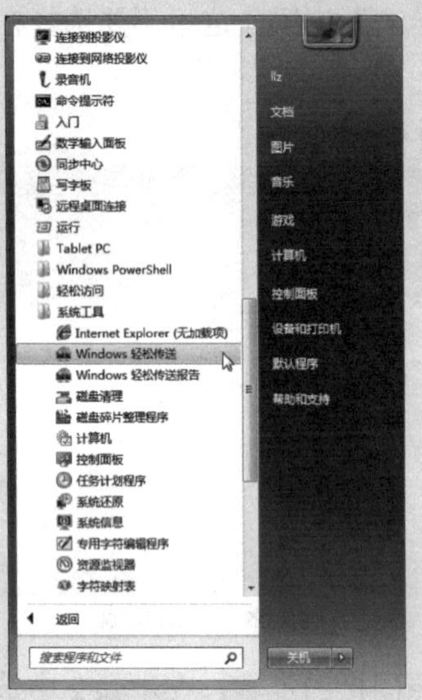

图 2-10　选择“Windows 轻松传送”

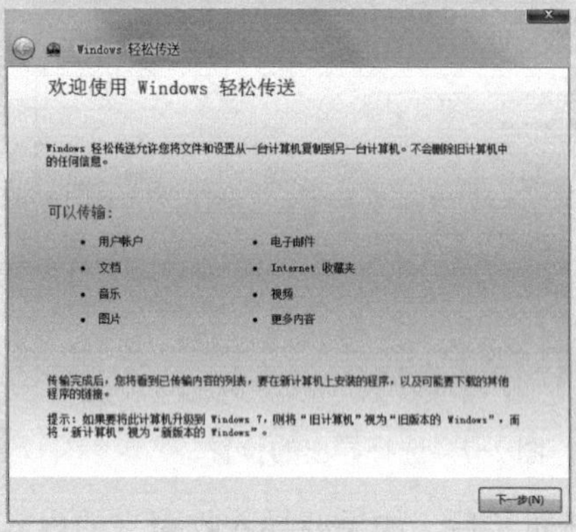

图 2-11　Windows 轻松传送向导

步骤 3：选择如何将项目传送到新计算机，这里选择“外部硬盘或 USB 闪存驱动器”选项，如图 2-12 所示。

步骤 4：选择现在使用的是哪台计算机，这里选择“这是我的旧计算机”选项，如图 2-13 所示。

图 2-12　选择如何传送到新计算机

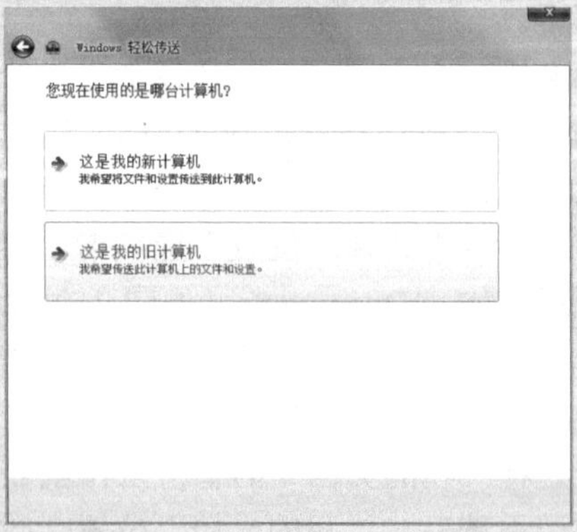

图 2-13　选择现在使用的计算机

步骤 5：系统会检测可以传送的文件和设置，一个是个人用户的，一个是共享的项目，可以根据需要选择是否传送，也可以单击“自定义”按钮，进行详细的选择，然后单击“下一步”按钮，如图 2-14 所示。

步骤 6：进行密码的设置，输入密码后，单击“保存”按钮，如图 2-15 所示。

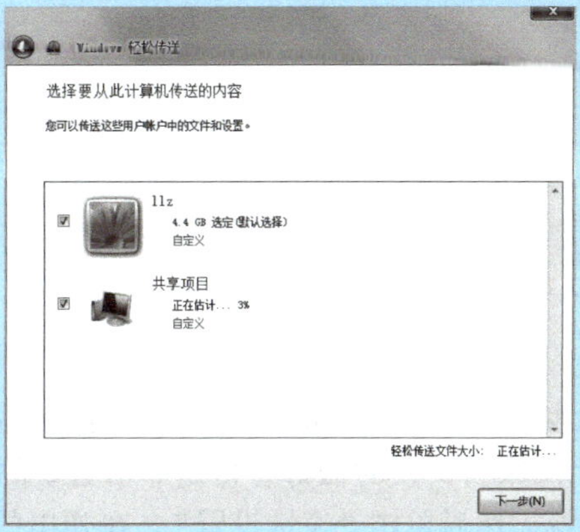

图 2-14　检测到的内容

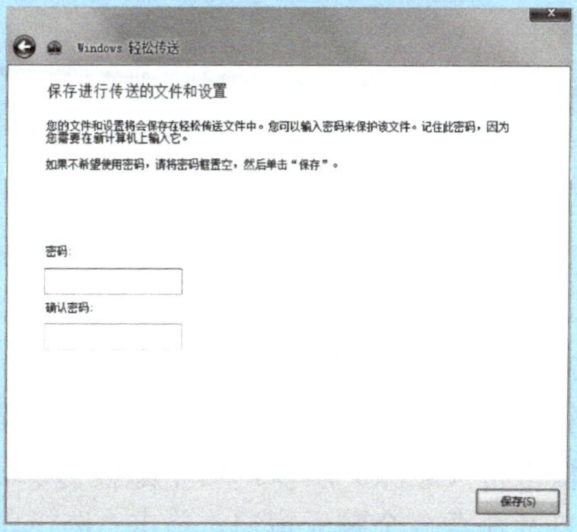

图 2-15　设置密码

（3）备份 QQ 聊天记录与表情

1）备份聊天记录。

聊天记录有时包含很多重要内容，而重装操作系统后，这些记录也将随之消失，为了避免损失，在重装操作系统前也很有必要把重要的聊天记录保存起来，其方法如下。

步骤 1：单击 QQ 界面下方的“喇叭”图标，打开“消息管理器”窗口。选择一个要导出消息记录的用户，单击“工具”按钮，执行“导出全部消息记录”命令，如图 2-16 所示。

步骤 2：在打开的“另存为”对话框中选择保存的类型并输入文件名，然后单击“保存”按钮即可完成备份，如图 2-17 所示。其中，网页格式和文本格式不支持导入，但可以在浏览器和记事本中打开。

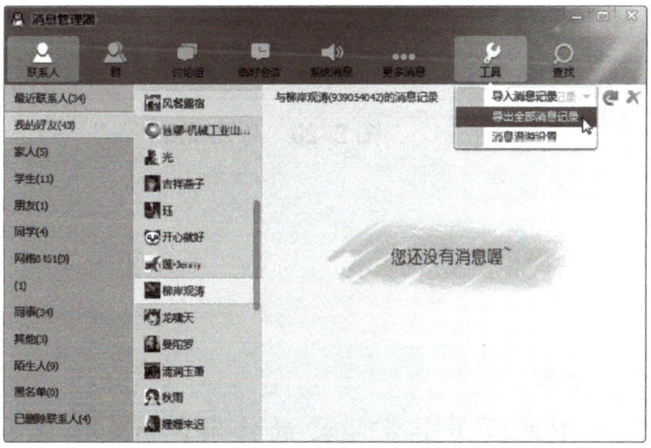

图 2-16　执行“导出全部消息记录”命令

图 2-17　设置导出位置及文件名

若重装后需要进行消息的导入，则可以在 QQ 的消息管理器中，单击“工具”按钮，执行“导入消息记录”命令，在打开的数据导入工具向导中勾选“消息记录”复选框，按操作提示进行还原操作即可，如图 2-18 所示。

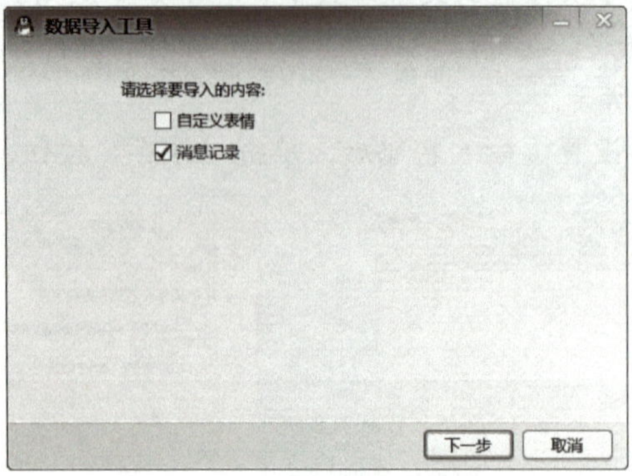

图 2-18　选择导入的内容

2）备份自定义表情。

很多用户喜欢收集一些搞笑的 QQ 表情，这些表情通常要积累很久，一旦重装操作系统，则表情也将被删除。所以，对于酷爱 QQ 软件的用户来讲，及时做好备份是非常必要的。

打开任意一个聊天窗口，单击“选择表情”图标，然后单击“表情设置”，在弹出的“表情设置”菜单中执行“导入导出表情包”→“导出全部表情包”命令，如图 2-19 所示。

如果有自定义表情，则会弹出“另存为”对话框，在这里可以设置导出后要保存的文件名和路径，单击“保存”按钮后即可提示已成功导出表情，如图 2-20 所示。

在重装操作系统后，如果要导入这些表情，则在图 2-19 所示的“表情设置”菜单中执行“导入导出表情包”→“导入表情包”命令即可。

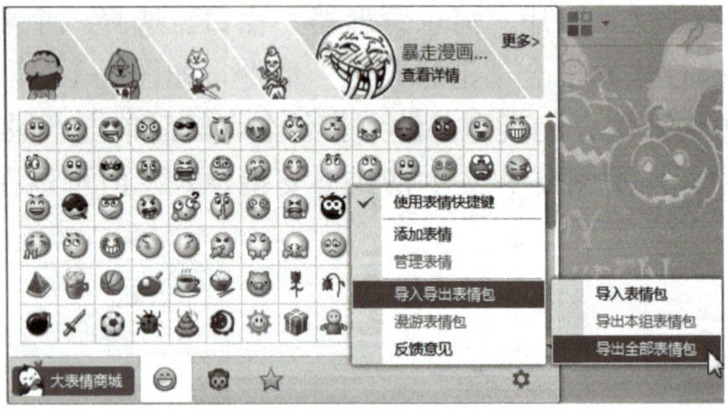

图 2-19　选择“导出全部表情包”

图 2-20　导出完成

经验分享

备份驱动程序

驱动程序作为系统和硬件的接口，在使用中发挥着非常重要的作用，有时安装驱动程序比安装操作系统要麻烦得多，如果重装的是同一个操作系统，则事先备份驱动程序就是备份工作的重中之重。备份驱动程序需要借助一些第三方软件来进行，如驱动精灵。

运行驱动精灵，单击工具栏上的“驱动程序”按钮，选择“备份还原”选项卡，打开备份还原窗口，如图 2-21 所示。

在该窗口中可选择需要备份的驱动程序，还可以单击“路径设置”按钮，设定驱动备份的路径，最后单击“一键备份”按钮，即可开始备份。

恢复方法：如果驱动精灵检测到了已备份的驱动程序，则可以在“备份还原”选项卡中看到该驱动程序后面有“还原”按钮，如图 2-22 所示。单击“还原”按钮，即可将重装操作系统前备份的驱动程序恢复到新系统中，这样就节省了重装各种驱动程序的时间。

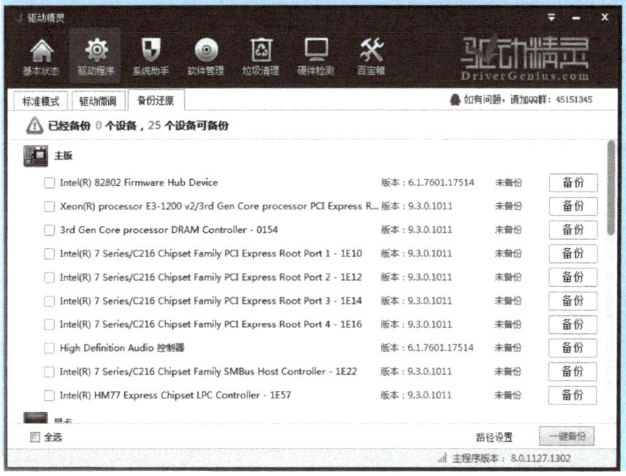

图 2-21　驱动程序备份

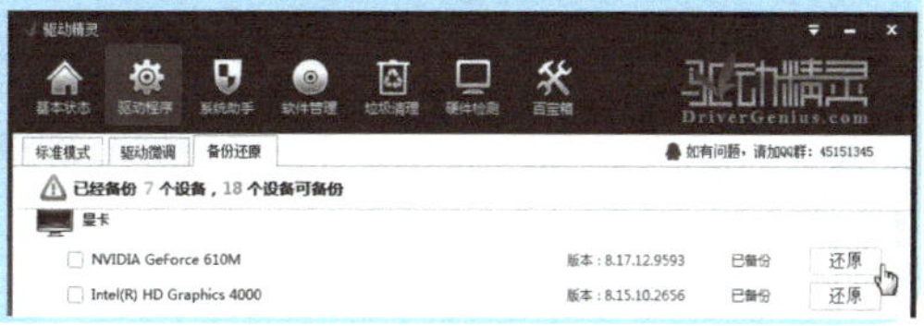

图 2-22　驱动还原

3. 任务完成

小李备份了宋先生的文档、收藏夹以及 QQ 的聊天记录与表情，宋先生确认没有其他想要备份的内容了，小李就可以准备重新安装操作系统了。

任务评价

将学生分成小组，各小组选出组长。组长带领组员，针对不同的计算机进行用户资料备份，同时填写故障分析记录，见表 2-1。

表 2-1　故障分析记录

故 障 现 象	
故 障 分 析	
诊 断 方 案	

根据各组学生的实际操作情况和记录表填写情况作出任务评价，并填入表 2-2。

表 2-2 备份用户资料任务评价

评价内容		评价要求	小组评价	教师评价
知识掌握		简述重装操作系统前需要备份的内容		
实际操作	故障现象	正确描述并记录		
	故障分析	完整阐述分析思路		
	诊断方案	制订诊断方案		
	故障解决	正确备份 IE 收藏夹		
		正确备份用户的文档		
		正确备份 QQ 聊天记录和表情		
教师建议：			评价汇总： A. 优秀 B. 良好 C. 基本掌握	

任务拓展

分析以下故障现象，制订解决方案。

1）Windows7 操作系统桌面上的“计算机”图标消失了，要如何恢复？

诊断提示：

在桌面上单击鼠标右键，在弹出的快捷菜单中选择“个性化”选项，然后在左侧单击“更改桌面图标”链接，选中“计算机”即可。

2）Windows7 操作系统的资源管理器中的“收藏夹”无法展开，但“库”和“计算机”都可以。但单击“收藏夹”能进入到“收藏夹”的文件夹，里面的快捷方式也没有丢失。尝试过右键单击“收藏夹”，选择“还原收藏夹”命令也没有效果。

诊断提示：

Windows7 操作系统资源管理器的“收藏夹”失灵。运行 regedit，展开到 HKEY_CLASSES_ROOT\lnkfile，添加一个字符串值: IsShortcut，不需要填写串值，按 <Enter> 键即可。

任务 2 重装 Windows 7 操作系统

任务情境

小李给宋先生备份完了用户资料，准备给宋先生重装操作系统，具体安装哪个版本的操作系统，还要咨询宋先生的意见。

情境对话：

小　李：您好，您想安装哪个版本的操作系统？

宋先生：原来用的家庭普通版功能比较少，现在想增加内存到 8GB，还是安装 64 位的 Windows 7 旗舰版吧。

小　李：请先到前台选购内存和 DVD 盒装正版操作系统，然后我再给您安装。

宋先生：好的。

任务分析

1. 观察现象

宋先生的笔机本电脑型号在外观上即可看到，为联想昭阳 E49A，原来安装的 Windows 7 32 位家庭普通版操作系统运行基本正常，在“控制面板”中的“系统”选项中可以查看基本配置，如图 2-23 所示。小李记录下该笔机本电脑的型号和配置信息，为扩充内存和安装操作系统做准备。

图 2-23 “系统”界面

经验分享

查看计算机配置的方法

在“控制面板”的“系统”窗口只能查看计算机的 CPU、内存和操作系统等基本信息，如果想要查看计算机的配置等详细信息，则可以利用 Windows 自带的 DirectX 诊断工具或第三方的 AIDA64 和鲁大师等软件。图 2-24 所示为鲁大师的计算机配置检测页面。

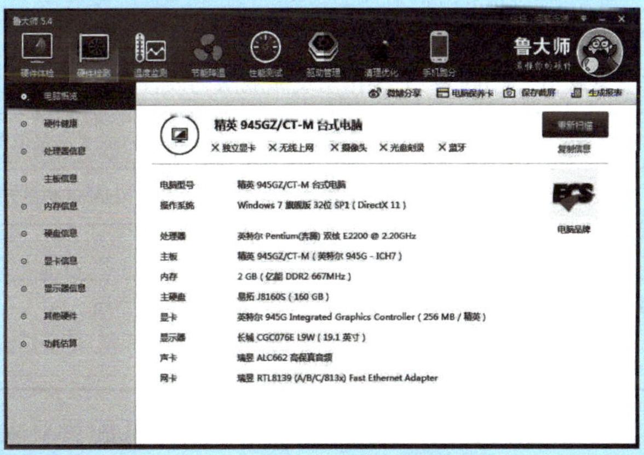

图 2-24 鲁大师检测整机配置

2. 故障分析

当用户误操作或遭到病毒和木马程序的破坏时，系统中的重要文件受损，从而导致系统错误甚至是崩溃而无法启动，因此不得不重新安装。另外，在系统运行正常的情况下为了对系统进行优化或升级，也可以重装操作系统。

由于软件故障（主要是系统故障）的几率远大于硬件故障，所以重新安装操作系统是计算机维修者最常用的手段之一。当系统出现严重错误，且尝试修复和进入安全模式均不起作用时，一般只能重新安装操作系统，但要注意，安装时不要覆盖用户非系统分区的数据资料。而对于普通应用软件的故障，在保证系统健康的情况下，一般选择修复或卸载重装即可。

任务实施

1. 故障判断

（1）内存扩充的可行性　对于笔记本式计算机来说，内存插槽数量和最大内存容量可以在官方说明书或网上查询得到，如图 2-25 所示。而台式机的内存插槽数量和最大内存容量则取决于主板。

存储设备	内存容量 ⓘ	2GB
	内存类型 ⓘ	DDR3 1600MHz
	插槽数量	2xSO-DIMM
	最大内存容量 ⓘ	8GB
	硬盘容量	320GB
	硬盘描述 ⓘ	5400转
	光驱类型 ⓘ	内置DVD刻录机
	光驱描述	支持DVD SuperMulti双层刻录

图 2-25　内存扩充的可行性

（2）Windows 7 操作系统的版本的选择　Windows 7 操作系统分为基本版、家庭普通版、家庭高级版、专业版、企业版以及旗舰版，不论选择何种版本，在兼容性、稳定性以及资源消耗上都基本没有区别，对于个人用户，建议在条件允许的情况下直接选择功能最完整的旗舰版。

Windows 7 操作系统旗舰版的硬件最低配置见表 2-3。

表 2-3　Windows 7 操作系统旗舰版的硬件最低配置

设 备 名 称	32 位系统最低配置	64 位系统最低配置
CPU	主频 1GHz 以上	主频 1.6GHz 以上（必须是 64 位处理器）
内存	1GB 以上	2GB 以上
硬盘	16GB 以上的可用硬盘空间	20GB 以上的可用硬盘空间
显卡	显存 128MB 以上	显存 512MB 以上

对于现在的主流 PC 硬件来说，CPU、硬盘、显卡的最低配置要求均可轻松达到，推荐安装哪个版本主要取决于内存大小。当计算机上安装有大量的随机存取内存（通常为 4　GB

的 RAM 或更多）时，使用 64 位操作系统的优势最为显著。在这种情况下，因为 64 位操作系统较 32 位操作系统而言能够更加高效地处理大容量的内存，所以当有多个程序同时运行且需要频繁切换时，64 位操作系统的响应速度更快。

2. 故障解决

（1）升级笔记本内存

步骤 1：关闭计算机，然后从计算机上断开交流电源适配器和所有电缆的连接。等待 3 ～ 5min，计算机冷却后合上计算机显示屏，然后将计算机翻转过来并卸下电池。

步骤 2：拧松螺钉，卸下外盖中的内存挡板。一般的笔记本式计算机都会用黑色方框标记标示出属于内存挡板的螺钉，如图 2-26 所示。

步骤 3：将内存条有槽口的一端面向插槽的接触边一侧，以大约 20° 的倾角将内存条插入插槽，然后将其牢牢按入，如图 2-27 所示。接着，向下旋转内存条，直至其固定到位，确保将内存条牢固地安装在插槽中，且不易松动。

图 2-26　内存挡板上的螺钉标记

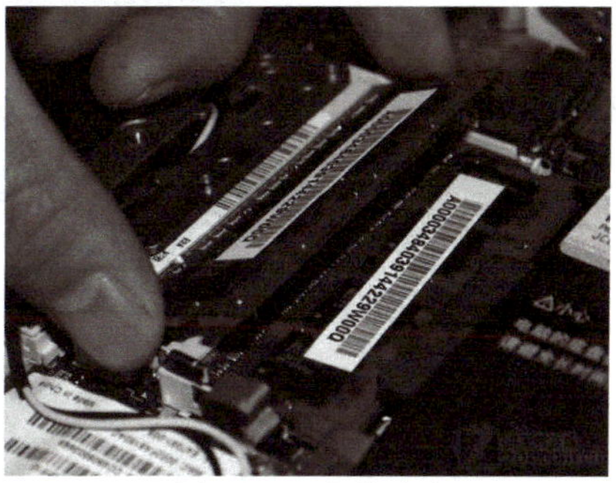

图 2-27　安装内存

步骤 4：重新装好计算机外盖，并拧紧螺钉固定。

步骤 5：重新安装电池后，翻转笔记本式计算机，连接交流电源适配器和所有电缆。

经验分享

注意静电的释放

开始安装内存条前，请触摸一下金属桌面或接地的金属物体，这样可减少人体身上的静电，因为静电可能损坏内存条。

（2）安装 Windows 7 64 位中文旗舰版操作系统　将安装光盘放入光驱，在 BIOS 设置中把光驱设为第一启动盘并保存设置。重新启动计算机，出现安装向导，如图 2-28 所示。

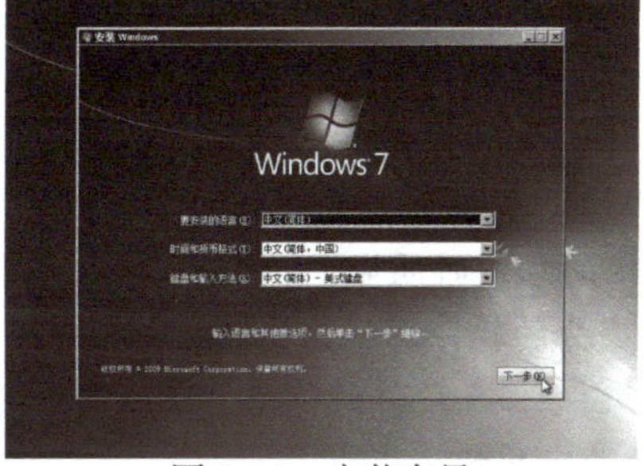

图 2-28　安装向导

按安装向导的提示进行操作，只需注意，重装操作系统时要安在原来的系统分区，如图2-29所示。另外，如果用户的硬盘上有多个分区，则一定要确定好哪个是原来的系统分区，以避免因操作失误而造成用户资料的丢失。

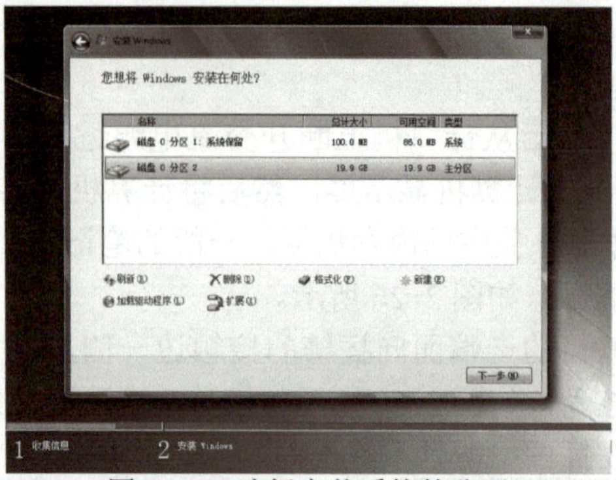

图2-29　选择安装系统的分区

安装完成后，就可以享受 Windows 7 操作系统带来的全新体验了，如图2-30所示。

图2-30　Windows 7 操作系统桌面

3. 任务完成

小李为宋先生升级了内存并重装操作系统后，笔记本式计算机的运行速度明显变快了。小李又为宋先生安装了一些常用软件，并将原来备份的用户资料做了还原。宋先生填好维修服务单，交款后满意地离开了。

温馨提示

维修人员更换硬件时的注意事项

1）对于自己不熟悉的应用或设备，应在认真阅读用户使用手册或其他相关文档后，才可动手操作。

2）必须充分地与用户沟通，了解用户的操作过程、出故障时所进行过的操作、用户使用计算机的水平以及计算机的购买时间等。

3）慎换硬件。一定要在充分的软件调试和观察后，在一定的分析基础上进行硬件更换。当需要为用户更换新配件时，由于涉及配件的价格，所以需要先向客户充分说明更换的原因和配件的价位，经用户同意后才可更换。

任务评价

将学生分成小组，各小组选出组长。组长带领组员，针对不同系统故障的计算机选择操作系统进行安装，同时填写故障分析记录，见表 2-4。

表 2-4 故障分析记录

故 障 现 象	
故 障 分 析	
诊 断 方 案	

根据各组学生的实际操作情况和记录表填写情况作出任务评价，并填入表 2-5。

表 2-5 重装 Windows 7 操作系统任务评价

评 价 内 容		评 价 要 求	小 组 评 价	教 师 评 价
知识掌握		简述重装系统的适用条件		
实际操作	故障现象	正确描述并记录		
	故障分析	完整阐述分析思路		
	诊断方案	制订诊断方案		
	故障解决	正确检测计算机配置		
		正确选择合适的操作系统并安装		
教师建议：			评价汇总： A. 优秀 B. 良好 C. 基本掌握	

任务拓展

分析以下故障现象，制订解决方案。

1）尽管 Windows 7 操作系统令人印象深刻，但是它不可避免地会出现崩溃的情况。有时候，想通过 Windows 诊断软件查看崩溃记录，但是发现 Memory.dmp 文件中并没有查到相关记录。

诊断提示：

右键单击“计算机”，在弹出的快捷菜单中选择“属性”选项，进入“高级”选项卡，在启动和故障恢复项中选中“系统失败”栏里的“将事件写入系统日志”。这样，今后可能出现的每次系统故障都会被自动记录下来。

2）休眠功能是一个很强大的功能，它使用户在使用 PC 时也可以“即开即用”，但有时发现，Windows 7 操作系统经常不能休眠，这应该怎么解决呢？

诊断提示：

导致 Windows 7 操作系统不能休眠的因素通常与以下几个方面有关：

- 无线 / 有线网卡。
- 指纹识别器。
- 键盘、鼠标等外设的驱动程序。
- 电源管理设置。

3）笔记本电脑如何快速进行系统恢复？

诊断提示：

有的笔记本电脑配有系统恢复光盘，当系统因为病毒或误操作而导致崩溃时，只要先将 BIOS 程序里的引导驱动设置成光盘引导，然后重新启动计算机，放入随机附送的系统恢复光盘，在英文提示界面上选择重新覆盖操作系统即可。

此时，笔记本电脑便会自动运行恢复程序。虽然看不出有任何反映，但硬盘指示灯和光驱指示灯还会亮着。15 ~ 20min 之后，就会恢复到购机时的初始状态。

实际上，还有的笔记本式计算机还针对系统崩溃提供了更为简便的解决方案。以 IBM ThinkPad 笔记本电脑来说，如果系统崩溃，则无须恢复光盘。因为 ThinkPad 内部已经集成了系统恢复功能模块。一旦系统崩溃，用户只需在重新开机时，按 <F11> 键，紧接着系统就会自行恢复。

4）Ghost 复制文件过程中出现 A:\GHOSTERR.TXT 错误，是什么原因，该如何处理？

诊断提示：

出现这个错误的主要原因是光盘、光驱问题；可以换张光盘、换个光驱再装；另外，也可能是硬盘有问题，可以把 C 盘中需要保存的文件保存到其他分区或另一块硬盘中，格式化这块硬盘 C 分区后再安装。除此之外，还有一个原因就是内存有问题。如果前两种方法均不行，可以考虑替换一下内存。

知识储备

使用 Ghost 备份还原分区

重新安装操作系统不仅可以使用系统安装光盘，而且还可以使用 Norton Ghost 软件进行分区还原，也可完成对操作系统的重新安装，但需要事先备份系统分区，才可以使用该功能。

Ghost 的启动界面如图 2-31 所示。

单击任意键即可进入 Ghost 的操作菜单，如图 2-32 所示。

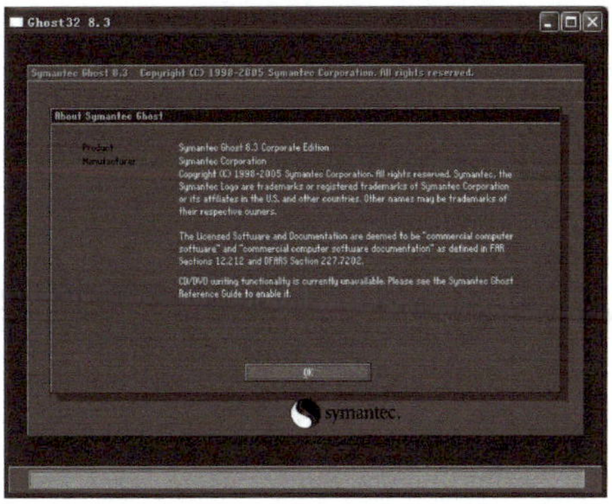

图 2-31　Ghost 的启动界面

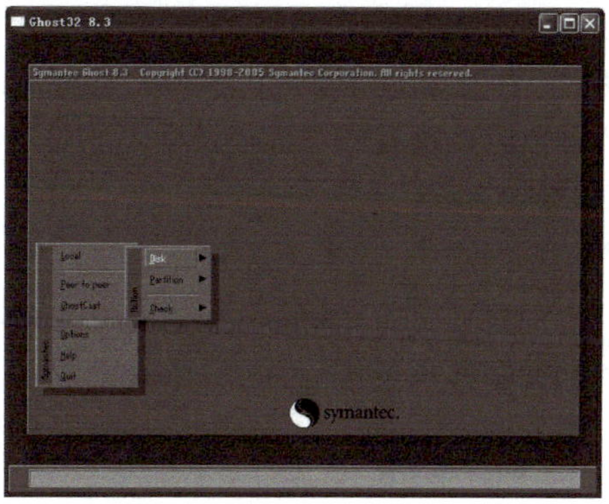

图 2-32　Ghost 的操作菜单

菜单中各个选项的含义见表 2-6。

表 2-6　Ghost 操作菜单各选项含义

选　项	含　义
Local	本地，主要应用该选项，包含 Disk（硬盘备份与还原）、Partition（磁盘分区备份与还原）和 Check（硬盘检测）3 个子菜单，前两项功能是用得较多的
Peer to peer	通过点对点模式对网络计算机上的硬盘进行操作
GhostCast	通过单播 / 多播或广播方式对网络计算机上的硬盘进行操作
Option	设置（一般不做调整，使用默认值）
Help	帮助
Quit	退出

注：当计算机上没有安装网络协议的驱动程序时，Peer to peer 和 GhostCast 选项将不可用。

下面介绍分区备份和还原的操作方法。

1）制作分区镜像。在 Ghost 的操作菜单中选择“Local”→“Partition”→“To Image”命令，按提示选择要备份的分区和存储镜像文件的位置，确定后 Ghost 将分区备份为镜像文件，如图 2-33 所示。

2）将镜像还原到分区。启动 Ghost，选择“Local”→“Partition”→“From Image”命令，如图 2-34 所示。

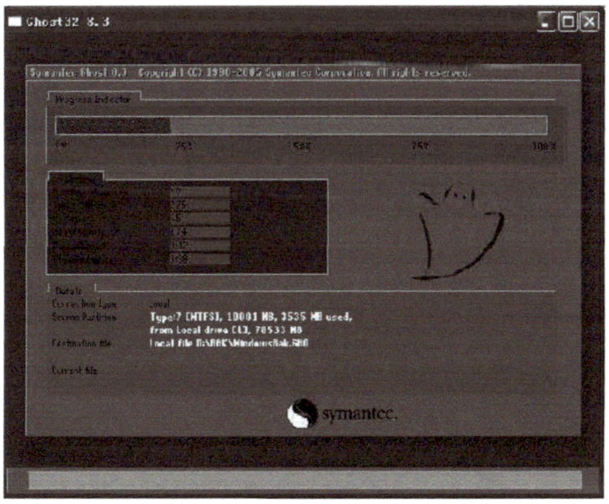

图 2-33　Ghost 将分区备份为镜像文件

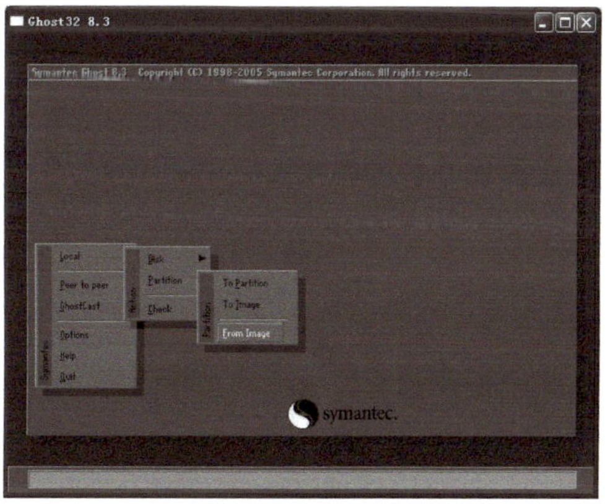

图 2-34　镜像还原到分区

然后按提示选择镜像文件和恢复的分区，确定后 Ghost 即将这个镜像文件恢复到用户所指定的分区中。

在使用 Ghost 恢复分区时，一定要选对目标分区，否则可能导致分区丢失或重要数据不能恢复。建议恢复分区前，对分区加 Label（卷标），这样即可非常清晰明了地区分各个分区，不会导致因选错目标分区而造成不必要的损失。

项目总结

本项目通过对 Windows 7 操作系统重新安装的典型案例的介绍，使学生掌握用户资料备份和重装操作系统的方法，具备重装操作系统的能力。

1. 维修要点

1）维修人员要熟悉常见的 Windows 操作系统版本，可以按客户要求推荐合适的操作系统。

2）维修人员要在重新安装操作系统前与用户充分沟通，以保证用户资料的完整。

3）维修人员应了解常用软件的基本操作方法，对不熟悉的常用软件也应学习使用，快速上手。

4）维修人员应了解各计算机配件与整机的基本知识，对相关资料和说明书可以上网查阅。

5）维修人员要善于积累经验，以便迅速、准确地排除故障。

2. 解决思路

重新安装操作系统的操作思路如图 2-35 所示。

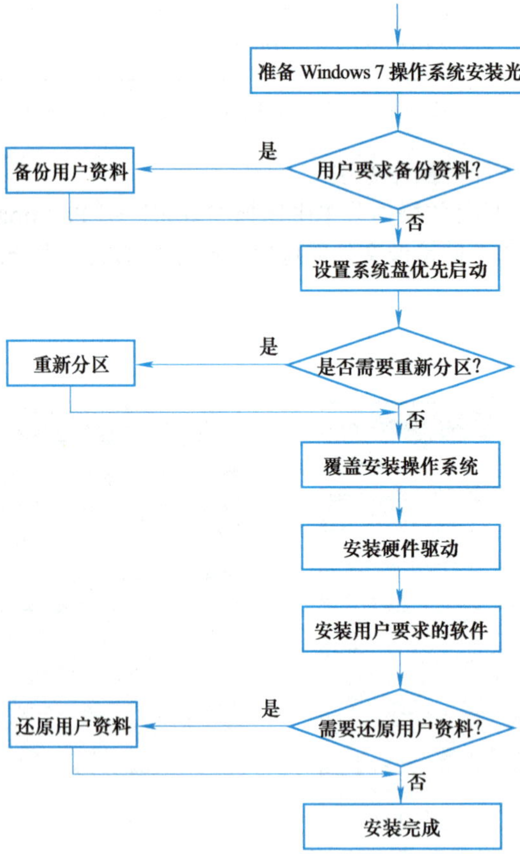

图 2-35　重新安装操作系统的操作思路

项目3　系统加密与数据恢复

项目情境

小李在计算机公司的软件维护部遇到过各种各样的软件故障，大部分故障通过重新安装操作系统都能解决，但有些故障并不那么容易解决。

系统加密和数据恢复这两个问题常常会给用户造成不小的困扰，小李通过自己的维护工作，为用户解决了故障。

项目概述

计算机中的重要资料不想被别人发现该怎么办？误删除的文件又该如何找回？本项目中就主要通过这两个典型案例分别介绍系统加密和数据恢复的思路和方法。其中，系统加密案例可以设置开机或系统登录密码来实现，而数据恢复案例则可以使用数据恢复软件来解决故障。

学习目标

知识目标：

1. 掌握设置高强度密码的方法；
2. 了解威胁数据安全的主要因素；
3. 掌握个人计算机的数据备份方法。

能力目标：

1. 能够设置 BIOS 开机密码和系统登录密码；
2. 能够加密 Word 文档和 RAR 压缩文件；
3. 能够用数据恢复软件恢复误删除的文件。

情感目标：

1. 能够与客户交流，了解故障现象；
2. 能够与客户沟通，确定故障解决方案；
3. 对于不熟悉的内容，能够查阅相关资料进行工作。

任务1　系统加密

任务情境

曹先生刚在计算机公司前台购置了计算机，软件维护部的小李为他安装了 Windows 7

64 位操作系统。平时住在公共宿舍的曹先生担心自己的计算机资料被他人阅览，因此准备让小李设置系统加密。

情境对话：

小　李：系统装完了，您看一下，还有什么要求吗？

曹先生：我的计算机平时要储存一些重要文档，所以想给自己的计算机加密。

小　李：好，可以为您免费提供此项服务。

曹先生：真是太感谢了！

任务分析

1. 观察现象

由于是新装的操作系统，所以任何人开机都会直接进入操作系统的桌面，如图 3-1 所示。这对于处于公共空间的个人计算机来说，是一个不小的安全隐患。

图 3-1　操作系统的桌面

2. 故障分析

现在计算机已经进入千家万户，并且在商业办公中起着不可替代的作用。计算机中保存的重要数据和机密数据的安全已经成为所有计算机使用者十分重视的问题。无论是个人的计算机数据还是公司的机密数据，一旦泄密，则造成的损失和影响都将是巨大的。在计算机的 BIOS 设置中设定开机密码是一个较好的实施方案。

（1）加密技术　加密本意是指以某种特殊的算法改变原有的信息数据。未授权的用户即使获得了已加密的信息，但因不知解密的方法，仍然无法了解信息的内容。在密码学中，加密是将明文信息隐匿起来，使之在缺少特殊信息时不可读。加密技术包括两个元素：算法和密钥。算法是将普通的信息或可以理解的信息与一串数字（密钥）结合，产生不可理解的密文的步骤，密钥是用来对数据进行编码和解密的一种算法。在安全保密中，可通过适当的密钥技术和管理机制来保证网络的信息通信安全。

对于普通用户来说，加密的作用就是防止计算机上有用或私有化的信息被窃取，一个简单的例子就是密码的设定。登录系统、网站、电子邮箱和银行取款时输入的“密码”其实严格来讲应该仅被称作“口令”，因为它不是本来意义上的“加密代码”，但是也可以理解为秘密的号码。计算机密码极为重要，许多安全防护体系都是基于密码的，密码的泄露在某种意义上来讲意味着其安全体系的全面崩溃。

（2）如何进入 BIOS 设置　为了不让其他人打开和使用计算机，一般可以采取在 BIOS 中设置开机密码的方法，但针对不同的计算机，进入 BIOS 设置程序的方法也不尽相同。绝大多数台式机在开机时，按下 <Delete> 键就可以进入 BIOS 设置程序，但还有很多不同类型的计算机进入 BIOS 设置程序的按键不同。另外，对于进入 BIOS 设置的方式，有的计算机在屏幕上给出提示，有的却不给出提示，这些一般都是主板的 BIOS 厂商决定的，如 Award、AMI 和 Phoenix 等。常见台式机进入 BIOS 设置的方式见表 3-1。

表 3-1　常见台式机进入 BIOS 设置的方式

BIOS 型号	进入 CMOS SETUP 的按键	屏幕是否提示
AMI	<Delete> 键或 <Esc> 键	有
AWARD	<Delete> 键或 <Ctrl + Alt + Esc> 组合键	有
MR	Esc 键或 <Ctrl + Alt + Esc> 组合键	无
Quadtel	<F2> 键	有
COMPAQ	屏幕右上角出现光标时按 <F10> 键	无
AST	<Ctrl + Alt + Esc> 组合键	无
Phoenix	<Ctrl + Alt + S> 组合键	无
Hp	<F2> 键	有

笔记本式计算机方面，不同的笔记本式计算机进入 BIOS 的方法一般不同，这就造成了许多人进入 BIOS 的时候的烦恼。一些常见品牌笔记本式计算机的 BIOS 的进入方法见表 3-2。

表 3-2　常见品牌笔记本式计算机的 BIOS 进入方法

品　　牌	进入 BIOS 方法
Think Pad/IBM	冷开机按 <F1> 键，部分新型号可以在重新启动时按 <F1> 键
HP	启动和重新启动时按 <F2> 键
Sony	启动和重新启动时按 <F2> 键
Dell	启动和重新启动时按 <F2> 键
Acer	启动和重新启动时按 <F2> 键
Toshiba	冷开机时按 <ESC> 键，然后按 <F1> 键
Compaq	开机后直到右上角出现闪动光标时按 <F10> 键，或开机时按 <F10> 键
Fujitsu	启动和重新启动时按 <F2> 键
大多数国产和中国台湾品牌	启动和重新启动时按 <F2> 键

任务实施

1．故障判断

信息时代，对计算机加密的重要性这里无须多言，相信很多用户日常都在进行加密隐藏的操作，这里小李就决定指导曹先生使用设置开机密码、系统登录密码、文件隐藏和加密等手段加密计算机。

2．任务实施

（1）利用 BIOS 设置开机密码　这里以 Award BIOS 为例设置开机密码，其他类型的 BIOS 也可参考设置。

步骤 1：启动计算机，一般开机界面下方均有进入 BIOS 设置的键位提示，如图 3-2 所示。开机界面下方显示的“Press DEL to enter SETUP”即表示按 <Delete> 键即可进入 BIOS 设置。

步骤 2：按 <Delete> 键后，显示 Award BIOS 设置程序界面，如图 3-3 所示。

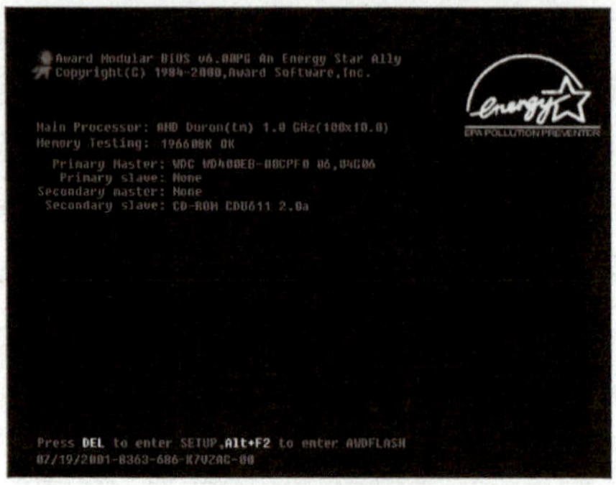

图 3-2　开机界面

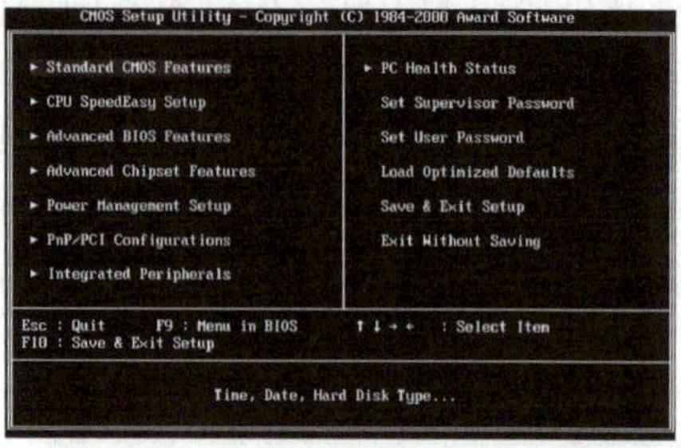

图 3-3　Award BIOS 设置程序界面

在 BIOS 设置界面，选中“Set User Password”选项，按 <Enter> 键，弹出一个密码设置框，在此输入需要设置的密码，然后按 <Enter> 键确认，如图 3-4 所示。这里可以看到右侧有两个设置密码选项，即“Set Supervisor Password”（设置管理员密码）和“Set User Password”（设置用户密码）。

步骤 3：在弹出的“Confirm Password”文本框中再次输入设置的密码，按 <Enter> 键即可，如图 3-5 所示。注：按照此方法也可以设置“Set Supervisor Password”的密码。

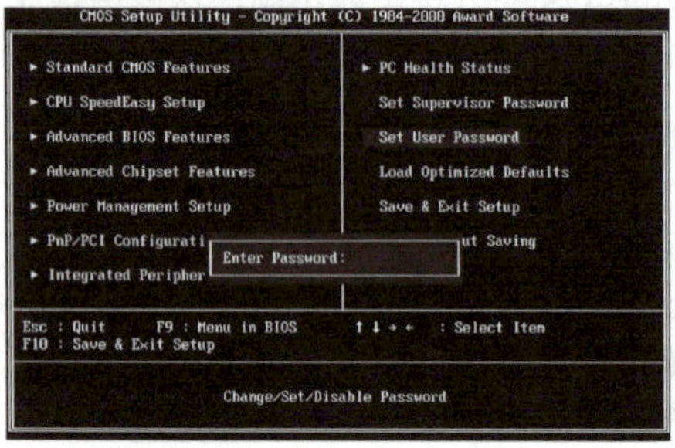

图 3-4　设置用户密码

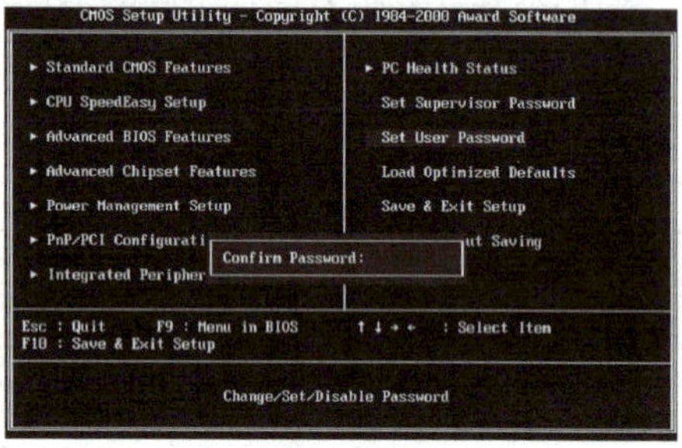

图 3-5　验证用户密码

至此，BIOS 的用户密码已经设置完毕，下一步就是要让这个密码能够在开机时启用。

在主界面中选择“Advanced BIOS Features”（高级 BIOS 选项），按 <Enter> 键进入该设置界面。用方向键选择“Security Option”，并将其键值设置为“System”，则该密码就变为用户的开机密码，如图 3-6 所示。

按 <F10> 键保存退出后，再开机时就会出现需要输入密码的提示框，如图 3-7 所示。

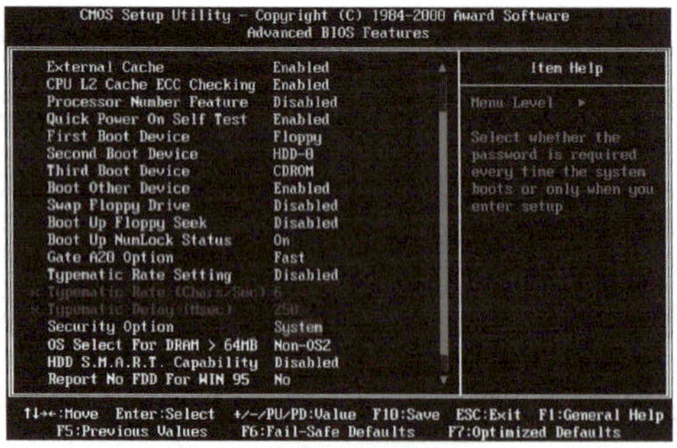

图 3-6　设置用户开机密码

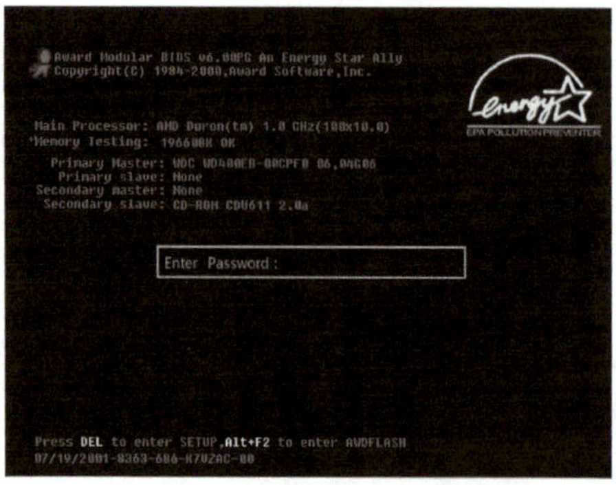

图 3-7　要求输入开机密码

经验分享

设置管理员密码与用户密码的区别

在 BIOS 的“Security Option”选项中选择了 System 则在开机时需要密码，选择了 Setup 则只是在进入 BIOS 时才需要密码，但前提是已经设置了管理员密码或用户密码。如果两个密码均已设置，则开机密码可以使用任何一个，而进入 BIOS 时，输入用户密码和管理员密码的权限不同：输入用户密码将只能对 BIOS 内容进行浏览，而无权修改；只有在进入 BIOS 设置时输入管理员密码，才既可对 BIOS 内容进行浏览，也可以做修改。

（2）设置系统登录密码　还可以通过在 Windows 系统中对账户加密的方法来保护自己的资料，这里以 Windows 7 操作系统的用户登录设置为例。

步骤 1：打开“控制面板”，单击“用户账户和家庭安全”链接，如图 3-8 所示。

步骤 2：单击“更改 Windows 密码”链接，如图 3-9 所示。

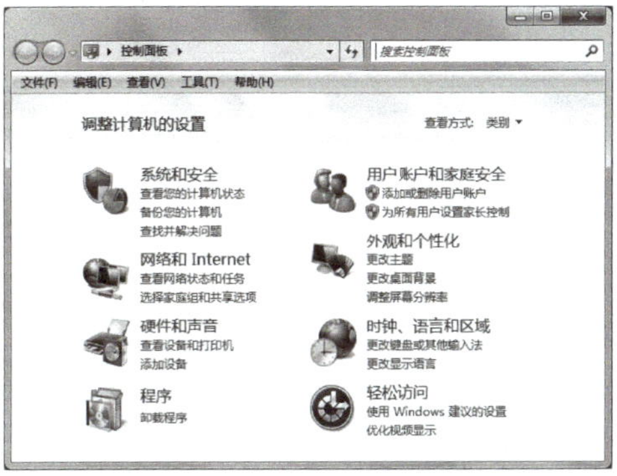

图 3-8　选择“用户账户和家庭安全”

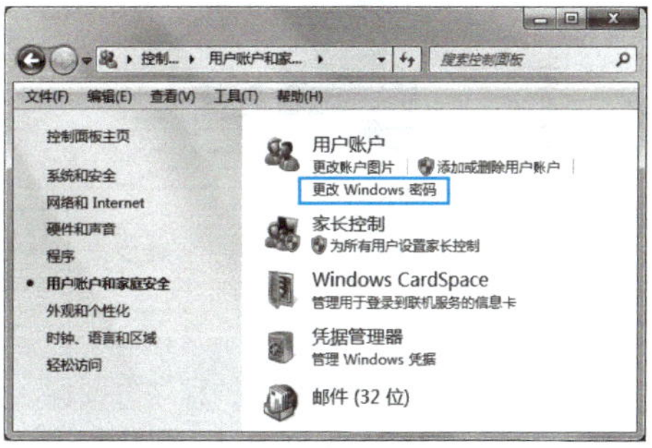

图 3-9　选择“更改 Windows 密码”

步骤 3：单击“为您的账户创建密码”选项，如图 3-10 所示。

步骤 4：输入密码和密码提示信息，单击“创建密码”按钮即可，如图 3-11 所示。

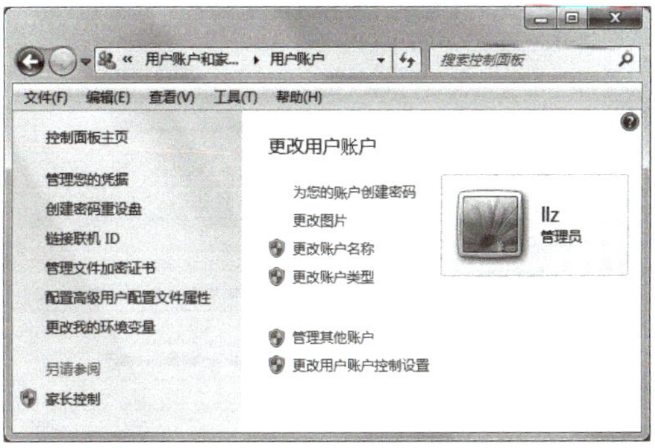

图 3-10　选择“为您的账户创建密码”

图 3-11　输入密码

经验分享

设置屏保、电源管理密码

除了设置系统登录密码外，在使用计算机的过程中，可能会短时间离开自己的计算机，这时如何防止他人擅自利用自己的计算机也很重要。这里就需要设置屏保密码、电源管理密码或者锁定系统来增强系统安全。

1）设置屏保密码。在“控制面板”→“个性化”窗口中，单击“屏幕保护程序”图标，如图 3-12 所示。

选择任意一款屏幕保护程序，然后勾选“在恢复时显示登录屏幕”复选框即可，如图 3-13 所示。

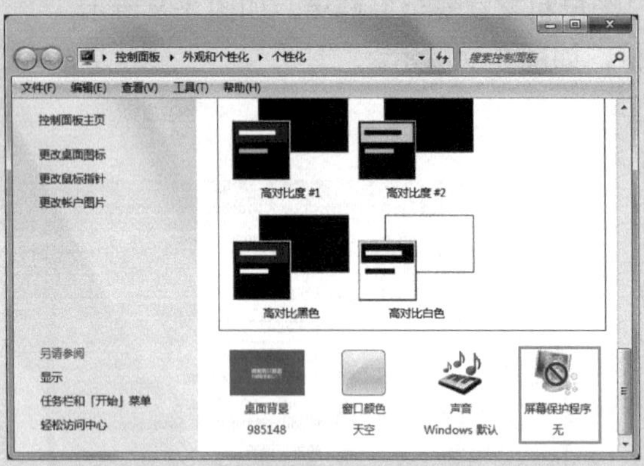

图 3-12　单击“屏幕保护程序”图标

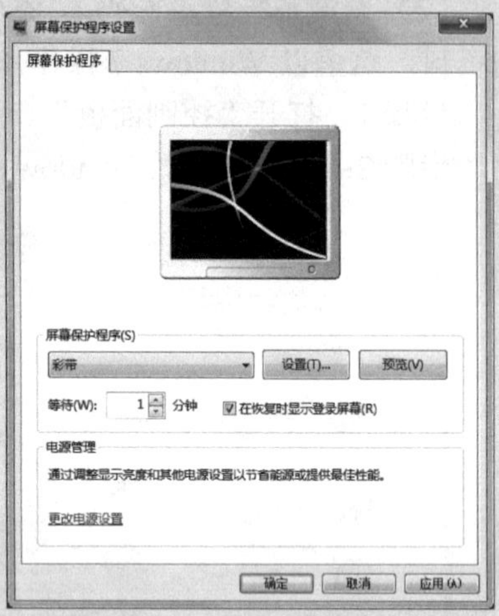

图 3-13　设置屏幕保护程序

对液晶显示器的使用者来说，不建议应用屏幕保护程序，而可以使用下述方法。

2）唤醒时需要密码。在图 3-13 中，单击“更改电源设置”链接，再单击“唤醒时需要密码”链接，如图 3-14 所示。

在打开的窗口中选中“需要密码(推荐)”单选按钮后，保存更改即可，如图 3-15 所示。

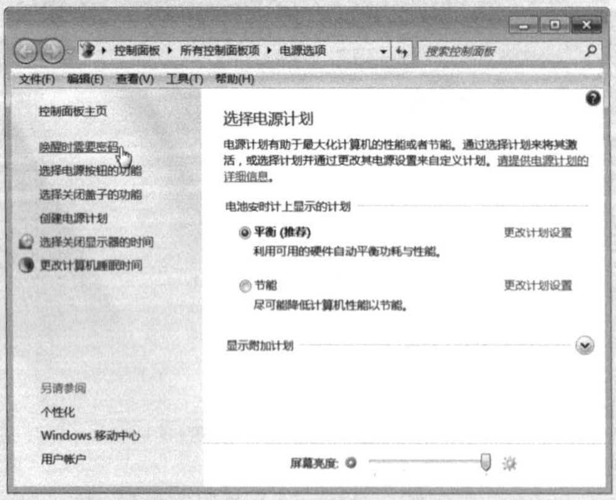

图 3-14　“电源选项”窗口

图 3-15　“系统设置”窗口

3）锁定计算机。除了设置屏保密码和唤醒外，还可以通过锁定计算机的方法让他人无法进入你的计算机，具体操作是按 <Windows 徽标键 +L> 组合键，锁定后的计算机必须输入登录密码才能再次进入桌面界面。

（3）文件加密

1）隐藏文件。对于初学者来讲，这是最容易实现，也是必会的一种方法，即通过设置文件夹选项来隐藏文件夹或文件。右键单击要隐藏的文件或文件夹，在弹出的快捷菜单中选择“属性”选项，在打开的对话框中勾选“隐藏”复选框，再单击“确定”按钮即可，如图 3-16 所示。

该方法的致命弱点是任何一个对计算机知识稍了解的人，只要想查看隐藏的文件，都可以找到隐藏的文件。

2）更名文件。这种方法简单易行，且隐蔽性强，就是把文件的扩展名由程序默认的扩展名改为其他程序的扩展名或一个任意的扩展名。这样，别人若想打开该文件则是一件非常困难的事情。

步骤 1：在资源管理器中执行“工具”→“文件夹选项”命令，打开“文件夹选项”对话框，如图 3-17 所示。

步骤 2：切换到“查看”选项卡，取消勾选“隐藏已知文件类型的扩展名”复选框，如图 3-18 所示。

图 3-16　设置隐藏属性

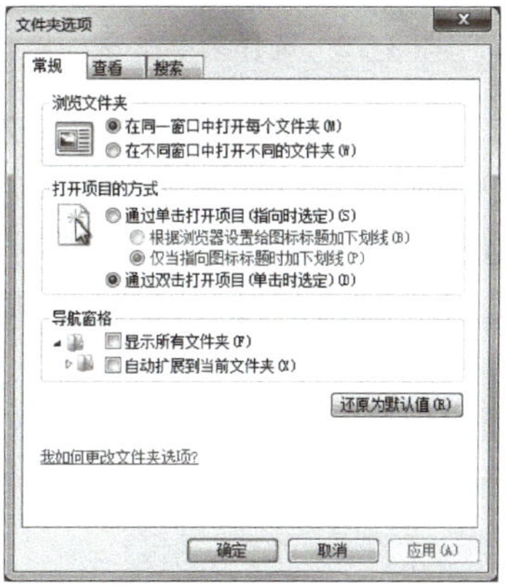

图 3-17　选择文件夹选项

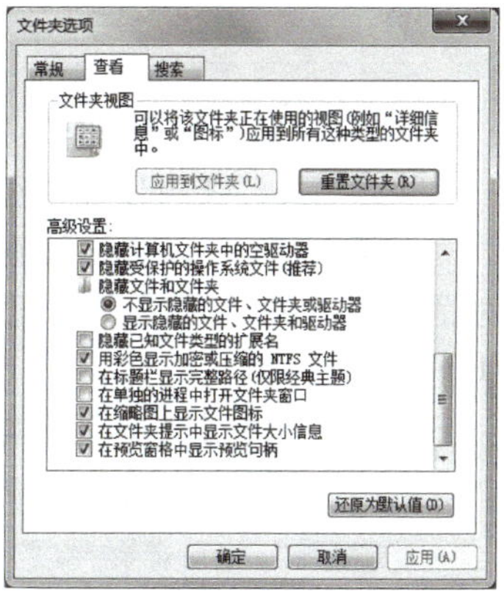

图 3-18　“查看”选项卡

步骤 3：选择要修改的文件，执行重命名操作，将扩展名改为其他扩展名，这里将一个 Word 文档的扩展名改为 Excel 文档的扩展名，如图 3-19 所示。

步骤 4：弹出警告窗口，提示修改扩展名可能会导致文件不可用，这里单击“是”按钮，如图 3-20 所示，因为这是要实现的效果。

步骤 5：双击修改后的文件，系统会调用 Excel 打开程序，当然它是打不开的，提示如图 3-21 所示。

图 3-19　改名前后对比

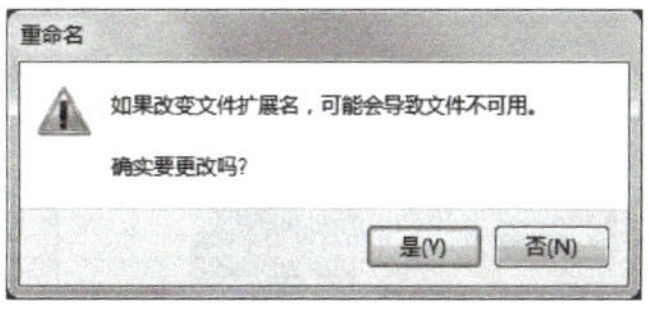

图 3-20　确认改名操作

图 3-21　打开文件时的错误提示

若要打开该文件，则只需将扩展名再改过来即可。

3）加密 Word 文档。Word 文档本身提供了加密的功能，使用方法也比较简单，如果对密码保护的要求度不高，则可以采用这种方式进行加密。下面以 Word 2010 为例进行操作介绍。

步骤 1：单击 Word 文档窗口菜单栏中的“文件”→“信息”选项，执行“保护文档”→“用密码进行加密”命令，如图 3-22 所示。

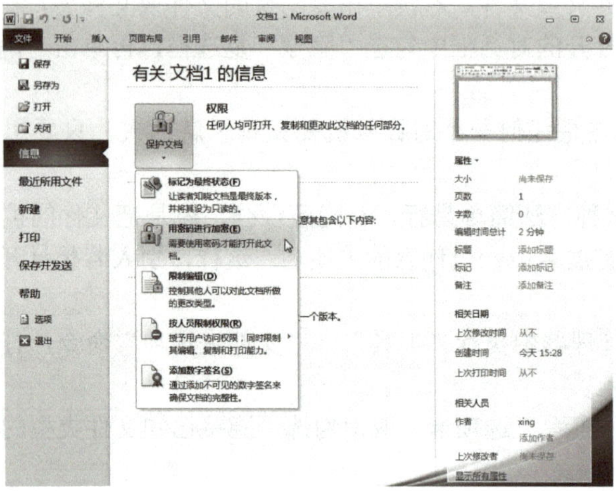

图 3-22　选择菜单命令

步骤 2：输入文档密码，单击“确定”按钮即可，如图 3-23 所示。

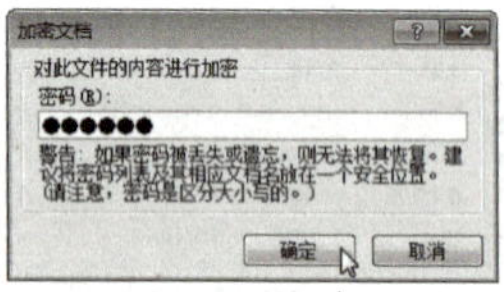

图 3-23　输入密码

除此之外，还可以在保存文件的同时进行加密操作。

步骤 1：单击 Office 按钮，选择“另存为”选项，单击“另存为”对话框下方的“工具”按钮，选择“常规选项”选项，如图 3-24 所示。

步骤 2：根据需要，可以设置打开文件时的密码和修改文件时的密码，输入完成后单击“确定”按钮即可，如图 3-25 所示。

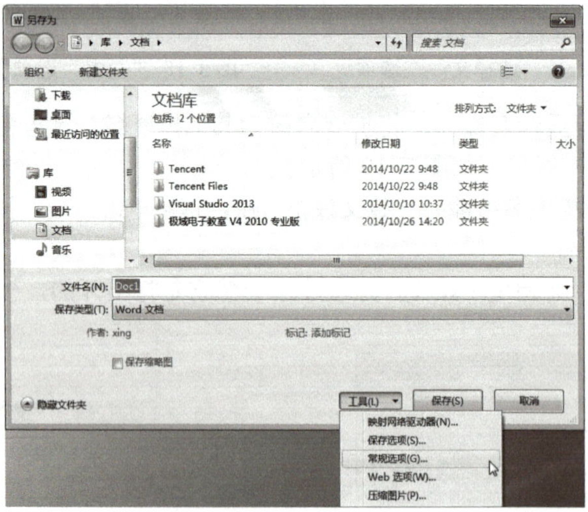

图 3-24　选择“常规选项”

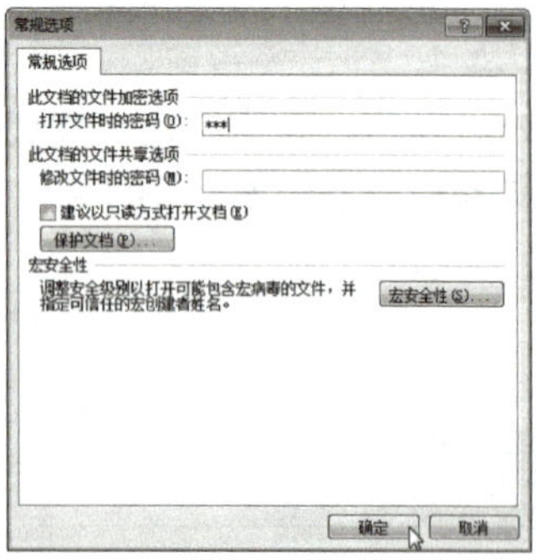

图 3-25　输入密码

经过密码保护之后的文档，再次打开时会弹出密码提示框，如图 3-26 所示。输入正确的密码才能打开文档。

4）加密压缩文件。这里以 WinRAR 为例进行介绍。在压缩文件时，给文件添加密码的方法如下。

步骤 1：选择可压缩的文件，单击鼠标右键，在弹出的快捷菜单中选择“添加到压缩文件”命令，打开“压缩文件名和参数”对话框，切换到“高级”选项卡，如图 3-27 所示。

步骤 2：单击“设置密码”按钮后，弹出“输入密码”对话框，输入要设置的密码，单击“确定”按钮即可，如图 3-28 所示。

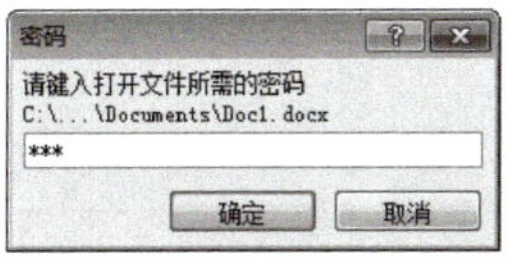

图 3-26　要求输入密码

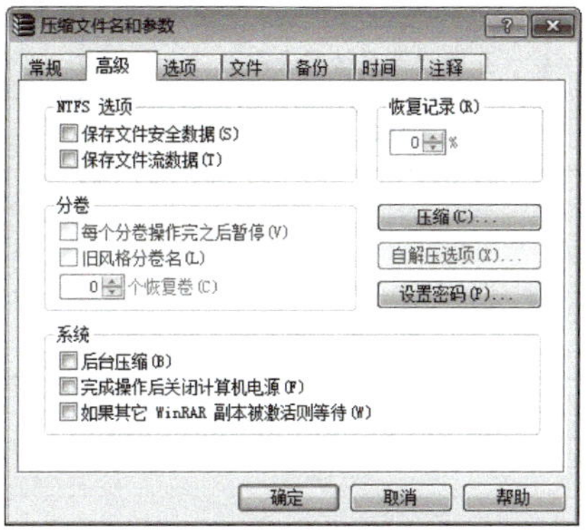

图 3-27　“高级”选项卡

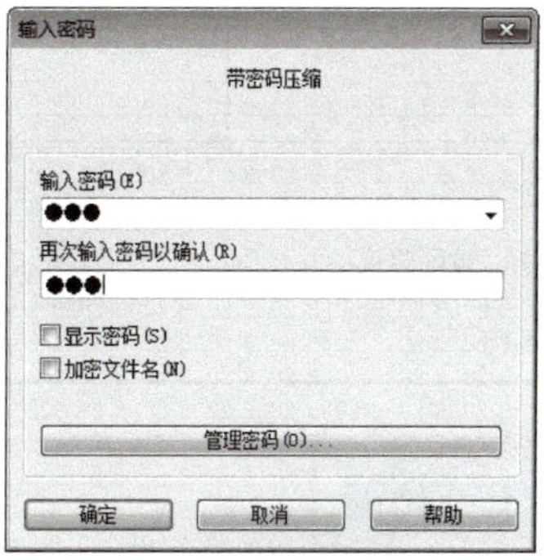

图 3-28　输入密码

3．任务完成

小李教会了曹先生自己输入密码的方法，又提示曹先生这些通常的加密操作，理论上都是可能被计算机高手破解的，在加密的基础上还需要提高密码防范意识和网络安全意识。曹先生交完购机款后，满意地携带计算机离开了。

任务评价

将学生分成小组，各小组选出组长。组长带领组员，针对不同的计算机进行系统和文件加密，同时填写故障分析记录，见表 3-3。

表 3-3　故障分析记录

故 障 现 象	
故 障 分 析	
诊 断 方 案	

根据各组学生的实际操作情况和记录表填写情况作出任务评价，并填入表 3-4。

表 3-4　系统加密任务评价

<table>
<tr><th colspan="2">评 价 内 容</th><th>评 价 要 求</th><th>小 组 评 价</th><th>教 师 评 价</th></tr>
<tr><td colspan="2">知识掌握</td><td>简述系统加密的常用方法</td><td></td><td></td></tr>
<tr><td rowspan="6">实际操作</td><td>故障现象</td><td>正确描述并记录</td><td></td><td></td></tr>
<tr><td>故障分析</td><td>完整阐述分析思路</td><td></td><td></td></tr>
<tr><td>诊断方案</td><td>制订诊断方案</td><td></td><td></td></tr>
<tr><td rowspan="3">故障解决</td><td>正确设置开机密码</td><td></td><td></td></tr>
<tr><td>正确设置系统登录密码</td><td></td><td></td></tr>
<tr><td>正确隐藏和加密文件</td><td></td><td></td></tr>
<tr><td colspan="3">教师建议：</td><td colspan="2">评价汇总：
A. 优秀
B. 良好
C. 基本掌握</td></tr>
</table>

任务拓展

分析以下故障现象，制订解决方案。

1）阿芳要设置自己的 Windows 登录密码，什么样的密码不易被破解？

诊断提示：

设置密码时应注意以下几点：

① 避免包含个人信息，如生日和姓名等。

② 不使用连续的数字或简单的单词，如 123456、 abc123 或 love 等。

③ 混合使用大、小写字母，使用数字或符号的组合。

④ 密码长度不小于 8 位。

⑤ 定期更换密码。

2）小明在 BIOS 中设置了开机密码，但是突然忘记了，怎么办？

诊断提示：

当忘记密码时可以用跳线法和放电法清空 BIOS 设置。另外，如果记不住密码，则可将密码写在纸上，但一定要注意妥善保管。

任务 2　数据恢复

任务情境

康女士正在整理的重要文档，并存在 E 盘文件夹下，现在找不到了，康女士十分着急，到计算机公司的软件维护部寻求技术支援，小李为她提供服务。

情境对话：

小　李：您好，您的计算机有什么问题吗？

康女士：我的计算机中有一个文件找不到了，明天开会就要用。

小　李：文件丢失前对计算机有哪些操作吗？

康女士：当时这个文件夹中别的文件也很多，我就想删掉那些没用的文件，不会将有用的文档也删掉了吧？

小　李：我帮您看看，请您填写维修服务单客户信息部分。

康女士：好。

任务分析

1. 观察现象

康女士告知小李文件保存在 E 盘的“重要文件”文件夹下，文件名是“重要文件 .doc”。小李打开计算机，找到对应的文件夹，发现该文件夹内没有任何文件，如图 3-29 所示。

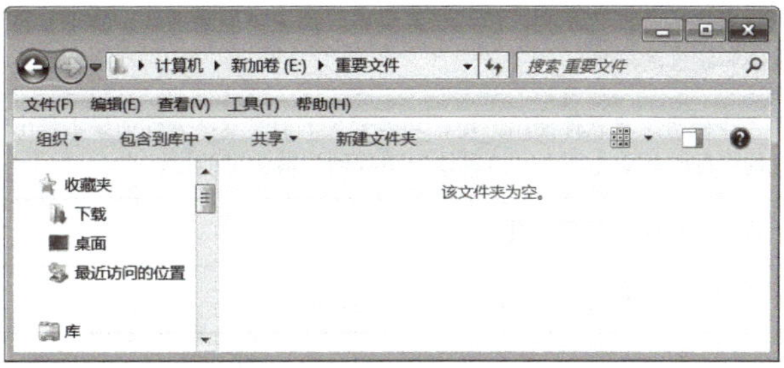

图 3-29 “重要文件”文件夹

小李记录检测现象，准备分析解决。

2. 故障分析

在使用计算机的过程中，通常会发生一些意外情况，这些意外情况可能会导致计算机数据以及各种文件的丢失。数据恢复就是指由于各种原因导致计算机的数据损失时，把保留在存储介质上的数据重新恢复到正常的过程。

（1）威胁数据安全的主要因素　造成计算机系统数据丢失的原因有很多，而且有很多原因很容易被人们忽视。正确分析威胁数据安全的因素，能使系统的安全防护更加具有针对性。导致系统数据丢失的因素主要有两大方面，一方面是人为因素的误操作，另一方面是硬件存储设备的损坏。

1）人为误操作。

在计算机的日常使用过程中，不小心或无知的误操作是在所难免的，常见的人为误操作一般有误删除和误格式化两种。

误删除：一般的初级用户在删除文件时都是采用鼠标右键菜单中的“删除”命令或按键盘上的 <Delete> 键来进行删除操作。删除后的文件资料会被操作系统先放入“回收站”中，只需从“回收站”中找到被误删除的文件，执行右键菜单中的“还原”命令即可恢复被删除的文件。如果是使用的 <Shift+Delete> 组合键删除方式，则系统会直接将此文件从硬盘中删除，并不会放入回收站。这时，如果再想恢复被误删除的文件，就只能借助一些工具软件来完成，常用的文件恢复工具有 EasyRecovery 和 FinalData 等。

误分区或格式化：由于知识的缺乏或不小心将磁盘分区格式化的例子也是比较多的。对于这种类型的误操作，若能及时发现，则一般是可以恢复的。原因是无论执行分区还是格式化操作，都没有真正删除硬盘上的数据，只是将数据存在的标志删除了。从理论上讲，一般分区和格式化后，只要没有向硬盘写入数据，就可以恢复。如果分区格式化后，又向硬盘中写入了数据（如安装软件或向硬盘中复制了文件等），则普通用户是没有办法恢复的。若数据非常重要，则最好不要自行尝试修复，应救援于专业的数据恢复公司。

2）除了人为误操作的因素会导致数据丢失外，硬盘损坏也可能造成数据的部分或全部丢失，损坏的主要原因及处理方法见表 3-5。

表 3-5　硬盘损坏的主要原因及处理方法

硬盘损坏原因	处 理 办 法
维修不当	在进行硬件维修的过程中，由于误操作引起硬盘损坏的情况比较常见。对于这类情况，一般用户是没有办法解决的，只能返回生产厂家进行维修
硬盘被病毒破坏	这种原因可能性不大，但是一旦中招，则损失最为严重。CIH 及类似 CIH 的病毒就是一种能严重破坏硬盘的病毒
硬盘被工具损坏	不少磁盘工具软件使用方便、功能强大。但是这些软件如果本身出现问题，则产生的破坏会比一些病毒破坏更为严重，这种情况下找回资料的可能性较小
设备老化	硬盘老化引起数据丢失
磁干扰	硬盘接触到有磁性的物质，使文件被清除

（2）数据恢复原理　若想要对硬盘进行数据恢复，则保护好现场是确保恢复成功的关键。所谓的“保护现场”是指当发现误删文件后，不要对硬盘进行写操作，因为一旦执行写操作，就可能无法恢复想得到的数据。当用户从硬盘上删除一个文件，如在 Windows 中将文件删除，并在回收站中清除后，该文件在文件目录表中被加上删除标记，在 FAT 表中记录的该文件所占用的扇区也被标识为空闲，但其实这时保存在硬盘上的实际数据并未真止被清除，只有当其他文件写入，有可能使用该文件占用的扇区时（因为它们已被标识为空闲），该文件才会被真正覆盖。

需要特别注意的是，如果要恢复系统分区（一般就是 C 盘）上的文件，则一般应立即关机，关机后不要再打开。因为默认的虚拟内存以及临时文件都存放在系统分区上，它们可能会覆盖丢失文件占据的空间。如果想要恢复系统分区，则可以将硬盘拆下来连接到其他机器上，然后再使用数据恢复软件进行恢复。在恢复文件时，除非已经确保丢失的文件已经找回，否则不要对目标硬盘进行写操作。

任务实施

1．故障判断

小李先打开回收站，发现回收站中没有需要的文件，如图 3-30 所示。因此判断康女士可能清空过回收站或当时是按 <Shift+Delete> 组合键直接将此文件从硬盘中删除了。

小李决定使用数据恢复软件 FinalData 恢复丢失的文件。FinalData 是一款常用的数据恢复软件，如图 3-31 所示。

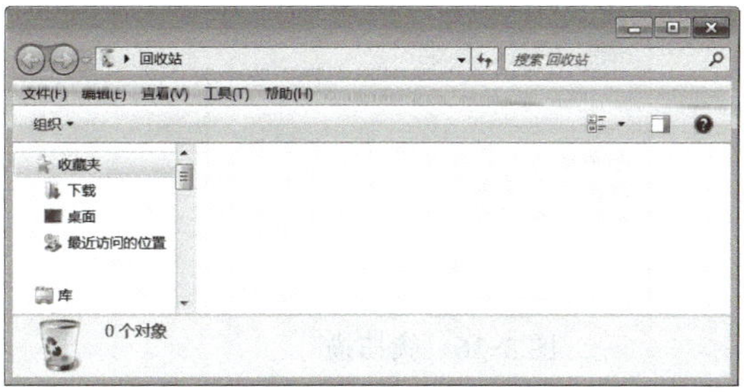

图 3-30　回收站

图 3-31　数据恢复软件 FinalData

FinalData 使用简单且功能强大，它的特性功能包括：支持 FAT16/32 和 NTFS、恢复完全删除的数据和目录、恢复主引导扇区和 FAT 表损坏丢失的数据、恢复快速格式化的硬盘和软盘中的数据、恢复 CIH 破坏的数据、恢复硬盘损坏丢失的数据以及可以通过网络远程控制数据恢复等。

2. 任务实施

运行 FinalData，其操作界面如图 3-32 所示。

如果想要恢复某个磁盘分区的文件，则可以执行“文件”→“打开”命令，此时弹出“选择驱动器”对话框，选择一个想要恢复的磁盘，然后单击“确定”按钮，如图 3-33 所示。

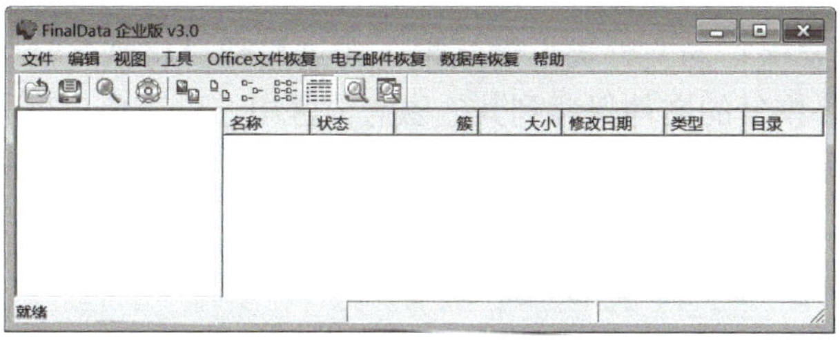

图 3-32　FinalData 操作界面

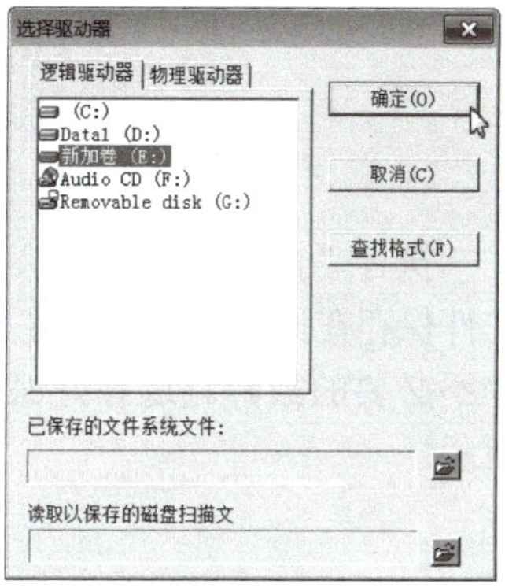

图 3-33　“选择驱动器”对话框

单击后程序会自动扫描该磁盘分区的目录，这一步的操作非常快捷，因为它只查找正常的数据以及 MFT 区，所以速度很快，如图 3-34 所示。

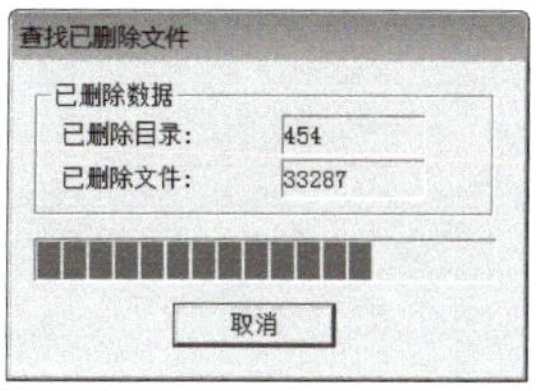

图 3-34　查找已删除的文件

扫描完成后会跳转到“选择要搜索的簇范围”对话框，可以拖动对话框中的滑块来定义起始簇和结束簇，一般都会把起始簇拉到最左边，把结束簇拉到最右边，设定完毕后单击“确定”按钮，如图 3-35 所示。

单击后 FinalData 将开始进行搜索，并把找到的文件在对话框中显示出来，如图 3-36 所示。

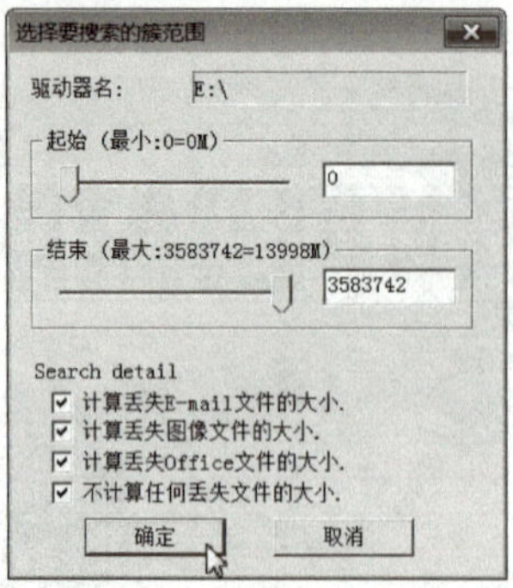

图 3-35 “选择要搜索的簇范围”对话框

图 3-36 簇扫描

扫描完成后，就可以从窗口中查看到所找回的文件了，类似于 Windows 资源管理器的窗口将这些文件标示得一目了然，单击左侧的“已删除文件”，则会在右边的窗口中显示曾经被删除的文件。从窗口中找到想要恢复的文件“重要文件 .doc”，选中后单击鼠标右键，在弹出的快捷键菜单中选择“恢复”命令，如图 3-37 所示。

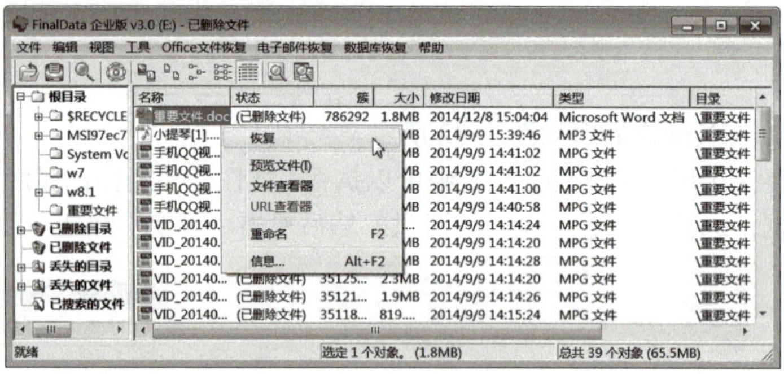

图 3-37 选择要恢复的文件

执行“恢复”命令后会弹出“选择要保存的文件夹”对话框，在这里切忌将恢复后的文件保存在原来的磁盘分区上。建议将要恢复的文件保存到其他磁盘分区中，以避免出现一些不必要的故障。选择好保存文件夹的位置后单击“保存”按钮即可开始恢复，如图 3-38 所示。

图 3-38 选择新的保存位置

恢复完成后即可在对应路径找到恢复的文件，如图 3-39 所示。

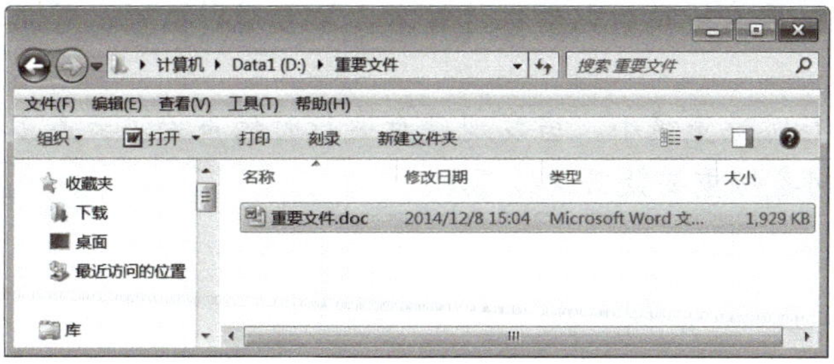

图 3-39　文件恢复后的效果

经验分享

文件的搜索

有时计算机用户只是在不知不觉中将文件移动到了其他的文件夹中，或只是忘记了存储的位置，这时可以使用 Windows 的搜索功能按文件名查找需要的文件，如图 3-40 所示。

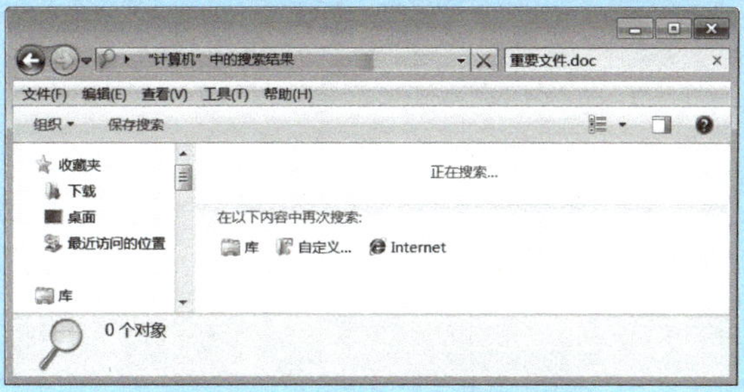

图 3-40　Windows 的搜索功能

3. 任务完成

小李找回了丢失的文件，并提醒康女士重要文件应及时备份，康女士看到被自己误删除的文件又找回来了，十分高兴，填好维修服务单并交款后离开了计算机公司。

温馨提示

个人计算机的数据备份方法

个人计算机的数据备份方法比较简单，一般不需要专业的备份设施，主要可以采用以下几种方法：

1）将数据复制到硬盘的其他分区或目录。

2）将数据复制到 U 盘、移动硬盘或其他移动设备。

3）将数据（文件）打印出来。

4）将数据文件做成镜像文件来保存。

5）把数据文件刻录到光盘上。

通过这些备份方法可以有效防止文件丢失，但最好还是做到防患于未然。

应注意，硬盘是机电一体化的精密机器，应轻拿轻放，在主机内应固定好。开机后绝对不能移动，关机后等待硬盘电动机停转后，才可进行搬动，非正常关机可能会损坏硬盘。

硬盘在正常运行时噪声很小，当发现硬盘运行时的声响较大或不正常时，一般都是故障的前兆，应及时备份重要数据以防不测。

任务评价

将学生分成小组，各小组选出组长。组长带领组员，在不同的计算机上针对格式化和误删除进行文件恢复，同时填写故障分析记录，见表 3-6。

表 3-6　故障分析记录

故障现象	
故障分析	
诊断方案	

根据各组学生的实际操作情况和记录表填写情况作出任务评价，并填入表 3-7。

表 3-7　数据恢复任务评价

评价内容		评价要求	小组评价	教师评价
知识掌握		简述威胁数据安全的主要因素		
		简述个人计算机的数据备份方法		
实际操作	故障现象	正确描述并记录		
	故障分析	完整阐述分析思路		
	诊断方案	制订诊断方案		
	故障解决	正确恢复删除到回收站的文件		
		正确恢复从回收站中清空的文件		
		正确恢复直接删除的文件		
教师建议：			评价汇总： A. 优秀 B. 良好 C. 基本掌握	

任务拓展

分析以下故障现象，制订解决方案。

1）Windows 的系统还原是什么？

✎ 诊断提示：

如果误删了系统文件或系统出现了各种故障，那么系统还原将是一剂效果上佳的“后悔药”。“系统还原”的目的是在不需要重新安装操作系统，也不会破坏数据文件的前提下使系统回到工作状态。在创建系统还原点后就可以使用系统还原功能了。

2）在 DOS 下格式化硬盘，误格式化了 D 盘，应该怎么恢复其中的文件呢？

✎ 诊断提示：

通常所说的格式化程序（指高级格式化，如 DOS 下的 Format 程序），并没有把 DATA 区的数据清除，只是重写了 FAT 表而已。至于分区硬盘，也只是修改了 MBR（主引导记录）和 OBR（DOS 引导记录），绝大部分的 DATA 区的数据并没有被改变，这就是许多数据能够得以恢复的原因。

如果分区格式化后没有进行其他操作，则使用数据恢复软件就可以恢复原来该分区中的文件。

项目总结

本项目通过对系统加密和数据恢复的典型案例的介绍，使学生掌握设置系统密码、加密文件和文件误删除恢复等相关知识，具备了系统加密和数据恢复的基本能力。

1. 维修要点

1）维修人员要熟悉常见的计算机系统和文件加密方法，便于保护用户资料。

2）维修人员要熟悉常见的数据恢复软件的使用方法，若不了解也应上网查阅、学习。

3）维修人员应提示用户增强密码防范意识，能指导用户设置高强度的密码。

4）维修人员应提示用户要及时备份重要文件，即使遇到突发情况也可避免损失。

5）维修人员要善于积累经验，以便迅速、准确地排除故障。

2. 解决思路

1）系统加密的解决思路如图 3-41 所示。

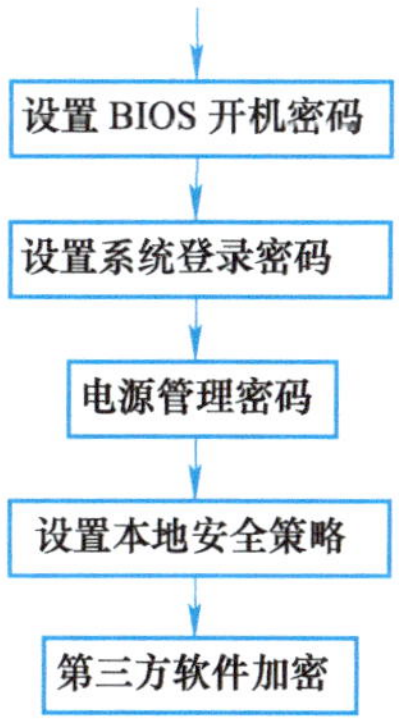

图 3-41　系统加密的解决思路

2）恢复丢失文件的解决思路如图 3-42 所示。

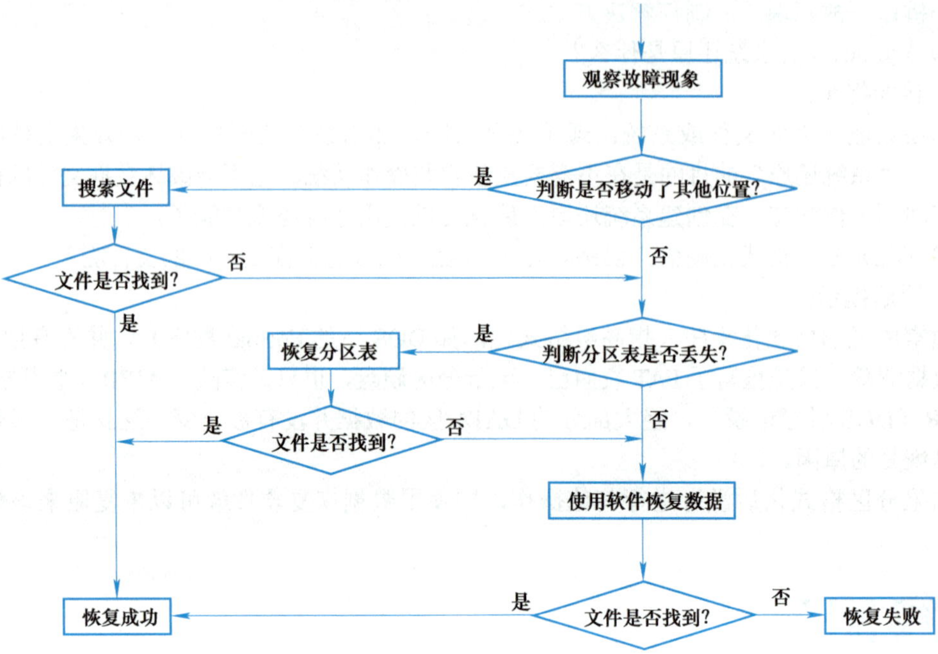

图 3-42　恢复丢失文件的解决思路

项目4 内存和BIOS故障诊断与维护

项目情境

小李在计算机公司的软件维护部工作出色，被调到硬件售后服务部工作，小李在新部门边工作边学习，掌握了不少技巧。

这两天用户送修的计算机故障现象是开机报警和开机错误提示，小李分析了故障原因，主要是计算机内存和BIOS设置故障，这两种故障在计算机故障中十分常见，下面一起来看看小李是如何解决故障的吧。

项目概述

计算机内存或BIOS设置故障经常会引起计算机的开关机或运行错误，其故障现象大多表现为开机无报警而黑屏、开机时发出连续的长鸣报警声、开机后内存刷新失败和SPD错误等，运行操作系统或应用软件时，也常常会出现异常而导致操作失败。

本项目中主要通过两个典型案例分别介绍内存和BIOS故障的解决思路和方法。其中，开机报警案例从查阅BIOS报警参照表入手，确定故障部位，而开机错误提示案例可根据查阅屏幕提示含义和主板用户手册来确定故障解决方案。

学习目标

知识目标：

1. 了解内存故障产生的原因；
2. 掌握内存故障的检测流程；
3. 了解BIOS的报警含义。

能力目标：

1. 能够观察并正确记录内存和BIOS故障的现象；
2. 能够根据故障现象进行分析和解决；
3. 能够根据主板说明书正确进行BIOS设置。

情感目标：

1. 能够与客户交流，了解故障现象；
2. 能够与客户沟通，确定故障解决方案；
3. 对于不熟悉的内容，能够查阅相关资料进行工作。

任务1 内存故障诊断与维护

任务情境

王先生的计算机开机后显示器黑屏，并且机箱连续发出刺耳的声响，王先生只好将计算机拿到计算机公司进行维修。硬件售后服务部的小李为他服务，诊断并解决计算机故障。

情境对话：

小　李：您好，您的计算机有什么问题吗？

王先生：我的计算机开不了机了。

小　李：显示器上有显示么，平时开机是否有“嘀”的一声，这次有听到吗？

王先生：好像平时开机确实有“嘀”的一声，这次却是“嘀，嘀，嘀……”不停地响，显示器也没有图像显示。

小　李：故障前对计算机有哪些操作吗？

王先生：也没有啊，计算机昨天晚上还好好的，今天早晨就这样了。

小　李：请您填写维修服务单客户信息部分。

王先生：好。

任务分析

1. 观察现象

小李开机后发现确实如王先生所说，机箱“嘀嘀”地响个不停，屏幕上也没有任何显示。记录检测现象后准备进行故障分析和处理 。

2. 故障分析

由于开机有BIOS报警，所以可根据计算机开机自检过程和BIOS报警参照表进行判断。

（1）开机自检过程　接通电源，计算机首先自动运行主板CMOS芯片固化的BIOS程序，通常称为“加电自检”（Power On Self Test），缩写为POST。

完整的POST自检包括对CPU、系统主板、基本的640KB内存、1MB以上的扩展内存、系统ROM BIOS的测试；CMOS中系统配置的校验；初始化视频控制器，测试视频内存、检验视频信号和同步信号，对VGA接口进行测试；对键盘、软驱、硬盘及CDROM子系统作检查；对并行口（打印机）和串行口（RS232）作检查。

自检中如果发现有错误，则将按两种情况处理：对于严重故障（致命性故障）则停机，此时由于各种初始化操作还没完成，所以不能给出任何提示或信号；对于非严重故障则给出提示或声音报警信号，等待用户处理。

自检如果没有问题，则屏幕就会显示出CPU、内存和硬盘等信息，如图4-1所示。

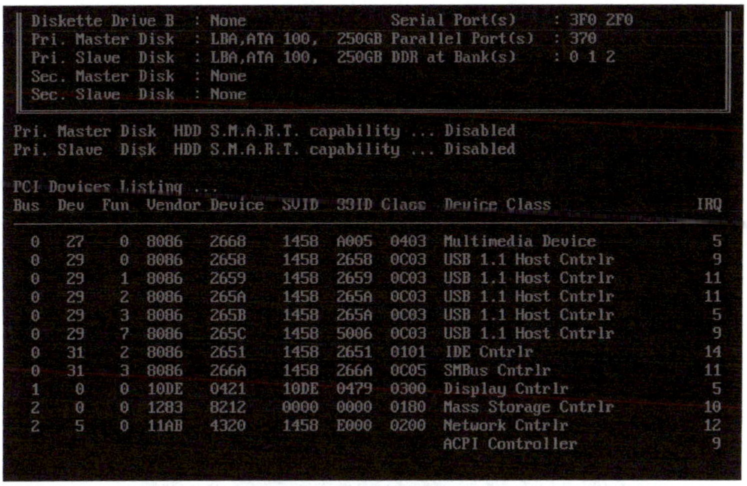

图 4-1　自检通过

当自检完成后，系统进行下一步骤，即从硬盘、光盘或网络服务器上寻找操作系统进行启动，最后成功进入 Windows 操作系统。

（2）查阅 BIOS 报警参照表 通过查阅 BIOS 报警参照表，确定故障产生的部位。

由于 BIOS 的厂商不同，其对应的报警声含义也有所不同。常见的 AWARD BIOS 报警声含义详见表 4-1，AMI 和 Phoenix 等 BIOS 报警声含义可查阅相关资料或上网查询。

表 4-1　AWARD BIOS 报警声含义

声音类型	表示意义
1 短	系统正常启动。这是每次开机都能听到的，也表明计算机基本没有问题
2 短	常规错误，可进入 CMOS Setup，重新设置不正确的选项
1 长 1 短	RAM 或主板出错。尝试更换内存，若还是不行，则只好更换主板
1 长 2 短	显示器或显示卡错误
1 长 3 短	键盘控制器错误，可检查主板
1 长 9 短	主板 Flash RAM 或 EPROM 错误，BIOS 损坏，可以尝试更换 Flash RAM
不断地响（长声）	内存条未插紧或损坏。重插内存条，若还是不行，则只能更换内存
不停地响	电源、显示器未与显示卡连接好，可检查一下所有的插头
重复短响	电源问题
无声音无显示	电源问题

任务实施

1. 故障判断

一般在开机界面上方可以看到 BIOS 厂商信息，如图 4-2 所示。开机界面左上角标识了 AWard Modular BIOS v6.00PG，表示该主板使用的是 AWard 的 BIOS。

图 4-2 开机显示 BIOS 信息

这里用户的计算机不能正常开机，小李在切断电源后，用十字螺钉旋具打开机箱，观察到该客户主板 BIOS 芯片上的厂商标志，如图 4-3 所示。

图 4-3 客户的主板 BIOS 芯片

根据 AWARD 的 BIOS 报警声含义表可推断该故障为内存问题。

经验分享

内存报警产生的原因

开机报警有 80% 以上都是内存问题，所以如有类似现象，则先检查内存，多数时候是因为内存条松动或接触不良而导致的报警。

当计算机的使用环境不好，湿度过大时，在长期使用过程中，内存条的金手指表面易氧化，造成内存条金手指与内存条插槽的接触电阻增大，阻碍电流通过，因而内存自检错误。表现为一开机就“嘀嘀”地响个不停，这就是通常所说的“内存报警”。此外，内存故障还有其他几种原因。

1）内存与主板兼容性不好。把内存条插在其他主板上，长时间运行稳定可靠；把其他内存条插在故障主板上也运行可靠稳定，没有报警出现。但是把二者放在一起，就出现“嘀嘀”的报警声。此类故障只能通过更换内存条来解决。

2）主板的内存条插槽质量低劣。表现为更换多个品牌内存都出现“嘀嘀”的报警声，偶尔有某一个内存条不报警，但可能关机重启后又会报警。此类故障主要出现在二三百元的低档主板上，原因是主板的价格低，内存条插槽质量差，只能通过更换主板来解决。

3）内存芯片故障。此类故障相对比较严重，在开机自检时主机能够发现内存存在错误缺陷，不能通过自检，因而发出“嘀嘀”的报警声，提示用户检查内存。这种故障要把内存条插在其他主机上，检查是否有同样的“嘀嘀”声。如果有，则可以断定是内存有问题；如果没有，则可能属于上述的第①或第②种原因。

4）其他故障造成的内存报警。这类故障不常见，有可能是主板故障或 CPU 故障，造成内存报警，只能用排除法逐一替换解决。

2. 故障解决

1）用观察法检查内存条与插槽是否接触不良。关机切断电源检查，如果有内存条松动迹象，则用拔插法重新安装内存条，如图 4-4 所示。然后开机观察故障是否解决。

图 4-4　拔插法重新安装内存条

经验分享

内存条的正确安装

也许有人会认为安装内存条没有什么特别之处，然而很多内存故障都是因为不合理地拔插内存条造成的。安装内存条时，首先要扳开插槽两边的卡扣，接着观察插槽，可以发现插槽中间有个凸出的位置，而内存条插脚上也同样有一个缺口。拿住内存条两端，以缺口对准凸出位置，垂直插入内存条，再用拇指按住内存条顶部，两手同时用力将内存条插入。如果成功插入，则可以看到插槽两边的卡扣卡住了内存条两端的缺口。

2）用清洁法清理内存条的金手指。关机切断电源，取下内存条，观察金手指的氧化情况，并用橡皮将内存条两面的金手指仔细地擦干净，如图 4-5 所示。在用橡皮擦金手指时，注意一定不要用手直接接触金手指，因为手上的汗液会附着在金手指上，使用一段时间后会再次造成金手指氧化，从而重复出现同样的故障。

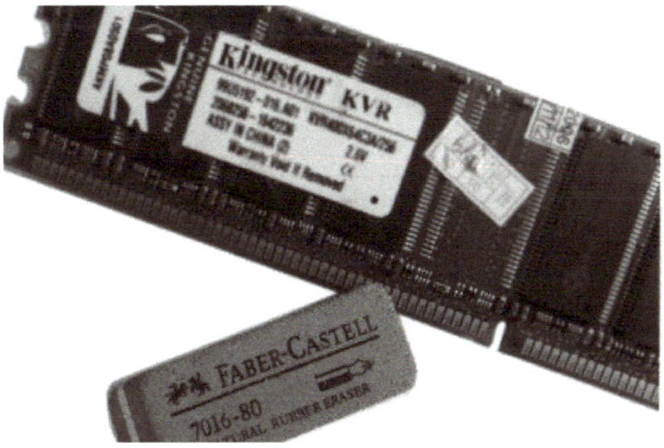

图 4-5　用橡皮擦金手指

清理内存条的金手指后再将该内存条安装回原内存插槽，然后开机观察故障是否解决。

3）用交换法检查内存插槽是否有问题。关机切断电源，取下内存条并安装到主板的其他同类型插槽上，然后开机观察故障是否解决。如果解决，则判断为内存条插槽问题。

实战经验

由于内存条非常靠近处理器，所以受处理器风扇的影响，在很短时间内，内存条上就会聚集大量的灰尘。内存条的防尘问题有两个要点，即内存条本身的防尘和内存插槽的防尘。

在清理内存条本身的灰尘时，除了芯片表面的灰尘外，还要特别注意内存芯片引脚之间的灰尘，清理过程中要注意不要碰断引脚。

内存条插槽直接使用软毛刷清理即可，但是一定要注意清理插槽内部的灰尘。

4）用替换法检查是否为内存条问题。关机切断电源，更换同类型的新内存条并安装到该主板内存条插槽上，开机观察故障是否解决。如果解决，则判断为内存自身问题，之后可以将该内存条安装到其他完好主板的对应内存条插槽上，加以确认。

这里，小李在清理完内存条的金手指并重新安装后开机，计算机就能正常启动了。

3. 任务完成

小李首先让王先生确认故障已经解决，然后说明故障原因可能是计算机的使用环境潮湿而导致内存条的金手指氧化，让用户注意保证计算机的正常工作环境。

最后，小李陪同王先生填写好维修服务单，王先生满意地交了钱，带着自己的计算机离开了计算机公司。

任务评价

将学生分成小组，各小组选出组长。组长带领组员，针对不同故障计算机的 BIOS 报警现象进行故障诊断与解决，同时填写故障分析记录，见表 4-2。

表 4-2 故障分析记录

故障现象	
故障分析	
诊断方案	

根据各组学生的实际操作情况和记录表填写情况作出任务评价，并填入表 4-3。

表 4-3　内存故障诊断与维护任务评价

<table>
<tr><th colspan="2">评 价 内 容</th><th>评 价 要 求</th><th>小 组 评 价</th><th>教 师 评 价</th></tr>
<tr><td colspan="2">知识掌握</td><td>简述内存故障产生的原因</td><td></td><td></td></tr>
<tr><td rowspan="6">实际操作</td><td>故障现象</td><td>正确描述并记录</td><td></td><td></td></tr>
<tr><td>故障分析</td><td>完整阐述分析思路</td><td></td><td></td></tr>
<tr><td>诊断方案</td><td>制订诊断方案</td><td></td><td></td></tr>
<tr><td rowspan="3">故障解决</td><td>正确查看主机 BIOS</td><td></td><td></td></tr>
<tr><td>正确安装内存条</td><td></td><td></td></tr>
<tr><td>正确清洁内存条的金手指</td><td></td><td></td></tr>
<tr><td colspan="3">教师建议：</td><td colspan="2">评价汇总：
A. 优秀
B. 良好
C. 基本掌握</td></tr>
</table>

任务拓展

分析以下故障现象，制订解决方案。

1）小刘的计算机配置为赛扬 1.7GHz、845D 主板、两条 128MB DDR 内存，但是开机显示内存为 128M，偶尔显示为 256M。

诊断提示：

现在，旧计算机想提高运行速度，最简便有效的方法就是扩充内存，但内存兼容性导致的常见问题就是只有一条内存正常工作，甚至出现黑屏，无法启动。这类现象主要有三个解决的途径：

第一，更换内存的位置，这是最为简单也是最为常用的一种方法。

第二，只使用其中的一条内存，将计算机启动，观察启动情况，确定无问题后，方可关机并插入第二条内存。

第三，在使用一条内存基本能开机的前提下，进入 BIOS 设置，将内存的相应项设置成低规范的相应值。有时升级主板的 BIOS 也可以解决此类问题。

2）随着夏日的临近，小张对计算机进行了“大扫除”，清理了机箱内积落的灰尘，并加装了新的散热风扇。大扫除结束后，小张迫不及待地开启计算机，检查自己的劳动成果，但却遇到了麻烦。按下机箱电源键后，计算机无法正常启动，机箱喇叭短促的报警声说明计算机的内存有了问题。

诊断提示：

内存的品牌为金士顿，正常情况下稳定性是相当不错的，小张这台计算机使用了一年多都没有出现过故障。由于 865PE 的主板支持双通道，所以组建成双通道以提高系统的整体性能，但要注意双通道内存条插槽的位置。

3）小赵启动计算机时为了加快系统引导速度，按下电源开关后紧接着按了 <Esc> 键，结果只检测到了 CPU，没有显示内存和 IDE 设备的自检过程，硬盘灯闪了几秒后就再也没动静了。

诊断提示：

显然问题是在内存上，可以将两条内存都拔下来，分别编号为 R1、R2，与内存插槽

D1、D2 进行排列、组合，以找出问题的根源：

R1D1（只在第一插槽上安装第一条内存，空出第二插槽）

R1D2（只在第二插槽上安装第一条内存，空出第一插槽）

R2D1（只在第一插槽上安装第二条内存，空出第二插槽）

R2D2（只在第二插槽上安装第二条内存，空出第一插槽）

R1D1、R2D2（在第一插槽上安装第一条内存，在第二插槽上安装第二条内存）

R1D2、R2D1（在第二插槽上安装第一条内存，在第一插槽上安装第二条内存）

4）小孙家的组装机配置为：P4 1.8AGHz、i845G 主板、Hynix 256MB DDR 266 内存、希捷酷鱼 5 代 60GB 硬盘。硬盘分好区后安装 Windows XP 操作系统，在安装过程中复制系统文件时报错，按“取消”后可以跳过错误继续安装，但稍后再度报错，Windows 操作系统安装不能完成。

↳ 诊断提示：

由于故障发生在系统文件复制阶段，所以可能是安装光盘、硬盘或内存条的问题。另外，由于内存的质量问题，常常会导致系统出现一些故障。因内存质量问题引起的具体的故障表现如下：

① Windows 操作系统运行不稳定，经常产生非法错误。

② Windows 注册表经常无故损坏，提示要求用户恢复。

③ 安装 Windows 操作系统进行到系统配置时产生一个非法错误。

④ Windows 启动时，在载入高端内存文件 himem.sys 时，系统提示某些地址有问题。

出现上述故障一般是由于内存芯片质量不良或软件原因引起的，如果确定是内存条原因，则只有更换内存条一个方法。

⑤ Windows 经常自动进入安全模式。

此类故障一般是由于主板与内存条不兼容或内存条质量不佳引起的，因此可以尝试在 CMOS 设置内降低内存读取速度，看能否解决问题，如果不行，则只有更换内存条了。

小贴士

如何辨认内存条真假

内存条质量不佳容易导致多种计算机故障，并且一直以来市场上内存条的假货现象也比较普遍，所以这里以金士顿为例介绍内存条真假的辨别方法。

1）用户可登录 www.kingston.com/china/verify 了解通过外观如何进行真伪验证。一般金士顿产品会采用“变色技术”或“幻象技术”来进行防伪。图 4-6 所示即为采用了“幻象技术”的金士顿内存条。

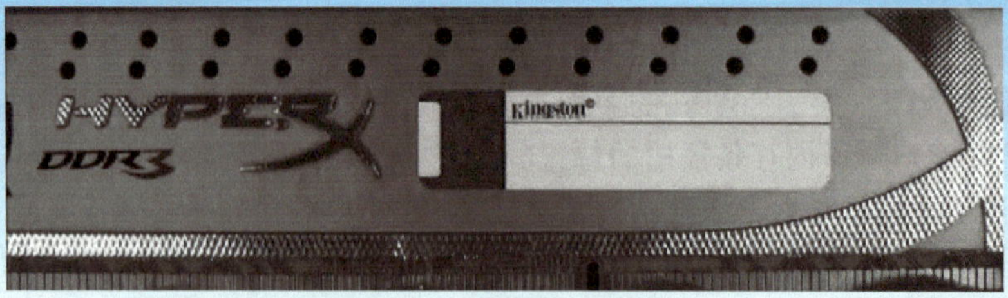

图 4-6　内存条防伪标识

2）用户还可拨打正品维权热线 800-820-7655 或 400-820-7655 进行真伪验证。

任务 2　BIOS 故障诊断与维护

任务情境

张女士的计算机开机后不能进入系统，并且屏幕上有错误提示，张女士只好将计算机拿到计算机公司进行维修。硬件售后服务部的小李为她服务，诊断并解决计算机故障。

情境对话：

小　李：您好，您的计算机有什么问题吗？

张女士：我的计算机进不去系统了。

小　李：屏幕上有什么提示么？

张女士：屏幕上有好多外文，我也看不懂……

小　李：故障前对计算机有哪些操作吗？

张女士：没有，不知啥时计算机就这样了，今天才有时间过来修。

小　李：好，我帮您看看，请填写维修服务单客户信息部分。

张女士：好。

任务分析

1. 观察现象

小李开机后看到屏幕提示“CMOS checksum error”，如图 4-7 所示。

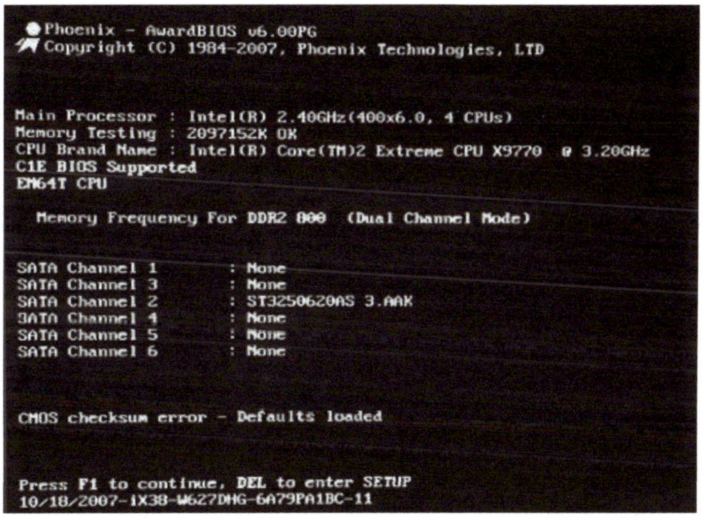

图 4-7　开机错误提示

小李记录故障现象，准备为客户解决此故障。

2. 故障分析

根据屏幕提示诊断计算机故障是计算机维修人员最常用的技巧之一，这里就可以根据开机后的屏幕提示判断故障所在。

常见的部分开机错误提示含义见表 4-4，更多错误提示含义可查阅相关资料或上网查询。

表 4-4 常见开机错误提示含义

序号	错误提示	含义
1	DISK BOOT FAILURE,INSERT SYSTEM DISK AND PRESS ENTER	找不到启动盘或启动盘错误
2	CMOS battery failed 或 Bad CMOS Battery	CMOS 电池失效
3	CMOS Time&Date Not Set	系统时间和日期未设置
4	Hdd Controller Failure 或 Hard disk(s) drive fail 或 hard disk install	硬盘故障或控制错误
5	I/O Parity Error	输入 / 输出程序无法正确运行
6	Keyboard Error 或 Keyboard Interface Error	键盘连接错误或损坏
7	Memory test fail	内存检测失败
8	Memory Error	主板上的 DRAM、SIMM 或附加的内存条损坏
9	Press Fl To Continue or Ctrl+Alt+ESC For SETUP	BIOS 系统设定错误，按忽略错误继续执行或重设

任务实施

1. 故障判断

小李记录好故障现象后，根据开机错误提示含义表看出应是 BIOS 设置出错，小李决定重新设置用户计算机的 BIOS。

知识储备

BIOS 和 CMOS 的区别与联系

BIOS 是一组设置硬件的计算机程序，保存在主板上的一块 EPROM 或 EEPROM 芯片中，里面保存有系统的重要信息和设置系统参数的设置程序—— BIOS Setup 程序。而 CMOS 即 Complementary Metal Oxide Semiconductor—— 互补金属氧化物半导体，是主板上的一块可读写的 RAM 芯片，用于保存当前系统的硬件配置和用户对参数的设定，其内容可通过设置程序进行读写。CMOS 芯片由主板上的钮扣电池供电，即使系统断电，参数也不会丢失。CMOS 芯片只有保存数据的功能，而对 CMOS 中各项参数的修改要通过 BIOS 的设定程序来实现。

BIOS 与 CMOS 既相关又不同。BIOS 中的系统设置程序是完成 CMOS 参数设置的手段; CMOS RAM 既是 BIOS 设定系统参数的存放场所，又是 BIOS 设定系统参数的结果。因此，完整的说法应该是“通过 BIOS 设置程序对 CMOS 参数进行设置”。由于 BIOS 和 CMOS 都跟系统设置密切相关，所以在实际使用过程中造成了 BIOS 设置和 CMOS 设置的说法，其实指的都是同一件事，但 BIOS 与 CMOS 却是两个完全不同的概念，切勿混淆。

2. 故障解决

（1）进入 BIOS 设置，读取默认值 这里，小李在开机时按 <Delete> 键进入该计算机 BIOS，如图 4-8 所示。选择了“Load Fail-Safe Defaults”（系统安全默认设置），载入 BIOS 出厂预设值。

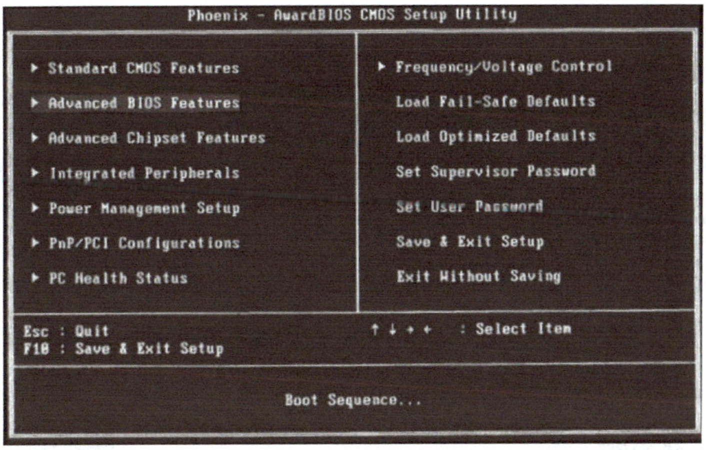

图 4-8　BIOS 设置界面

知识储备

读取 BIOS 中两个默认值的区别

有些主板读取 BIOS 默认值有两个选项，分别是“Load Fail-Safe Defaults” 和“Load Optimized Defaults”。若选择“Load Fail-Safe Defaults”项，则可加载系统安全默认设置。该设置虽然不能使系统的性能达到最好，但在进行计算机故障排除时却非常有用，对 BIOS 设置新手恢复设置也有很大的帮助。而选择“Load Optimized Defaults”项，则可以加载更高性能的默认值。一般计算机设置为后者，如果该设置影响了系统的稳定，则可以再改成系统安全默认设置。

（2）清空 BIOS 设置重设　若上一步没有奏效，则需要先清空 BIOS 设置再进行设定。

小李打开机箱，观察客户计算机主板型号为技嘉 GA-EG41M-S2H（REV 1.0），如图 4-9 所示。

图 4-9　观察客户机主板型号

经验分享

查看主板型号的方法

一般主板上都会标注产品型号，如在图 4-9 中就可以在主板中央看到清晰的品牌与型号。另外，现在很多计算机刚开机就会显示主板的品牌与型号，有的开机自检时在 BIOS 信息的下方显示主板的型号及版本。为了能看清楚，可以按 <Pause/Break> 键停住屏幕，按 <Enter> 键继续。另外，还可以使用鲁大师等硬件检测软件来检测主板的品牌与型号。

小李上网查找该主板的说明书，首先搜索主板品牌“技嘉”，找到该主板品牌官网，如图 4–10 所示。

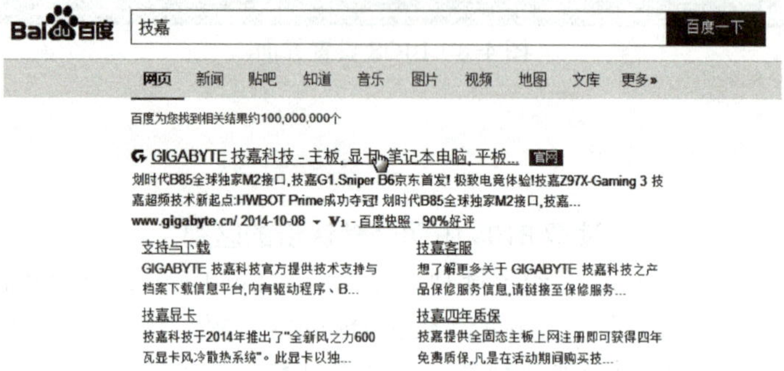

图 4–10　搜索主板品牌

打开技嘉主板官网首页，在右上方的搜索栏中输入型号“EG41M-S2H”并进行搜索，如图 4–11 所示。

图 4–11　搜索主板型号

打开搜索结果页面，选择“支持与下载”选项中的“用户手册”，即可找到该主板简体中文用户手册的下载地址，如图 4–12 所示。

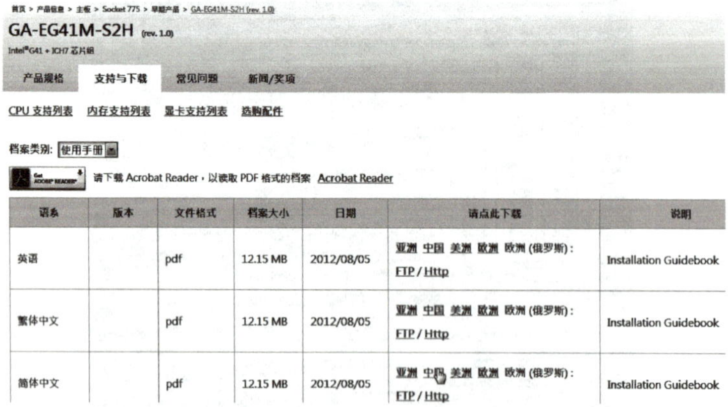

图 4–12　简体中文用户手册下载地址

下载后可用 PDF 阅读器打开，即可找到该主板安装和 BIOS 设定的相关资料，如图 4–13 所示。

图 4-13　主板说明书

然后按照主板说明书清空 BIOS 设置并重新设置为默认。

经验分享

清空 BIOS 设置

清空 BIOS 设置有以下两种方法：

一是跳线法。先在主板上找到清空 BIOS 的跳线，一般这个跳线为两针或三针，位于主板 CMOS 电池插座附近，如图 4-14 所示。

图 4-14　清空 BIOS 的跳线

如果清空 BIOS 跳线为三针，则一般在主板的默认状态下，会将跳线帽连接在标识为“1”和“2”的针脚上，将跳线帽从“1”和“2”的针脚上拔出，然后再套在标识为“2”和“3”的针脚上将它们连接起来，停几秒即可清除 CMOS。一些较老的主板清空 BIOS 跳线为两针，直接短接它们几秒即可。

二是放电法。断电状态下，拔掉 CMOS 电池，停 10～30s 即可，CMOS 电池如图 4-15 所示。

图 4-15　CMOS 电池

（3）更换 CMOS 电池　若清空 BIOS 设置并重设还不能解决故障，则需要考虑是否是 CMOS 电池没电的原故。

小李询问得知，张女士的计算机已购买 5 年了，初步判断故障原因为 CMOS 电池没电导致 BIOS 设置错误。小李与张女士交流后，张女士同意更换新的 CMOS 电池。小李用一块新电池进行更换，如图 4-16 所示。

图 4-16　更换 CMOS 电池

3. 任务完成

小李更换 CMOS 电池后重新进入 BIOS 读取了默认优化 CMOS 设置，并设置了系统时间。张女士确认故障已经解决后填好维修服务单，交了维修费和所更换 CMOS 电池的费用，满意地带着计算机离开了。

任务评价

将学生分成小组，各小组选出组长。组长带领组员，针对不同开机故障提示的计算机进行故障诊断与解决，同时填写故障分析记录，见表 4-5。

表 4-5　故障分析记录

故障现象	
故障分析	
诊断方案	

根据各组学生的实际操作情况和记录表填写情况作出任务评价，并填入表 4-6。

表 4-6 BIOS 设置故障诊断与维护任务评价

评价内容		评价要求	小组评价	教师评价
知识掌握		简述故障提示的含义		
实际操作	故障现象	正确描述并记录		
	故障分析	完整阐述分析思路		
	诊断方案	制订诊断方案		
	故障解决	正确识别主板型号并查找说明书		
		正确用跳线法清空 BIOS 设置		
		正确更换 CMOS 电池		
		正确设置 BIOS 为默认优化值		
教师建议：			评价汇总： A. 优秀 B. 良好 C. 基本掌握	

任务拓展

分析以下故障现象，制订解决方案。

1）一台使用了较长时间的兼容机，每次启动后系统的时间都是从 2000 年 1 月 1 日开始计时。

诊断提示：

一般 BIOS 都可以自动充电，因此出现这种故障的主要原因可能是 CMOS 电池损坏。

2）一台计算机，配置为：P4 赛扬 1.8GHz、256MB DDR266 内存、I845GL 主板、40GB 硬盘。原来比较稳定，不久前把 P4 赛扬 1.8GHz 提高到 2.4GHz，结果死机了，只好清空 BIOS 设置保存，重启后开机成功，便可以进入系统了。可在玩一个 3D 游戏时，却出现了花屏现象，超频前玩这款游戏时没有出现过花屏现象。

诊断提示：

可检查 BIOS 中的内存参数设置，在清空 BIOS 设置后，系统恢复的默认设置的内存参数较低，而集成显卡在运行时要调用系统内存，特别是在运行大型 3D 游戏时，对内存要求较高。

3）一台计算机在刷新 BIOS 后可以启动，但有时还没完成就死机了，或在进入操作系统时死机。

诊断提示：

出现问题的原因应该是刷新 BIOS 后引起的，可能是刷成了其他主板的 BIOS 程序或 BIOS 版本错误。

知识储备

BIOS的刷新

1）刷新BIOS的注意事项如下：

① 何时刷新。用户给电子产品做了局部升级后，发现它并未达到预期性能。例如，给自己计算机更换性能更强大的CPU后，会产生蓝屏、花屏现象，而用排除法直到所有硬件替换都无效后，发现是主板出现问题。这就需要对计算机的主板刷新BIOS。如果主板有质量问题，或元器件坏了，则无须刷新主板的BIOS。因为主板厂商推出新版本的BIOS，针对的就是老一代主板在设计上的缺陷，而非修复它的硬件问题。

② 刷新原则。一般来说，原则上必须与主板型号100%匹配才可以刷新BIOS，否则失败后主板不工作，开机又黑屏，会影响其使用寿命。同时还必须有与BIOS对应的烧写程序和新版本的BIOS数据文件。例如，Award和AMI BIOS芯片对应的烧写程序不同，不能混用。总之，BIOS文件一定要与主板的型号严格一致。

2）刷新BIOS的方法如下：

① 通过软件刷新。可使用WINFLASH软件，进入WINFLASH软件，单击左上角的“文件”→“开始更新BIOS”，然后找到下载好的BIOS文件，一般是一个后缀为BIM的文件。刷新完成后重启计算机即可。

② 在DOS方式下刷新。需要制作一个DOS引导U盘，进入纯DOS模式后，输入刷新工具的名字＋空格+BIOS文件名称即可。刷新工具的名字需要按照网上下载的工具自行确定。

③ 使用主板厂商提供的工具。华硕技嘉微星等厂商都设计了自己的BIOS更新工具，可与查找用户手册的方法一样查找BIOS文件的下载地址，如图4-17所示。其中，BETA版是正式推出前的试用版本，一般推荐使用正式版。

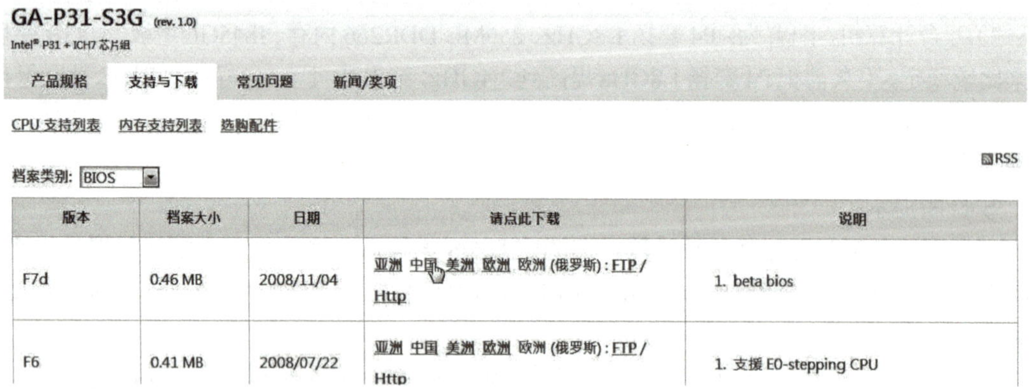

图4-17 BIOS文件的下载

在官方网站下载了Windows下的刷新程序和镜像文件，就可以在Windows下双击运行刷新工具，进行BIOS的刷新了，如图4-18所示。

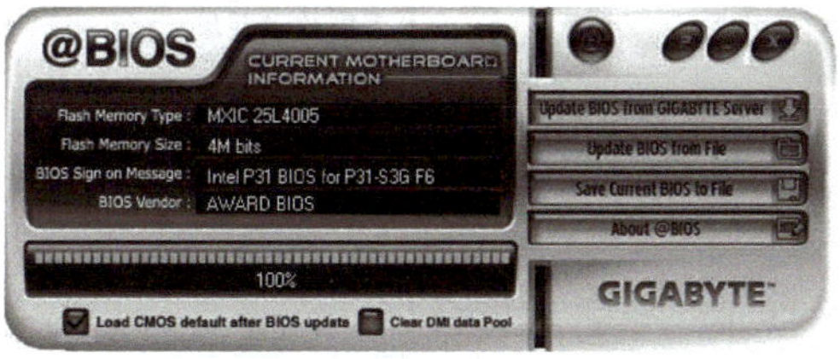

图 4-18 BIOS 刷新程序

此时，单击“Update BIOS from File”选项，弹出如图 4-19 所示的界面，选择 BIOS 升级镜像文件“P31S3G.F7d”，打开运行即可。

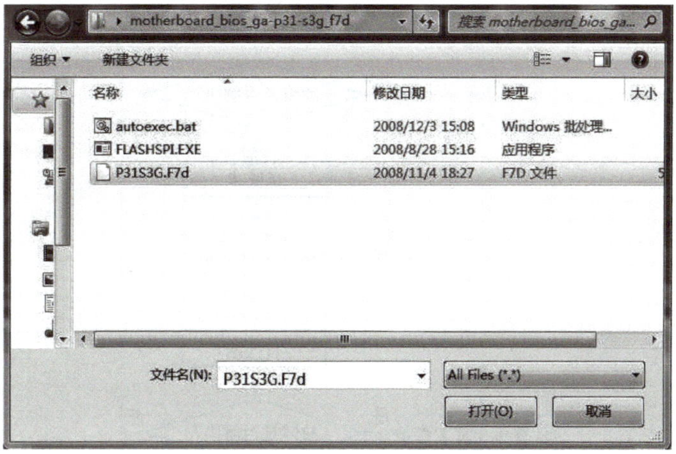

图 4-19 选择 BIOS 升级镜像文件

这种刷 BIOS 的方法过程简单且不易出错，推荐使用这种方式。同时，可先在升级 BIOS 之前备份原来的 BIOS，将备份文件复制到 U 盘中，以防止升级错误。

项目总结

本项目通过对内存和 BIOS 故障的诊断与维护的典型案例的介绍，使学生掌握了开机自检过程、BIOS 报警参照表、主板说明书查找和 BIOS 设置方法等相关知识，具备了针对计算机内存和 BIOS 基本故障解决的能力。

1. 维修要点

1）维修人员要熟悉常见的 BIOS 报警声音和错误提示短语，掌握多种检测维修方法以对故障进行检测与排除。

2）维修人员要了解计算机的启动过程，有助于故障检测与排除。

3）维修人员应有各厂商 BIOS 报警参照表等相关资料，若没有也应善于上网查阅。

4）维修人员应了解各主要主板厂商，能够查找对应主板的说明书。

5）维修人员要善于积累经验，以便迅速、准确地找到故障部位并排除故障。

2. 解决思路

1）内存故障的解决思路如图 4-20 所示。

2）BIOS 故障的解决思路如图 4-21 所示。

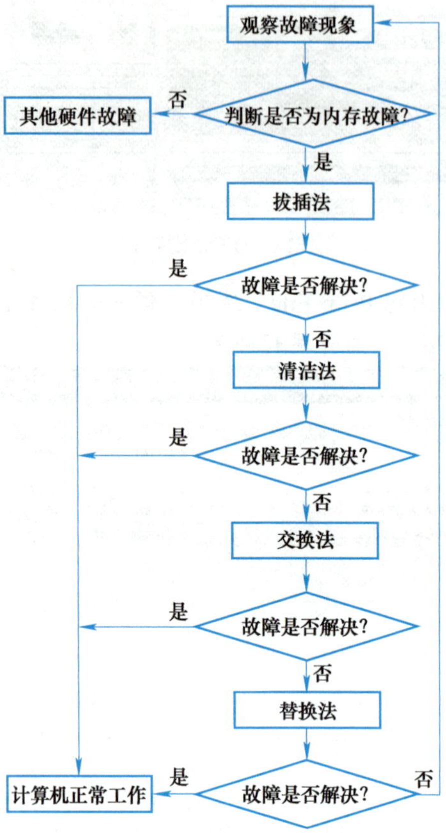

图 4-20 内存故障的解决思路

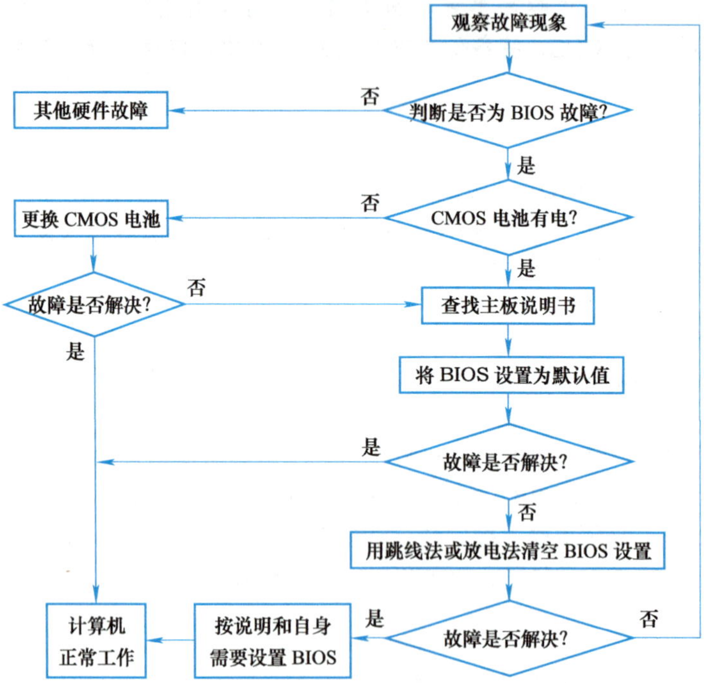

图 4-21 BIOS 故障的解决思路

项目5　主板和CPU故障诊断与维护

项目情境

小李在硬件售后服务部工作一段时间了，近两次用户送修的计算机故障现象是开机无反应和运行重启，这两种故障原因较复杂，小李经过细心分析，确定为计算机主板和CPU散热故障，下面一起来看小李是如何进行故障诊断的吧。

项目概述

很多时候，不好诊断的计算机故障是由计算机主板或CPU问题造成的，但是大多数情况下，所谓的硬件故障，实际都是由于接触不良、设置错误、散热不好或其他部件故障等所导致的假故障。如果要确定主板和CPU是否出现物理损坏，则可采用交换法来验证。

本项目中主要通过两个典型案例分别介绍主板和CPU故障的解决思路和方法。其中，对于开机无显示案例，从最小系统法入手即可确定故障部位；而对于计算机运行中重新启动案例，可从硬件方面来分析、确定故障的解决方案。

学习目标

知识目标：

1. 了解主板和CPU故障产生的原因；
2. 认识主板的主要接口；
3. 了解CPU的基本结构与工作原理。

能力目标：

1. 能够进行主板故障检测；
2. 能够处理主板和CPU的常见故障；
3. 能够进行CPU的保养与维护。

情感目标：

1. 能够与客户交流，了解故障现象；
2. 能够与客户沟通，确定故障解决方案；
3. 对于不熟悉的内容，能够查阅相关资料进行工作。

任务 1　主板故障诊断与维护

任务情境

刘先生的计算机开机后无显示，也没有任何其他反应，刘先生将计算机拿到计算机公司进行维修。小李在硬件售后服务部接待了他，诊断并解决计算机故障。

情境对话：
小　李：您好，您的计算机有什么问题吗？
刘先生：我的计算机开机无反应，麻烦您帮忙看看。
小　李：故障前对计算机有过哪些操作吗？
刘先生：最近计算机挺正常的，不知怎么就成这样了。
小　李：请您填写维修服务单客户信息部分。
刘先生：好。

任务分析

1. 观察现象

小李按了开机按钮，发现机箱无任何反应，也无报警声，屏幕上也没有任何显示，这与之前遇到的故障有所不同。小李将观察到的现象填写到维修服务单的故障现象相关表格中。

2. 故障分析

计算机开机无反应是较难判断的硬件故障，一般可通过最小系统法和替换法进行检测，故障配件可能是电源、主板或 CPU 等，其中以主板故障居多。

随着主板电路集成度的提高以及主板价格的持续走低，该部件的维修价值也越来越低。但是，掌握常用的维修及诊断技术是非常必要的，以在发生故障时迅速判断故障来源。主板出现故障后，往往会表现为系统无法启动、无报警声和黑屏等非常直观但是难以判断的现象。

主板故障的产生原因主要有以下几个方面：

（1）主板接触不良或者短路

1）主板上灰尘过多。如果主板灰尘过多、则很可能导致插槽与板卡接触不良，从而产生故障。

2）主板上的部件接触不良。主板上有多个部件，如果这些部件没有正确地插在主板上对应的插槽或插得不到位，则都可能造成接触不良。

3）导电异物进入。在拆装机时，如果不小心将小螺钉一类导电金属卡在主板的元件之间，则可能出现短路现象。

4）主板和机箱间少安装了用于支撑的元件，使得主板和机箱直接接触，从而导致具有短路保护功能的电源自动切断。

（2）CMOS 供电不足　CMOS 电池电量不足将造成计算机在开机时不能正确地找到硬盘、设置不能保存以及系统时间不准确等故障。

（3）主板电路元件损坏　主板上部件的物理损伤会导致主板故障，包括芯片被烧、电阻损坏和电容被击穿等。

（4）BIOS 受损　一般情况下是指 BIOS（Basic Input/Output System，基本输入 / 输出系统）刷新失败，或 CIH 病毒造成的 BIOS 受损。如果引导块没有受到破坏，则可以用启动盘重新刷新 BIOS，如果引导块也损坏，则可使用热拔插法（操作比较危险，不建议普通用户尝试）或利用编程器进行修复。

（5）主板兼容性问题　主要指添加某个硬件或启动某个硬件功能后与原有主板不兼容而导致的故障。

（6）设置不当　现在的主板都提供能够调节 CPU 电压、外频、显卡内存电压频率的设置。如果设置不当，那么不论是硬跳线还是参数设置都可能引发种种故障。

（7）主板驱动问题　主板驱动丢失、破损、重复安装以及更新都有可能引起操作系统引导失败或操作工作不稳定的故障。

（8）南北桥芯片散热问题　主板南北桥芯片一旦散热不好就会造成计算机工作一段时候后出现死机和自动重启等故障。根据故障产生源，主板故障可分为电源故障、总线故障和元器件故障等。

任务实施

1. 故障判断

开机无反应，首先应判断是否是电源故障，若是电源故障，则需更换电源。

实战经验：测试电源的简易方法

找一根曲别针（细铜丝、铁丝都可以），弯成 U 形，短接主板电源接口插头中的绿色和任意一个黑色插脚，如图 5-1 所示。

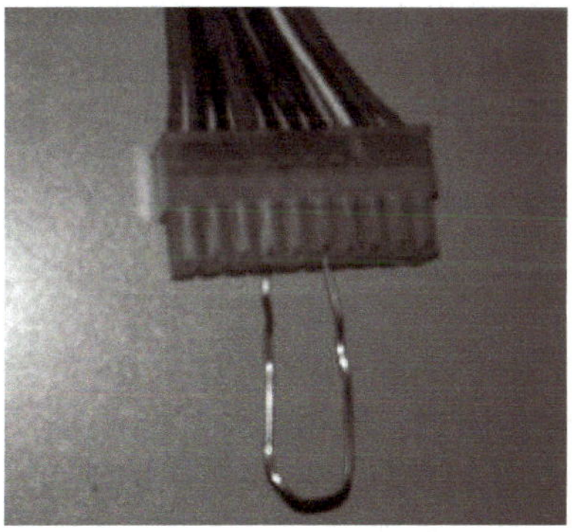

图 5-1　测试电源的简便方法

通电后若电源风扇正常转动，则一般就判断为电源正常，否则就是电源故障。

如果电源无问题，则采用硬件最小系统法和诊断卡法进行测试，以确定故障点。

知识储备

诊断卡法

当用前面学过的最小系统法也无法启动计算机时，可使用诊断卡法来判断故障点。诊断卡也叫 PC Analyzer/POST（Power On Self Test，上电自检）卡，其工作原理是利用主板中 BIOS 内部自检程序的检测结果，通过代码一一显示出来，结合本书的代码含义速查表来快速判断计算机故障所在。尤其在计算机不能引导操作系统、黑屏、无报警时，使用诊断卡更能体现便利。

BIOS 在每次开机时，对系统的电路、存储器、键盘、视频部分、硬盘、软驱等各个组件进行严格测试，并分析系统配置，对已配置的基本 I/O 设置进行初始化，一切正常后，再引导操作系统。正常与否的显著特点是以是否出现光标为分界线。先对关键性部件进行测试，若关键性部件发生故障时，则强制计算机停机，显示器无光标，屏幕无任何反应。然后，对非关键性部件进行测试，如有故障计算机也继续运行，则同时显示器显示出错信息。当计算机出现故障，尤其是出现关键性故障，屏幕上无显示时，将 POST 卡插入 PCI 扩展槽内。计算机运行遇到故障时，POST 卡上会显示二进制代码，以此表示故障的原因和部位，如图 5-2 所示。最后对照诊断卡说明书就可清楚地知道故障所在。

图 5-2　诊断卡法

这里，小李发现硬件最小系统也无法启动，确定问题在主板或 CPU 上。一般来说，CPU 是集成度非常高的计算机硬件，故障率极低，维修性也非常低。一般情况下，优先考虑其他硬件故障。所以，小李判断主板故障的可能性极大，替换另一主板后故障消失，确认为原主板故障。

2．故障解决

针对主板的特点及故障原因，当主板出现故障时，主板故障的解决方法如下。

步骤 1：仔细观查主板的各个插槽、风扇、芯片等，看有没有损坏的迹象；主板上有无烧糊、烧断、起泡、板面断线、插口锈蚀、电容爆浆的地方；BIOS 电池是否有电。如果有明显损坏的地方，则要进行针对性的维修。

步骤 2：如果主板上没有明显损坏的痕迹，则接着用软毛刷清理主板的灰尘，如图 5-3 所示。清理后检查主板是否正常，如果正常，则是灰尘造成的故障。

步骤 3：如果清理灰尘后，还是不正常，则接着用万用表测量主板的各个供电电压是否正常（+5V、+12V、+3.3V 等），如图 5-4 所示。如果有不正常的电压，则检查电源及其主板供电电路是否存在故障。

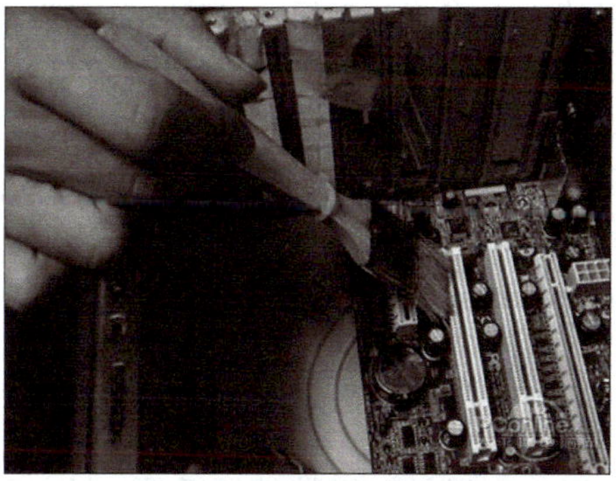

图 5-3 清理主板的灰尘

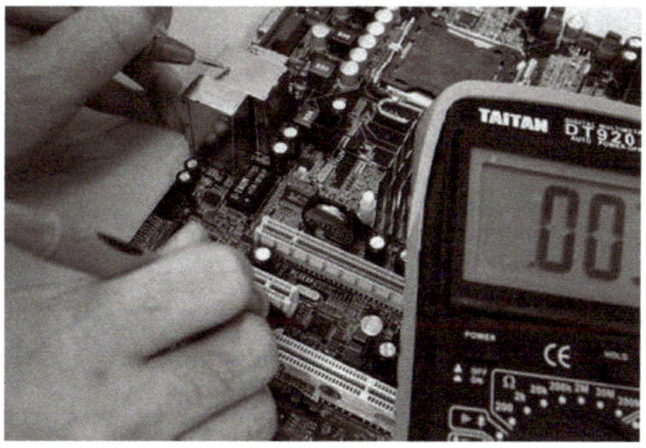

图 5-4 测量供电电压

步骤 4：如果主板供电电压正常，则对主板通电检查，看主板中有无发热的芯片。如果有发热的芯片，则可用对照法找一块相同型号的主板对照测量相应芯片引脚的波形及其参数，来确认芯片是否损坏。如果确认有可疑元器件，也暂时不要从主板上取下，可选用同一型号的芯片接在它上面，然后开机观察是否正常。

步骤 5：如果上述方法均不行，则为用户更换主板，注意，所更换主板须与原主板 CPU 插槽相同，并保证与用户原有的其他配件有较好的兼容性。

3. 任务完成

小李在清理主板的灰尘后再次通电开机，故障现象就消失了。小李首先让刘先生确认故障已经解决，然后说明故障原因可能是计算机内的灰尘引起，让用户注意计算机的日常保养工作。最后，小李陪同客户刘先生填好维修服务单，刘先生交款后，满意地带着自己的计算机离开了计算机公司。

温馨提示

计算机的日常保养

计算机的保养应注重防尘、防高温、防磁、防潮、防静电、防振等方面，常规的保养事项有：

1）计算机应放置于干净整洁的房间，以免灰尘过多对计算机硬件造成不良影响。

2）计算机周围应保留足够的散热空间，以免周围堆放杂物而影响散热。

3）计算机工作时间内最好不要吸烟，烟雾会对计算机硬件造成损害。

4）计算机周围不能存在大的磁场，音箱也尽量不要放置在显示器附近，也不能将磁盘、信用卡以及各种带有磁条的卡片放在音箱周围，以防止被磁化。

5）尽量避免在计算机桌、主机、键盘旁边放置水杯，以免计算机进水。

6）计算机处于运行状态时不要搬动主机或振动主机。

7）如果长时间不使用计算机，则应将其电源关闭，但还是应定期将计算机开启运转一定的时间，以排除机箱内的潮湿气体。

8）定期打扫计算机的各个硬件部件的灰尘，使其保持整洁状态。

任务评价

将学生分成小组，各小组选出组长。组长带领组员，针对不同主板故障的计算机进行故障诊断与解决，同时填写故障分析记录，见表 5-1。

表 5-1　故障分析记录

故障现象	
故障分析	
诊断方案	

根据各组学生的实际操作情况和记录表填写情况作出任务评价，并填入表 5-2。

表 5-2　主板故障诊断与维护任务评价

评价内容		评价要求	小组评价	教师评价
知识掌握		简述主板故障产生的原因		
		简述计算机的日常保养方法		
实际操作	故障现象	正确描述并记录		
	故障分析	完整阐述分析思路		
	诊断方案	制订诊断方案		
	故障解决	快速测试电源好坏		
		正确清理机箱内灰尘		
		正确用万用表测量主板的供电电压		
教师建议：			评价汇总： A．优秀 B．良好 C．基本掌握	

任务拓展

分析以下故障现象，制订解决方案。

1）小刚的计算机不能正常启动，也没有出现任何报警提示，根本不能识别到底是哪里出现了问题。

↳ 诊断提示：

主板无法正常启动的原因可能有多种，例如，主板上的电容，在长时间的工作下，可能会出现炸裂或冒泡现象，这样主板的滤波功能可能就失效了，如此一来，供电电流中出现了很大成分的交流冲击波，从而导致主板工作不稳定，造成计算机无法正常启动；如果 CPU 供电不正常，则主板也会无法正常启动，同时没有报警声；此外，CPU 风扇的固定卡子如果发生断裂，或内存插槽出现断裂，或内存插槽中出现断针、CPU 插座出现断针等，则也有可能引发上述故障。

2）一台计算机刚接通电源后就自行开机，有时莫名其妙地就开机了。

↳ 诊断提示：

造成这种故障的原因可能有以下几种：

① 检查计算机是否在 BIOS 设置中将定时开机功能设置为“Enabled”，这样计算机会在设定的时间自动开机。

② 检查计算机是否在 BIOS 设置项中开启了来电自动开机的功能，这时一插上交流电源，计算机便会自动启动。

③ 如果确认 BIOS 中已关闭了定时开机和来电自动开机功能，计算机还是会自行开机，则可以断定这是由硬件故障引起的。引起自行开机的硬件故障的原因可能有以下几种：+5V SB（待机）电压低，使主板总是为低电平，这样不仅会自行开机，还可能关不了机。电源本身的抗干扰能力差，交流电源接通瞬间产生的干扰使其主回路开始工作。这时只好换一个电源了。

④ 主板的 PS-ON 信号质量较差，在通电瞬间，该信号由低电平变为高电平的延时过长，主电源已经准备好了，而 PS-ON 信号仍然很低，使 ATX（Advanced Technology e Xtended）电源主回路误导通，导致自行开机。

3）主板 COM 接口或并行接口、IDE 接口失灵，连接时始终出现故障。

↳ 诊断提示：

出现此类故障一般是因用户带电插拔相关硬件而引起的，此时用户可以用多功能卡代替，但在代替之前，必须先禁止主板上自带的 COM 接口与并行接口（有的主板连 IDE 接口都要禁止才能正常使用）。

4）小明组装了一台计算机后，平时一直都没有注意计算机的清洁问题，后来有一段时间计算机经常出现蓝屏、非法操作或死机的故障。这些问题出现的时间没有规律，而且随着时间的推移，死机越来越频繁。

↳ 诊断提示：

先怀疑是病毒引起的，但是用各种杀毒软件反复检查都没有发现病毒。接着怀疑启动时加载的程序有冲突，可把所有启动时运行的程序关闭，但故障依然存在。随后又怀疑内存有问题，借了一条 KingMax（胜创）内存，用它换下自己的 HY（现代）内存后，还是死机。最后只好重装系统，但安装过程中却又出现死机现象。马上想起可能是 CPU 引起的问题，于是打开机箱，发现主板上积满了灰尘，这才知道是灰尘导致引脚之间短路而导致的频繁死机。

5）在 Windows 下安装驱动程序后，出现死机或光驱读盘速度变慢的现象。

↳ 诊断提示：

在一些小品牌主板上有时会出现此类现象，将主板驱动程序安装完成后，重新启动计算机后不能以正常模式进入 Windows 桌面，而且该驱动程序在 Windows 下不能被卸载。如果出现这种情况，则建议找到最新的驱动程序并重新安装，问题一般都能够解决。如果实在不行，则只能重新安装操作系统。

6）计算机开机自检过程中，中断在显示 512K Cache 的地方。

诊断提示：

既然在显示缓存处死机，必然是该部分或其后的部分有问题。记得平常开机时，此项显示完后就轮到硬盘启动操作系统了。因此，区分开高速缓存和硬盘故障就可以了。

经验分享

如何保证主板绝缘

主板绝缘问题经常出现在更换主板或安装主板的过程中，因此安装主板时一定要注意，主板不要与机箱出现短路现象，以免产生一些莫名其妙的问题，如无法正常点亮或某些功能无法使用等，严重的还会烧毁主板。

在安装主板的过程中，最好在安装螺钉的部位的上面和下面都垫上绝缘垫圈，安装完毕后应仔细检查主板底部有无和机箱短接的地方，以确保万无一失。有些用户在使用计算机时喜欢倒置机箱，且把侧盖打开以加快散热，此时就需要把定位螺钉拧紧，因为正常使用时机箱也会由于硬盘和风扇的转动而产生振动，使螺钉松动，一旦松动的螺钉落在主板上，则将导致短路，可能主板就不能再使用了。

任务 2　CPU 故障诊断与维护

任务情境

暑假第一天，赵同学就迫不及待地玩起了游戏，可没过多久，计算机居然重新启动了。刚开始赵同学没当回事，机器启动后，继续玩着游戏。但奇怪的是，之后在玩游戏的过程中计算机频繁死机，且间隔时间越来越短。赵同学只好将计算机拿到计算机公司进行维修。硬件售后服务部的小李为他服务，诊断并解决计算机故障。

情境对话：

小　李：您好，您的计算机有什么问题吗？

赵同学：我的计算机经常自动重启。

小　李：是刚开机就这样，还是运行一段时间后这样？

赵同学：刚开机还好好的，我刚玩一会游戏就重启了，以后重启的时间间隔越来越短。

小　李：这台计算机买多长时间了？

赵同学：买了四年了，但由于一直在外地上大学，因此计算机放在家中并没有用过多长时间，不会就不能用了吧？

小　李：没问题，交给我吧。请您填写维修服务单客户信息部分。

赵同学：好。

任务分析

1. 观察现象

小李开机后发现，正如用户所说，运行一段时间后计算机自动重启，下一次还没等进入系统就又重启了。小李想先给用户安装系统看一看，但还没开始安装，计算机就又重启了，因此可以基本排除系统故障，确定为硬件故障。

小李打开机箱观察，发现机箱内 CPU 散热器的温度很高，小李在维修服务单的服务内容中填写好检测现象，准备分析和解决。

经验分享

如何监测 CPU 温度

如果计算机可以正常启动，则在 BIOS 设置菜单中的“PC Health”选项内就有 CPU 温度的显示，如图 5-5 所示。“CPU Temperature”一栏显示的就是当前计算机的 CPU 温度。

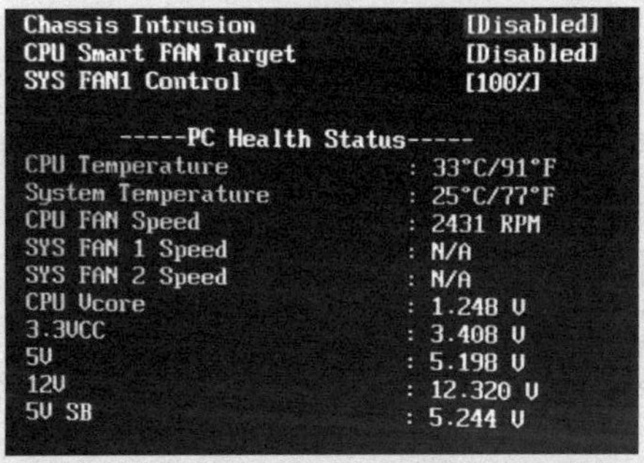

图 5-5　BIOS 设置中监测到的 CPU 温度

此外，在 Windows 操作系统中可以使用 Core Temp、CPU Temperature Alarm、AIDA64 和鲁大师等检测软件监测 CPU 的温度，如图 5-6 所示。

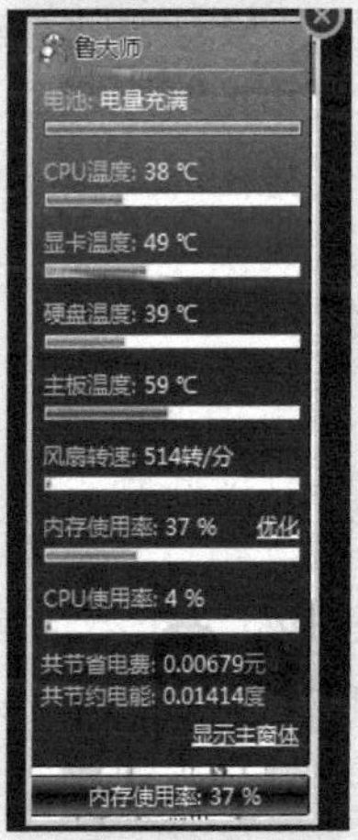

图 5-6　鲁大师监测到的 CPU 温度

2. 故障分析

（1）CPU 常见故障的产生原因

1）CPU 散热不良。CPU 在工作时会产生大量的热量，从而导致 CPU 自身温度升高。当温度升高时，作为CPU 逻辑元件的硅晶体管的漏电流会增大，这样直接导致CPU 工作不稳定，寿命也变短，而且容易损坏。因此 CPU 的散热就显得至关重要，一般都需要有专门的 CPU 风扇或其他制冷设备来给 CPU 降温，以保证 CPU 能够正常工作。如果散热设备没有正确连接或散热设备自身出现故障，则也会引起 CPU 散热不良的故障，从而引发种种计算机故障。

2）CPU 参数设置不当。CPU 参数设置不当主要是指用户没有正确地设置 CPU 的电压或频率，从而引发的 CPU 故障。这类故障通常表现为 CPU 品牌和型号电压设置不正确，造成 CPU 电压偏高或偏低，从而极大地影响了 CPU 工作的稳定性和使用寿命。

3）CPU 物理损坏。CPU 物理损坏故障一般是指因为外界因素，如氧化、腐蚀、积尘、引脚折断等造成的故障。CPU 引脚的韧性很大，不容易脱落。但如果在安装 CPU 时没有对准 CPU 插槽上的插孔而强行插入 CPU，则容易造成 CPU 引脚弯曲或损坏。有时，在拆卸 CPU 时不小心，也会造成 CPU 引脚脱落的故障。

另外，如果计算机长期处于湿度比较大的环境中，也容易出现 CPU 引脚生锈从而导致 CPU 故障的问题。

4）风扇安装不当。CPU 风扇主要有普通风扇和涡轮风扇两种。一些劣质的 CPU 风扇设计不合理，在安装 CPU 风扇扣具时需要用很大的力量，此时很容易压坏 CPU 的内核，从而导致 CPU 损坏。这样的 CPU 损坏程度都是无法维修的，只能更换新的 CPU，建议用户在安装 CPU 风扇时一定要小心。

（2）CPU 出现故障后的常见诊断方法　由于 CPU 的电路被封装后，一般不会受到外界的干扰，所以 CPU 的故障率非常少。但如果 CPU 出现故障，则经常会造成系统运行不稳定、死机和无法开机等故障现象。

CPU 出现故障后的常见诊断方法如下：

1）检查 CPU 是否安装到位。

目前的 CPU 还是以直插式结构为主，在安装上采用了引脚对引脚的防呆式设计，方向不正确是无法将 CPU 正确装入插槽中的，因此在检查时应把重点放在安装是否到位上。

目前，AMD 公司的 CPU 主要采用 AM3+ 和 FM2 等几种接口，Intel 公司的 CPU 则主要采用 LGA1150 的接口。较旧的计算机虽然接口和新机有所不同，但主板上的 CPU 插座都有定位措施，如果 CPU 安装不到位，则无法将主板上的 CPU 的压杆压下，因此在安装时一定要细心，不能将 CPU 的引脚弄折，造成损坏。

2）检查 CPU 风扇的运行是否正常。

CPU 由于集成度非常高，因此发热量也非常大，特别是目前的多核心处理器，发热量更大，因此散热风扇对于 CPU 的稳定运行便起到了至关重要的作用。

目前，CPU 都加入了过热保护功能，超过一定的温度后会自行关机，一般不会因为过热而致使CPU烧毁，但过高的温度会使CPU工作不正常，会使计算机频繁地死机或重新启动，影响正常使用。除了检查 CPU 风扇的运行情况外，还应检查风扇的安装是否到位或与 CPU 结合是否紧密等。

3）检查是否超频使用。

目前，有很多用户为了追求更高的工作频率，都选择将 CPU 超频使用。一般超频后的

CPU 在性能上有所提升，但对计算机的稳定性和 CPU 的使用寿命是非常有害的。超频后的 CPU 对散热的要求比较高，如果散热不良，则将出现能够正常开机但进入不了操作系统、开机自检死机或无法开机等故障现象。

4）检查跳线的设置是否正确。

这一项主要是针对使用老主板与老处理器的用户而言，目前新主板和 CPU 一般都不会进行硬件跳线的设置。对于采用硬件跳线的老主板用户，在 CPU 出现问题时首先要检查各项参数及跳线的设置是否正确，认真检查主板，阅读主板说明书，仔细地设置好各项参数。

5）检查 CPU 是否烧毁、压坏。

打开机箱，卸掉 CPU 风扇，拿出 CPU 后用肉眼观察处理器是否有被烧毁和压坏的痕迹。

任务实施

1. 故障判断

用户计算机的 CPU 温度过高，重启故障很可能是该原因导致的。CPU 温度过高应从散热器上着手解决，相关操作主要包括清洁 CPU 散热片以及风扇、更换 CPU 散热硅脂等。在进行操作前，应注意释放人体所带的静电。

经验分享

防止静电

由于操作人员身上穿着的衣物相互摩擦，很容易产生静电，静电有可能造成计算机芯片的损坏。因此，为防止静电对计算机造成损害，在打开计算机机箱前应用手接触暖气管等接地的物体或事先洗手，以释放身上携带的静电荷，再对计算机内部进行操作。

2. 故障解决

（1）清洁 CPU 散热片及风扇

步骤 1：从主板上拔下 CPU 风扇的电源线，如图 5-7 所示。

图 5-7　拔下 CPU 风扇的电源线

步骤 2：找到松开 CPU 散热器的开关，将散热器从 CPU 上卸下。

步骤3：CPU在使用一段时间后，风扇和散热器上都会有一定的灰尘，这些灰尘会较大程度地阻碍散热器的散热性能的发挥。用户应定期对CPU的风扇和散热器进行除尘操作。如果用户的CPU还比较新，使用时间也不长，则散热器的风扇可不必取下单独清洁，用毛刷除尘即可。如果CPU使用的时限较长，散热器及风扇上规程的灰尘较多，则一般须将风扇取下，单独进行清洁，如图5-8所示。

步骤4：将风扇从散热器上取下，使用毛刷清除风扇叶片上的灰尘，最后再把风扇装回到散热器上。除尘完毕后，还可以为CPU的散热风扇添加一些润滑油，这样可以使风扇运转得更加顺畅，提高散热性能。给CPU风扇上润滑油的具体方法如下：

首先准备一小瓶机油和一根牙签，接着将从机箱上卸下后盖，将风扇卸下，找到风扇叶片上灰尘聚集的位置，用柔软的刷子将其清理干净。清理工作完成后，在风扇正面的中间一般都会有卷标，将卷标揭开可看到风扇的轴承，如图5-9所示。用牙签蘸取润滑油点在轴承上，注意油量要适当。完成后要将标签贴回去，以防止灰尘进入，再将风扇和电源复原即可。要提醒大家的是，为风扇注油时不要随便使用机油，劣质的机油不但无助于润滑，反而会使轴承加速磨损，应选择专用产品或使用优质缝纫机油代替。

图5-8　卸下的CPU散热器

图5-9　给CPU风扇上润滑油

（2）更换CPU散热硅脂　准备好导热硅脂，将导热硅脂均匀涂抹到CPU上，然后再把散热器重新固定到CPU上。

在涂抹导热硅脂时必须遵循四条原则，一是散热硅脂要涂抹均匀，二是散热硅脂要涂抹得尽可能薄，三是散热硅脂涂抹不能有杂质，四是散热硅脂涂抹不能有气泡。避免出现散热硅脂涂抹溢出和涂抹不均匀的情形，如图5-10和图5-11所示。

图5-10　散热硅脂涂抹溢出

图5-11　散热硅脂涂抹不均匀

建议按以下两种方式进行涂抹，一是在芯片表面挤上几点硅脂，然后靠散热器的压力将硅脂挤压均匀，如图 5-12 所示。这种方式适用于表面积较小的 CPU。

另一种方式是借助工具（如刮板、指套等）将硅脂均匀涂抹在芯片表面，如图 5-13 所示。有的导热硅脂在购买时就附送了塑料刮板以方便涂抹。如今 CPU 表面都比较大，推荐采用此种方法，以避免出现涂抹不均匀或有气泡、杂质等问题。

图 5-12　五点式涂抹效果

图 5-13　刮板式涂抹

知识储备

导热硅脂

导热硅脂有很多种叫法，如散热硅、导热硅等，它具有润滑剂 + 导热 + 散热的多重功效。在散热器与 CPU 芯片中，即使是表面非常光洁的两个平面在接触时都会有轻微的空隙出现，空隙中的空气是热的不良导体，会阻碍热量向散热片的传导。而导热硅脂就是一种可以填充这些空隙，使热量的传导更加顺畅、迅速的材料。

从市场中销售的导热硅脂的颜色来看，主要分为白色、灰色和偏黑的三种，如图 5-14 所示。其中，白色导热硅脂现在已经很少了，灰色导热硅脂是最为常见的，而偏黑导热硅脂极为少见。白色硅脂中根据金属粉含量的不同，被分为几个级别，是根据其黏稠度不同而定，其中含有金属银粉的导热硅效果最佳，价格也较高。灰色的导热硅脂是 Intel（英特）公司的原装导热硅脂，在导热硅脂中添加了一定的石墨粉末来增强导热效果。一般地，偏黑的导热硅脂是散热效果较好的，因为里面加入了少量的焊锡粉。

图 5-14　各式各样的导热硅脂

3. 任务完成

小李在为用户重新涂抹导热硅脂并清除散热器灰尘后，重新安装好散热器，开机，让赵同学测试效果，30min 过去了，故障现象也没有再次出现。小李向赵同学说明了故障原因，最后陪同赵同学拿着填好的维修服务单交款，赵同学交了钱，兴高采烈地带着自己的计算机回家了。

任务评价

将学生分成小组，各小组选出组长。组长带领组员，针对计算机运行重启的故障进行诊断与解决，同时填写故障分析记录，见表 5-3。

表 5-3　故障分析记录

故障现象	
故障分析	
诊断方案	

根据各组学生的实际操作情况和记录表填写情况作出任务评价，并填入表 5-4。

表 5-4　CPU 故障诊断与维护任务评价

<table>
<tr><th colspan="2">评价内容</th><th>评价要求</th><th>小组评价</th><th>教师评价</th></tr>
<tr><td colspan="2" rowspan="2">知识掌握</td><td>简述计算机自动重启的原因</td><td></td><td></td></tr>
<tr><td>简述 CPU 常见故障的产生原因</td><td></td><td></td></tr>
<tr><td rowspan="6">实际操作</td><td>故障现象</td><td>正确描述并记录</td><td></td><td></td></tr>
<tr><td>故障分析</td><td>完整阐述分析思路</td><td></td><td></td></tr>
<tr><td>诊断方案</td><td>制订诊断方案</td><td></td><td></td></tr>
<tr><td rowspan="3">故障解决</td><td>正确查看 CPU 温度</td><td></td><td></td></tr>
<tr><td>正确清理 CPU 散热器</td><td></td><td></td></tr>
<tr><td>正确涂抹导热硅脂</td><td></td><td></td></tr>
<tr><td colspan="3">教师建议：</td><td colspan="2">评价汇总：
A．优秀
B．良好
C．基本掌握</td></tr>
</table>

任务拓展

分析以下故障现象，制订解决方案。

1）CPU 的主频在每次开机时显示的主频不一致，但主频跳动数值比较固定。

✎ 诊断提示：

可能与 CMOS 电池、主板或电源有关，可更换电池或主板。

2）一台计算机在运行时 CPU 温度上升很快，开机才几分钟，温度就由 31℃上升到 51℃，然而到了 53℃就稳定下来了，不再上升。

✎ 诊断提示：

一般情况下，CPU 表面温度不能超过 50℃，否则会出现电子迁移现象，从而缩短 CPU 的使用寿命。对于 CPU 来说，53℃太高了，长时间使用易造成系统不稳定和硬件损坏。根据现象分析，升温太快，稳定温度太高应是 CPU 风扇的问题，更换一个质量较好的 CPU 风扇即可。

3）不小心将 CPU 散热片的扣具弄掉了，后来又照原样把扣具安装回了散热片，重新安装好风扇加电开机后，计算机就开始经常重启。

✎ 诊断提示：

此故障可能因电源问题或 CPU 温度过高造成。首先检查其他部件，再检查散热部分，有可能是主板侦测到 CPU 过热，自动保护。若导热硅脂和散热片都没问题，则再检查扣具，有时扣具安装错误，造成散热片与 CPU 核心部分接触有空隙，也会导致 CPU 过热。

4）计算机出现故障，现象为使用平均每 20min 就死机一次，重新开机后过几分钟又会再次死机。

✎ 诊断提示：

开始可能是机箱内 CPU 温度过高造成死机，在 BIOS 中检查 CPU 的温度。若温度正常，则再打开机箱清理散热器上面积累的灰尘。另外，有的主板的温度探针是靠粘胶粘在散热片上来测量 CPU 温度的，当这个探头并没有和散热片紧密接触时，会造成散热片的热量无法直接传到温度探针上，CPU 温度很高时，在 BIOS 中显示的温度还是正常的，计算机出现问题也就不奇怪了。

项目总结

本项目通过对主板和 CPU 故障的诊断与维护的典型案例的介绍，使学生了解了主板和 CPU 故障产生的原因，具备了针对计算机主板和 CPU 基本故障解决的能力。

1. 维修要点

1）维修人员要熟悉主板的主要接口，了解计算机各配件的工作原理，以对主板和 CPU 故障进行更有效的检测与排除。

2）维修人员要灵活使用清洁法、最小系统法、诊断卡法、替换法等对计算机主板和

CPU 故障进行检测与排除。

3）维修人员在工作中要注意遵守防静电等操作规范，以免在计算机主板故障的检测与排除中造成不必要的麻烦。

4）维修人员应让用户了解自己计算机产生主板故障的原因，以避免日后出现类似的故障。

5）维修人员要善于在学习和工作中积累经验，总结技巧，以便快速解决故障。

2. 解决思路

1）主板故障的解决思路如图 5-15 所示。

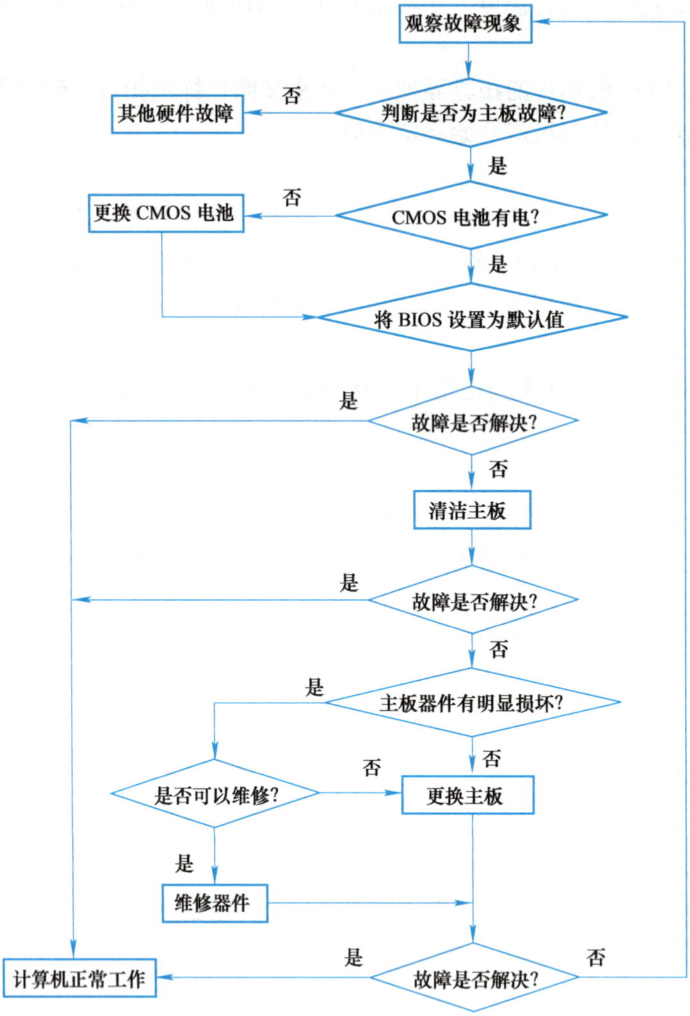

图 5-15　主板故障的解决思路

2）CPU 故障的解决思路如图 5-16 所示。

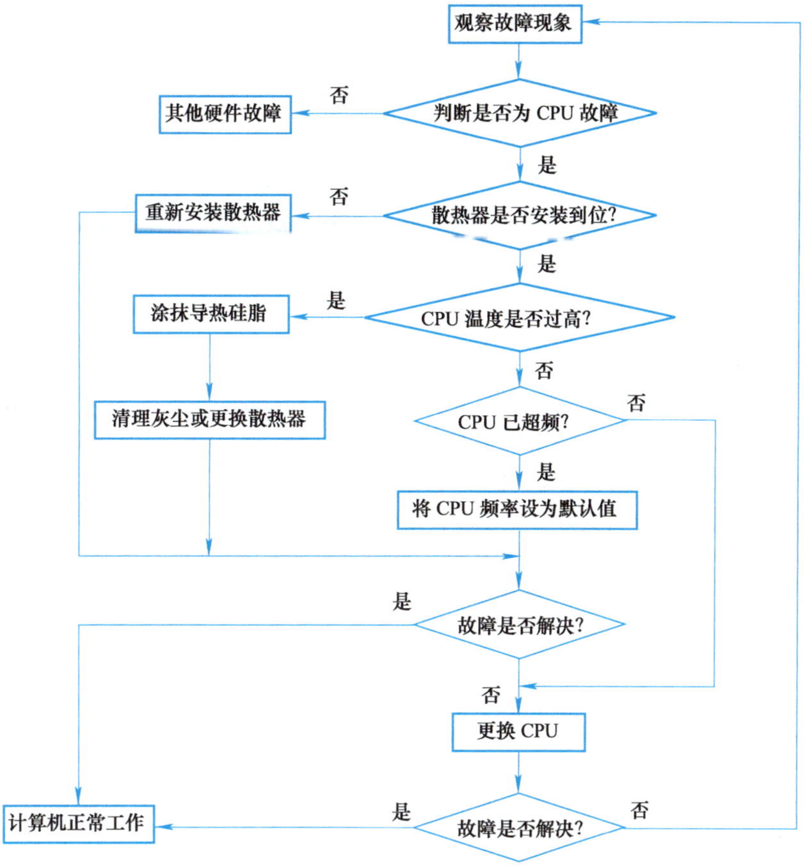

图 5-16　CPU 故障的解决思路

项目6 显示故障诊断与维护

项目情境

小李在硬件售后服务部工作的经验越来越多，现在连一些疑难杂症都可以轻松解决，客户都愿意找小李帮忙解决计算机故障。

今天小李遇到的故障都是计算机显示部分的故障，主要包括显卡和显示器故障，这两种硬件一般都很少损坏，下面一起来看一看小李是如何解决故障的吧。

项目概述

显卡是计算机中重要的配件之一，它能将CPU处理后的数据信号“翻译”成显示器能显示的模拟信号，与显示器组成了计算机的显示子系统。正常情况下，显卡和显示器的故障率并不高，但随着应用的增多和性能的提升，它们的故障率也在呈增长趋势。

本项目中主要通过两个典型案例分别介绍显卡和显示器故障的解决思路和方法。其中，游戏花屏案例从显卡驱动安装来确定故障解决方案，而显示器不清楚则通过设置显示分辨率来解决。

学习目标

知识目标：

1. 了解显卡和显示器故障产生的原因；
2. 掌握显卡和显示器故障的检测流程；
3. 掌握显示属性的设置方法。

能力目标：

1. 能够观察并正确记录显卡和显示器故障的现象；
2. 能够根据故障现象进行分析和解决；
3. 能够正确下载显卡驱动程序并安装。

情感目标：

1. 能够与客户交流，了解故障现象；
2. 能够与客户沟通，确定故障解决方案；
3. 对于不熟悉的内容，能够查阅相关资料进行工作。

任务 1　显卡故障诊断与维护

任务情境

姜女士前些日子刚重装过操作系统，刚开始用时也没什么问题，这几天儿子从外地上学回来，玩 3D 游戏时却出现花屏现象，如图 6-1 所示，而运行其他程序则一切正常。姜女士带着计算机来到计算机公司进行故障维修，小李接待了她。

图 6-1　游戏花屏

情境对话：

小　李：您好，您的计算机有什么问题吗？

姜女士：我的计算机平时都正常，就是孩子一玩游戏就花屏。

小　李：计算机买多久了，一直是这样么？

姜女士：刚买一年吧，以前一直挺好的啊，中间有一段时间系统运行缓慢，找人重装过系统。

小　李：明白了，交给我吧。请您填写维修服务单客户信息部分。

姜女士：好。

任务分析

1. 观察现象

小李开机后发现系统运行正常，只有当运行大型 3D 游戏时才出现姜女士所说的花屏现象。小李记录故障现象后，准备开始维修。

2. 故障分析

计算机花屏是一种比较常见的显示故障，大部分计算机花屏的故障都是由显卡本身引起的。

（1）显卡故障的产生原因　显卡同 CPU、内存条、主板等硬件部件的重要性基本一致，是不可或缺的硬件部件。相比较而言，显卡出现故障后比较难于诊断，即使是比较精通的计算机维护人员也很难将故障排除。当显卡出现故障后，往往不能从计算机屏幕上获取一些必要的诊断信息。

1）接触不良。显卡接触不良通常会有报警声音，另外显卡金手指发黑被氧化也会造成接触不良。

2）显卡损坏。这种情况可能与显卡质量有关，也可能是显卡在使用过程中因使用不当而造成元件的损坏。

3）散热不良。随着显卡频率的飞速提高，显卡发热量也大大提高，这些热量如果不能及时散发出去则会影响显示芯片的正常工作，出现花屏、死机现象，甚至会烧毁显卡。

4）设置不当。在 BIOS 中，当设置显卡的一些参数，特别是开通或禁止某些功能时，如果设置不当就会出现故障。

5）驱动程序安装不当。安装显卡驱动程序时，不明白的用户最好安装原厂配送的驱动程序，用系统自带的驱动程序一般版本都比较旧，不能完全发挥显卡功能。一般来说，显卡工作异常首先考虑驱动程序问题。

6）超频导致的故障。有时用户为了提高显卡性能，用软件或 BIOS 超电压对显卡进行超频，不当的超频很容易造成显卡故障。

7）显卡兼容性。这类故障多发生在计算机刚装机或进行升级以后，多见于显卡与主板、操作系统或某些软件程序出现兼容性问题。

（2）显卡常见故障的排除

1）接触不良。这种情况经常出现，除了在插显卡时方法不对以外，由于机箱制作不规范而导致显卡在安装后 PCB 板变形也会导致接触不良。在插显卡时一定要注意显卡的金手指部分是否完全插入 PCI-E 或 AGP 插槽中。

2）电源功率或电源管理的影响。由于现在流行的显卡功耗越来越大（一般，性能越好的显卡功率就越高），电源功率不足造成显卡无法工作的例子很多，因此良好的电源也是显卡正常工作的保证。

现在的主板 BIOS 中提供的高级电源管理功能很多，有节能、睡眠、Video off Method（视频关闭方式）等。但有些显卡和主板的某些电源管理功能有冲突，可能会导致进入 Windows 操作系统就花屏或在系统进入睡眠状态后无法唤醒的现象。遇到这种情况，除了更换显卡，还可以通过刷新显卡和主板的 BIOS 来解决。

3）刷新 BIOS 后的影响。刷新显卡 BIOS 有时可以解决很多兼容性问题，但有时也有不少人在刷新了显卡的 BIOS 后，玩某些游戏时会死机或自动跳回桌面，更有用名牌厂家的 BIOS 刷坏自己杂牌显卡的案例。所以在刷新显卡 BIOS 之前，应先仔细阅读新 BIOS 文件包附带的 Readme 文件。

4）显卡电容的问题。在显卡上使用的电子元件中，最容易出现问题的就是电容。显卡电容主要是对电源信号和视频信号滤波的。目前的显卡大量使用的是普通插件电解电容，使用时间长了，两个引脚之间便会堆积灰尘，环境潮湿时特别容易短路，有时甚至引起电容爆裂。所以，应注意及时清理，且发现损坏要及时更换（虽然某些电容损坏不会影响显卡工作，但是会影响显卡的稳定性和图像输出的质量，而且电容爆裂后流出的电解液会导致显卡电路短路）。

5）显卡的金手指。用户经常插拔显卡容易导致金手指损坏，甚至脱落，经常用手触摸显卡的金手指也会导致其氧化，从而使显卡和插槽的针脚之间接触不良。所以最好不要用手触摸金手指，也不要频繁地插拔显卡。

6）显卡上的其他芯片。板卡上的芯片主要包括显存、供电模块、TTL 电路和 D-A 转换芯片，可以简单地用触摸法判断好坏，如果在工作中变得很烫或根本不热，则均属于不正常，应该更换。

另外，显卡上 15 针 VGA 插头的 1、2、3 针脚分别是红、绿、蓝三原色信号，13、14 是行、场扫描信号。显卡的这 5 个信号最重要，其中行扫描信号（激励信号）与显示器中的行输出电路配合，产生显像管所需要的信号电压，没有这个信号则显示器根本不亮，可以用万用表检测其工作状态。1、2、3 针脚信号电压相同，为 0.03 ～ 0.06V 左右，行扫描信号为 3 ～ 5V，场扫描信号多为 1V 以下。如果有异常情况，则也可以确定显卡已损坏。

任务实施

1. 故障判断

小李首先观察了计算机显示部分的外部连接，确认完好后在设备管理器中观察显卡的驱动程序是否有明显的错误提示（如红色“×”号或黄色“？”等），但看起来一切正常，如图 6-2 所示。

切断电源，打开机箱，拔下显卡，此显卡型号为微星（MSI）R7770-PMD1GD5，看起来很新，无明显接口或金手指损坏现象，如图 6-3 所示。

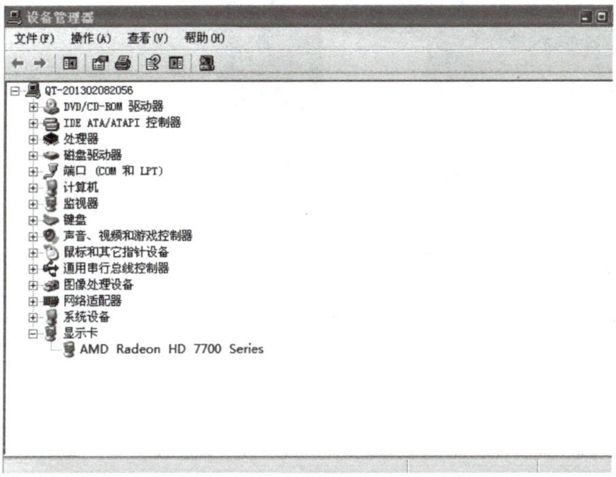

图 6-2　设备管理器

图 6-3　微星 R7770-PMD1GD5 显卡

清除显卡和插槽上的灰尘后，再用橡皮擦干净显卡的金手指，重新安装，故障依旧，小李决定为顾客的计算机重新安装显卡驱动程序。

经验分享

花屏原因

如果在桌面或玩所有 3D 游戏时都习惯性花屏，那么很可能是显存问题，考虑直接更换显卡。如果只是玩个别游戏时出现习惯性花屏，则可能是驱动或游戏问题造成的，尝试更换新版本驱动，或重新安装游戏的最新版本即可。

2. 故障解决

安装显卡驱动程序一般通过三种途径：官网驱动下载安装，驱动工具自动安装（如驱动精灵、驱动人生等）和使用万能驱动包。由于这里是怀疑原系统中安装的驱动程序有问题，所以优先选择第一种方法。

步骤 1：在搜索引擎中搜索显卡的官网主页，如图 6-4 所示。

图 6-4　搜索微星官网

步骤 2：打开微星官网主页，在右上角的搜索栏中输入显卡型号“R7770-PMD1GD5”，单击搜索按钮，如图 6-5 所示。

图 6-5　搜索显卡型号

步骤 3：在搜索结果的对应显卡栏中单击“下载”，如图 6-6 所示。

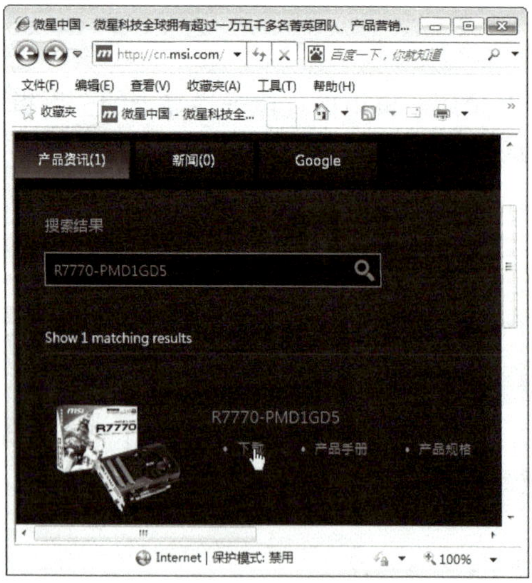

图 6-6　搜索结果

步骤 4：在驱动下载页面选择自己的操作系统版本，并在最新版本的驱动栏中下载驱动程序，如图 6-7 所示。

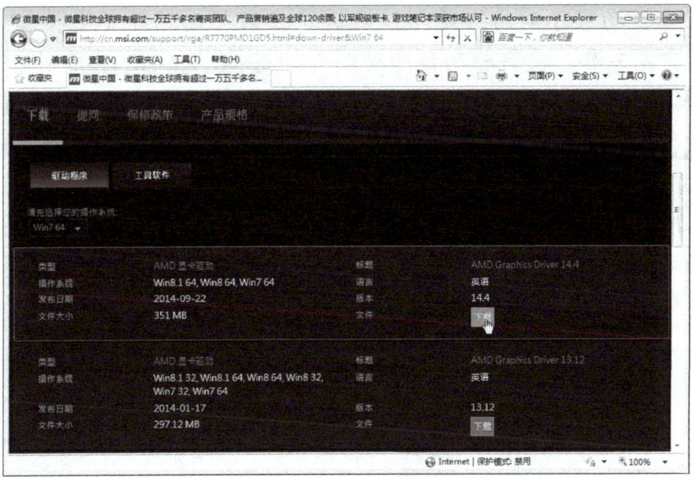

图 6-7　下载驱动

步骤 5：安装显卡驱动程序，如图 6-8 所示。

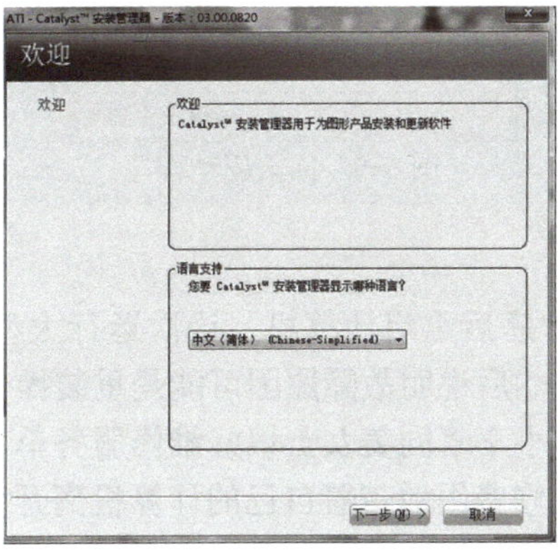

图 6-8　安装显卡驱动程序

经验分享

正确选择驱动程序

显卡的驱动程序是显卡的灵魂，它决定了显卡是否能正常工作、能否发挥高端显卡的特殊性能。Nvidia 和 AMD 非常重视显卡驱动程序的研发，几乎每个月都能推出一款升级驱动程序。升级显卡驱动程序到最新版本，不仅可以修正显卡中原来的显示程序，而且可以进一步挖掘显卡硬件的功能，使得部分硬件功能得到充分发挥。不过，最新的驱动程序是以优化最新显卡为目的的，并不适用于所有的显卡，因此挑选驱动程序时一定要注意以下几个方面的问题：

1）挑选的驱动程序必须是显卡发布以后发布的或和显卡同时发布的驱动程序，最好的驱动程序一般是在发售后一段时间才发布的。

2）挑选的驱动程序最好是经过生产厂商公开发布的驱动程序。但对于发烧友来说，也可以使用一些第三方提供的驱动程序或网络上某些人在官方驱动程序的基础上修改过的驱动程序。这些驱动程序的特点是不仅改进了公版驱动程序不支持超频的弱点，另外还大量集成了第三方工具，使得驱动程序功能更加完善，但也不排除存在 bug 的可能。

3）在安装或升级驱动程序时，首先要清楚显卡的型号，然后到有关厂商或大的驱动程序站点下载最新的显卡驱动程序。下载时，一定要注意型号的对应，同时要注意这个驱动程序对应的操作系统，如驱动程序版本是“For Windows XP”还是“For Windows 7”，否则可能在升级时出现意想不到的问题。

4）升级驱动程序后如果出现故障，也可以打开“设备管理器”中与“显示适配器”对应的显卡的“属性”面板，单击“驱动程序”选项卡中的“回滚驱动程序”按钮，如图 6-9 所示。

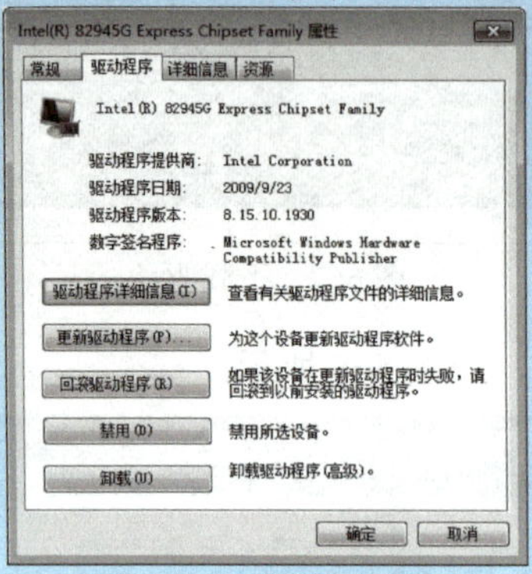

图 6-9　回滚驱动程序

3. 任务完成

小李在安装完显卡驱动程序后重启计算机，这次运行大型游戏就没有问题了。小李先让姜女士确认故障已经解决，然后说明故障原因可能是重装操作系统时没有安装好对应的显卡驱动程序而导致的。最后，小李陪同姜女士填好维修服务单，姜女士看到故障这么快就解决了，十分感谢小李，交完维修费用后带着自己的计算机离开了计算机公司。

任务评价

将学生分成小组，各小组选出组长。组长带领组员，针对不同故障的花屏现象进行诊断与解决，同时填写故障分析记录，见表 6-1。

表 6-1　故障分析记录

故障现象	
故障分析	
诊断方案	

根据各组学生的实际操作情况和记录表填写情况作出任务评价，并填入表 6-2。

表 6-2　显卡故障诊断与维护任务评价

<table>
<tr><th colspan="2">评 价 内 容</th><th>评 价 要 求</th><th>小 组 评 价</th><th>教 师 评 价</th></tr>
<tr><td colspan="2">知识掌握</td><td>显卡故障的产生原因</td><td></td><td></td></tr>
<tr><td rowspan="6">实际操作</td><td>故障现象</td><td>正确描述并记录</td><td></td><td></td></tr>
<tr><td>故障分析</td><td>完整阐述分析思路</td><td></td><td></td></tr>
<tr><td>诊断方案</td><td>制订诊断方案</td><td></td><td></td></tr>
<tr><td rowspan="3">故障解决</td><td>正确查看计算机显卡信息</td><td></td><td></td></tr>
<tr><td>正确清洁显卡的金手指</td><td></td><td></td></tr>
<tr><td>正确下载显卡驱动程序并安装</td><td></td><td></td></tr>
<tr><td colspan="3">教师建议：</td><td colspan="2">评价汇总：
A．优秀
B．良好
C．基本掌握</td></tr>
</table>

任务拓展

分析以下故障现象，制订解决方案。

1）计算机使用的是独立显卡，但最近发现显示器屏幕上总出现一些异常的杂点或图案。

✎ 诊断提示：

出现这种故障一般是因显卡的显存出现问题，或显卡与主板接触不良造成的。首先打开机箱，将显卡从插槽上取下，看看显卡的金手指上面是否被氧化或有污物，如有，则用干净橡皮轻轻擦拭显卡的金手指，将氧化物及污物全部擦干净后，重新插到主板上，并保证插好、插紧，再启动计算机，一般问题便能解决。若故障仍旧，则可能是显卡或显存出问题了，需更换显卡。

2）开机后，显示器无显示。

✎ 诊断提示：

此类故障一般是因为显卡与主板接触不良或主板插槽有问题造成的。这时就需打开机箱，检查显卡是否正确、紧密地插在主板的显卡插槽上，显卡 PCI-E 插槽内是否有异物，并且如果显卡使用的时间较长，则还要检查显卡的金手指是否被氧化或有污物，并用一块干净的橡皮将金手指擦干净。对于一些集成显卡的主板，如果显存共用主内存，则需注意内存条的位置，一般在第一个内存条插槽上应插有内存条。

另外，由于显卡原因造成的开机无显示故障，开机后一般会发出一长两短的蜂鸣声（对于 AWARD BIOS 显卡而言）。如果上述方法仍不能解决问题，则可以更换其他显卡进行测试。

3）现在的新显卡都支持 TV-OUT 功能，可以连接液晶电视作为显示器使用。阿明的计算机启动时可以在电视机屏幕上看到自检画面，但进入 Windows 操作系统后，电视机屏幕上的画面就定格了，好像死机一样。

✎ 诊断提示：

这是因分辨率和刷新率设置不正确造成的，可在系统显示属性的控制面板内将图像的分辨率和刷新率调低，如果还无法解决，则建议更换一台较新型号的电视机作为辅助显示设备。

4）为升级计算机便更换了显卡，运行了新显卡所带光盘的驱动程序安装文件，但重启计算机后发现，在 Windows 操作系统中只能使用 640×480 的分辨率和 16 色显示。重新安装了驱动程序，故障依旧。

↳ 诊断提示：

根据现象分析，可能是新旧显卡的驱动程序发生了冲突，导致系统不能正确使用显卡。对于此问题，建议进入安全模式，卸载原驱动程序，然后通过“设备管理器”指定显卡驱动程序安装文件的存放路径，再根据操作系统的安装向导逐步安装驱动程序。重新启动计算机后，即可调整显示分辨率。

5）一台计算机一直使用 CPU 集成的显卡，该主板预留 PCI-E 插槽，最近购买了一块二手 AMD REDEON HD 4830 显卡，插入主板，启动计算机，计算机无信号输出。

↳ 诊断提示：

建议重新启动计算机，按 <Delete> 键进入主板 BIOS，将主板自带显示功能设置屏蔽后，保存退出，问题可能得到解决。

知识储备

显卡的超频

1）什么是超频？

计算机的超频就是通过计算机操作者的超频方式将 CPU、显卡、内存等硬件的工作频率提高，让它们在高于其额定的频率状态下稳定工作，以提高计算机的工作速度。超频的英文名称是“Over Clock”，是一种通过调整硬件设置提高芯片的主频来获得超过额定频率性能的技术手段。如果主板支持可超频的 CPU（如 Intel 酷睿 i5 4690K），则一般可以通过在 BIOS 中改变 CPU 倍频进行超频，如果系统可以稳定运行，则完成了一次成功的超频。

2）显卡超频软件的使用。

Windows 下的显卡超频软件有很多，针对 N 卡的有 EVGA Precision 和 Riva Tuner 等，针对 A 卡的有 ATI Tool 和 AMD Overdrive 等，这里以 Riva Tuner 为例，讲解显卡超频软件的使用方法。

下载并运行软件后，首先在“Setting”选项卡里重新设置语言为简体中文，如图 6-10 所示。

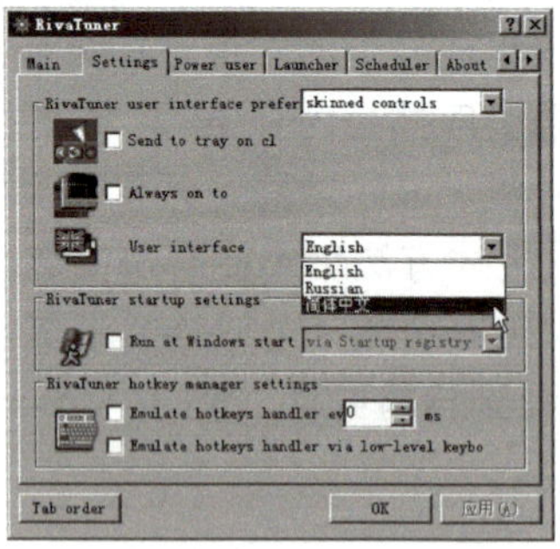

图 6-10　更改软件语言

单击“主页”选项卡里中间的“驱动设置”栏右边的“自定义”，这时会出现 5 个图标，单击第一个“系统设置”图标，如图 6-11 所示。

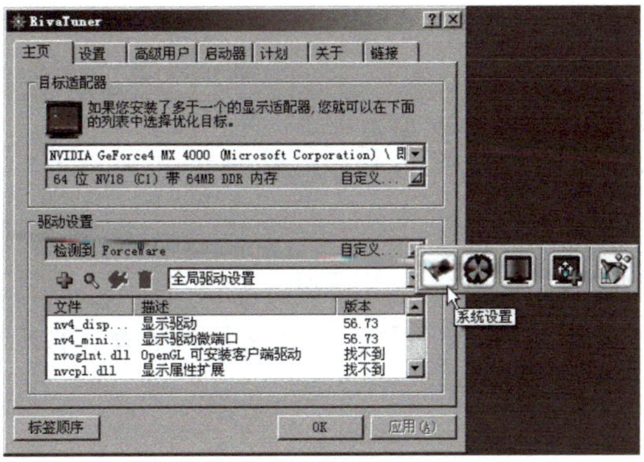

图 6-11　单击“系统设置”图标

在弹出的“系统优化”对话框中选择“超频”选项卡，勾择“开启驱动级硬件超频”复选框，会弹出是否重新启动的提示框，这里不重启，单击“立即检测”按钮，如图 6-12 所示。

此时，将“核心时钟”和“内存时钟”向右调整，最后单击“确定”按钮即可实现超频，如图 6-13 所示。

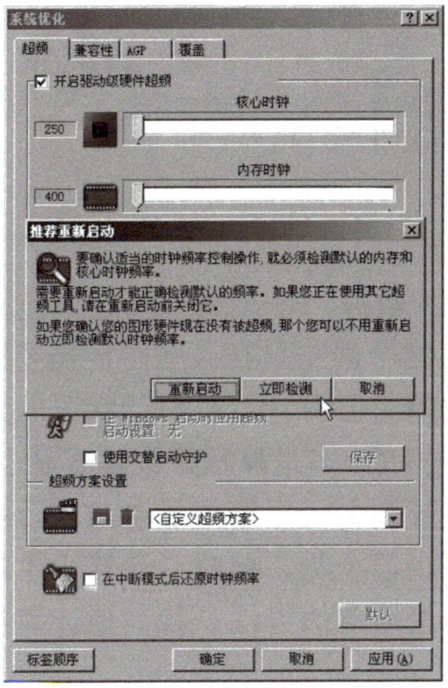

图 6-12　开启驱动级硬件超频

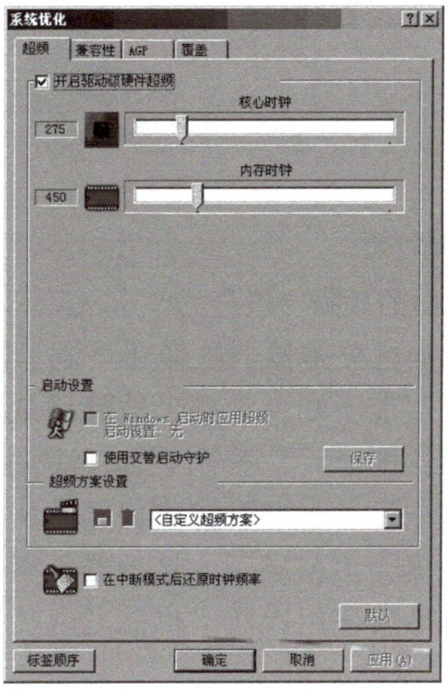

图 6-13　设置超频

任务 2　显示器故障诊断与维护

任务情境

50 岁的陈女士刚买了一台 21.5in（1in ≈ 2.54cm）的宽屏液晶显示器，使用一段时间后觉得网页显示的字和桌面图标都太小了，于是调整分辨率为“1600×900”，现在图标放大了，但是显示效果却很模糊。陈女士只好将计算机拿到计算机公司进行售后服务，小李为她诊断并解决计算机故障。

情境对话：

小　李：您好，您的计算机有什么问题吗？

陈女士：我这显示器也看不清楚啊。

小　李：显示器买多久了？

陈女士：刚在你们这买的，还没一个礼拜呢。

小　李：您别着急，我们这款显示器有七天包退包换服务，我先给您看看是什么问题吧。

陈女士：好。

任务分析

1. 观察现象

小李将陈女士的计算机通电开机，观察显示器，发现显示器确实有文字不清晰的现象，如图 6-14 所示。小李将故障现象记录好后开始分析和解决。

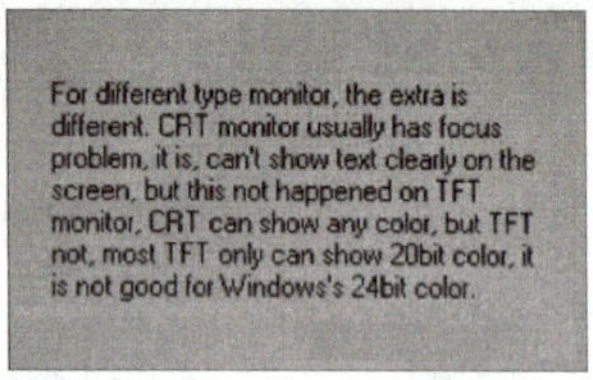

图 6-14　文字显示虚化

2. 故障分析

显示方面的故障一般分为显卡故障和显示器故障两种。

（1）如何区分是显卡故障还是显示器故障　这个问题只在某些时候需要区分，如开机黑屏时，可能不知道是显卡故障还是显示器故障。但看计算机启动状况就知道，如果看到主机端各种指示灯逐个闪亮，则说明主机端是好的，多是显示器故障或显卡接触不良，关机后插拔一下显卡即可解决问题。此时，如果听到主板报警是显卡故障，就自然区分两者究竟是哪个出问题了。显示器不亮故障通常也很少见，此时，计算机主机端不会一直工作，这个阶段用诊断卡也能发现显卡问题。最简单的方法是找其他计算机试一下显示器即可。

（2）黑屏时检查显示器故障的诀窍　开机黑屏时，区分显示器与显卡故障比较困难，在插紧显示器与显卡连线接口后，可先按显卡故障处理。实际上，不易检验显示器时，可采用笔记本电脑的外接显示器接口来连接显示器，可快速判断显示器故障。即使没有笔记本式计算机，因为黑屏，不知道主机是否正在完好运行，可按键盘上的 <Num Lock> 键，如果此时 Num Lock 灯亮，则表示主机启动正常，显卡无严重故障。

（3）显示器常见故障的原因与诊断方法　液晶显示器一般也不会出现故障，出现故障后用户可以通过简单的故障诊断方法来诊断出现故障的原因。一般简单故障可以很快修复，如遇复杂原因，往往只能送到专业维修点进行维修。

常见液晶显示器故障诊断与排除方法见表 6-3。

表 6-3 常见液晶显示器故障诊断与排除方法

故障现象	故障原因及排除方法
电源指示灯不亮	先检查电源线是否插紧，检查显示器的电源开关是否打开
电源指示灯呈橙色，不断闪动	检查显卡与显示器相连的信号线缆是否连接完好
申源灯呈绿色，画面黑屏	检查输入信号频率是否在显示器的扫描频率范围内
画面不在屏幕中央或大小不合适	按下显示器上的 Auto 键让显示器自行调节，直到看到满意的效果即可
图像出现重影	可能是显示器的连接线有问题或质量较差，尝试更换连接线即可

任务实施

1．故障判断

小李决定先检查显示器的外部连线，有时显示连接线或转接口接触不良可能导致显示不清楚；其次检查显示属性的设置，如分辨率、刷新率等；最后再考虑显示器本身的原因，如果是显示器聚焦失调或显像管老化导致，则只能将显示器返厂维修或更换显示器了。

小贴士

显示器的点距

现在绝大多数用户都使用液晶显示器，这类显示器与老式的 CRT 显示器不同。显卡输出的分辨率和该液晶面板的固有分辨率相同时，显示效果最好，所谓“点对点”显示。点距和字体的大小成正比，像素点距小了，文字就会变小。不同尺寸面板的分辨率的点距不同，所显示的字体大小也不同。要使用最佳分辨率才能保证有最清晰的文字显示。目前，主流液晶显示器的分辨率和点距见表 6-4。

表 6-4 主流液晶显示器的分辨率和点距

液晶显示器尺寸 /in	屏幕比例	最佳分辨率 /px	点距 /mm
19	16:10	1440×900	0.285
22	16:10	1680×1050	0.282
18.5	16:9	1360×768	0.300
21.5	16:9	1920×1080	0.248
23	16:9	1920×1080	0.265
23.6	16:9	1920×1080	0.272
24	16:9	1920×1080	0.276
27	16:9	1920×1080	0.311

液晶显示器点距越小，分辨率越高，画面精细度越高，比较适合用于游戏和电影。但是，上网、收发邮件以及文字处理时点距过小容易造成眼睛疲劳。一般认为点距在 0.27 ～ 0.30mm 之间是比较适合办公应用的。

2．故障解决

在桌面上单击鼠标右键，在弹出的快捷菜单中选择“屏幕分辨率”命令，如图 6-15 所示。

在弹出的“屏幕分辨率”窗口中将分辨率调整为“1920×1080（推荐）”，如图 6-16 所示。

图 6-15 选择“屏幕分辨率”命令

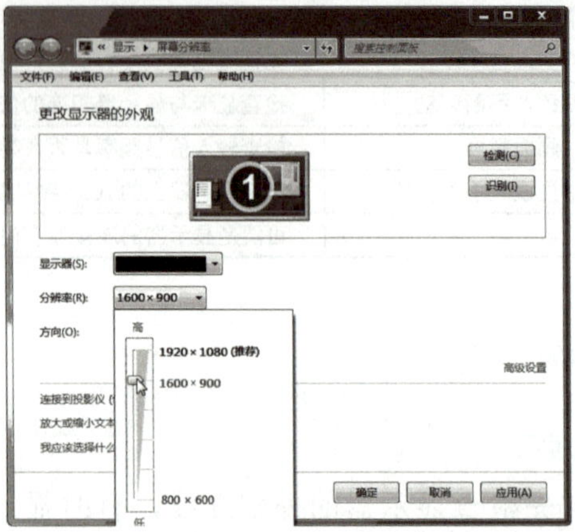

图 6-16 更改分辨率

另外，如果感觉桌面上的字体偏小，则可以单击“屏幕分辨率”窗口下方的“放大或缩小文本和其他项目”，会弹出“显示”窗口，选中“中等（M）-125%”单选按钮即可，如图 6-17 所示。

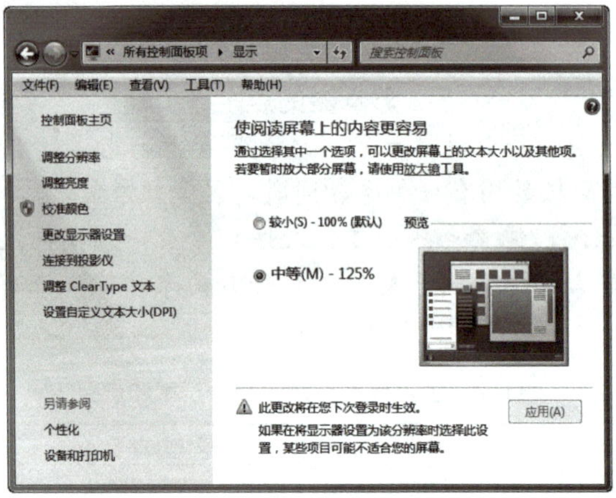

图 6-17 设置屏幕上的文本大小

3. 任务完成

经小李调整后，显示效果好了很多，小李询问得知，陈女士主要用计算机办公，于是向陈女士阐明了故障原因，并建议她更换点距更大的显示器，陈女士选择了一款 24in16:9 的液晶显示器，且很满意新显示器的显示效果。最后陈女士补足了显示器的差价，带着自己的机箱和新的显示器离开了。

任务评价

将学生分成小组，各小组选出组长。组长带领组员，针对不同显示故障的计算机进行诊断与解决，同时填写故障分析记录，见表 6-5。

表 6-5　故障分析记录

故障现象	
故障分析	
诊断方案	

根据各组学生的实际操作情况和记录表填写情况作出任务评价，并填入表 6-6。

表 6-6　显示器故障诊断与维护任务评价

评价内容		评价要求	小组评价	教师评价
知识掌握		常见液晶显示器故障的现象与诊断方法		
实际操作	故障现象	正确描述并记录		
	故障分析	完整阐述分析思路		
	诊断方案	制订诊断方案		
	故障解决	正确连接显示器的线缆		
		正确设置显示器的分辨率		
教师建议：			评价汇总： A. 优秀 B. 良好 C. 基本掌握	

任务拓展

分析以下故障现象，制订解决方案。

1）小王马上就买新计算机了，听同学说他使用的液晶显示器“漏光”问题很严重，不知道有没有不漏光的机型，如何检查液晶显示器是否漏光？

✎ 诊断提示：

液晶显示器上的所谓的“漏光”问题，是指将液晶显示器的亮度和对比度调整到最低值。在黑暗的环境下，以黑色为背景，观察显示器上下左右边缘部分是否有较明显的发白现象、在显示器边框的缝隙中是否有光线透出。受液晶显示器的原理所限，目前几乎所有的主流液晶显示器都会有一定的“漏光”问题，所以只能由厂商在设计制造时尽量避免。

选购时，可在目测对比后选择漏光现象较轻的机型。在不明显影响显示效果的情况下，大多数液晶显示器的漏光问题都可忽略不计。

2）刚买的显示器，回家连接到计算机上发现用于自动调整的 AUTO 键失灵了，按下后显示器出现对话框提示“自动调整不可用”，但买时是正常的。

✎ 诊断提示：

“自动调整”功能就是液晶显示器对输入信号进行分析后自动调节为最佳的显示状态。

但这种功能只能使用在模拟信号上，如果液晶显示器接到DVI接口上，那么数字信号就会直接输出到显示器上并显示出来，调节键就“失灵”了。

3）显示器屏幕抖动。

↳ 诊断提示：

显示器的抖动会造成计算机使用者眼睛的疲劳，久而久之还会给计算机使用者带来眼疾，造成此类故障的原因有以下几个方面：

① 劣质电源或电源设备已经老化。往往杂牌计算机电源所使用的元器件、用料都是很差的，很容易造成计算机的电路不畅或供电能力跟不上，当系统繁忙时，显示器尤其会出现屏幕抖动的现象。计算机的电源设备开始老化时，也容易造成相同的问题。

② 显示器刷新频率设置不正确。把显示器的分辨率和刷新率设置得偏高或过低也可能造成此类故障，此时可以尝试将分辨率和刷新率设置成中间值（注：长期工作于超频状态会使某些元器件老化而出现此故障，且故障点比较难查找）。

③ 显卡接触不良。重插显卡后，故障即可得到解决。

④ 病毒作怪。有些计算机病毒会扰乱屏幕显示。

⑤ Windows操作系统后写缓存引起。Windows 95/98操作系统中有驱动器后写缓存选项，如果属于这种原因，则可在“控制面板”→“系统”→“性能”→“文件系统”→“疑难解答”中禁用该选项，故障即可得到解决。

⑥ 电源滤波电容损坏。打开机箱，如果看到电源滤波电容（电路板上最大的电容）顶部鼓起，则说明电容已坏，换个电容问题即解决。

⑦ 音箱与显示器放得太近。有些音箱的磁场效应会干扰显示器的正常工作。

⑧ 电源变压器离显示器和机箱太近。许多外设电源变压器（如扫描仪、打印机等）工作时会造成较大的电磁干扰，造成屏幕抖动。把电源变压器放在远离机箱和显示器的地方，问题即可解决。

4）显示器有“打火”声。

↳ 诊断提示：

可能因显示器内部潮湿导致的，也有可能是电子元器件接触不良造成的。多数发生在显示器的高压包部分。出现这种问题后一定要马上修理。

5）一台才配了半个月的计算机，最近液晶显示器的四周出现了黑边，在显示器自带菜单中进行设置也不能恢复。只要一打开电源，黑边就存在。

↳ 诊断提示：

可以做个小测试来看黑边是属于显示器损坏还是设置问题。首先把屏幕调到大概满屏的状态。然后打开一个窗口，将其最大化，观察屏幕上是否显示了窗口的全部内容。如果显示了全部内容，则是显示器设置问题；如果不能显示完整内容，则是显示器损坏，需要由专业人员来维修。

6）液晶显示器出现水波纹和花屏。

↳ 诊断提示：

首先要做的事情就是仔细检查计算机周边是否存在电磁干扰源，然后更换一块显卡，或将显示器接到另一台计算机上，确认显卡本身没有问题，再调整刷新频率。如果排除以上原因，则很可能就是该液晶显示器的质量问题了，如存在热稳定性不好的问题。出现水波纹是液晶显示器比较常见的质量问题，自己无法解决，建议尽快更换或送修。

有些液晶显示器在启动时会出现花屏问题，给人的感觉就好像有高频电磁干扰一样，屏幕上的字迹非常模糊且呈锯齿状。这种现象一般是由于显卡上没有数字接口，而通过内部的数字/模拟转换电路与显卡的VGA接口相连接。这种连接形式虽然解决了信号匹配的问题，但它又带来了容易受到干扰而出现失真的问题。究其原因，主要是因为液晶显示器本身的时钟频率很难与输入模拟信号的时钟频率保持100%的同步，特别是在模拟同步信号频率不断变化的时候，如果此时液晶显示器的同步电路，或与显卡同步信号连接的传输线路出现了短路或接触不良等问题，而不能及时调整、跟进以保持必要的同步关系，则会出现花屏的问题。

知识储备

显示器的保养

1）如何清洁显示器屏幕？

现在的主流显示器是液晶显示器，对于液晶显示器的保养，最为重要的是擦拭屏幕。在清理液晶显示器屏幕时，许多人用手和粗糙的毛巾擦拭，这是不正确的，容易划伤液晶显示屏。此外，有的人用干燥的眼镜布擦拭屏幕，这也是不可取的，因为眼镜布本身带有许多灰尘，所以建议也不要使用。正确的清洁方法如下：

第一，应购买专门的清洁工具，如专用的液晶屏幕清洁套装。

第二，在清洁显示器前，一定要将显示器的电源关闭，并拔下显示器的电源线。

第三，用喷有清洁剂的清洁软布擦拭屏幕时，软布不要攥成一团，而要保持平整，用力均匀，顺同一方向轻轻擦拭。

第四，在清洁屏幕时，不要用手触摸液晶显示器屏幕，以免划伤保护层或损害显示器的液晶面板，使显示效果大大降低。

2）显示器如何防尘？

由于显示器内的电压高达10～30kV，很容易将空气中的灰尘吸进来。灰尘对计算机的影响是很明显的，灰尘的长时间积累会导致电子元件的散热受到阻碍，使得电路板的温度上升，进而烧坏电子元器件。灰尘也可能吸收空气中的水分，腐蚀电路板上面的电路，造成断路，使显示器无法正常工作。

对于显示器来说，防尘也十分重要，首先一定要保持计算机周围的环境卫生。其次，可以给显示器购买一个专用的防尘罩，每次使用完计算机后，及时地给计算机套上防尘罩，防止灰尘进入显示器，以增加计算机的使用寿命。

3）显示器如何防磁避振？

防磁主要指防止电磁场的干扰，就是通常所说的环境中的电流、电压产生的电磁干扰。显示器的电磁干扰主要来自于各种电子元器件、导线、散热风扇、接头、日光灯、电冰箱和电风扇等耗电量较大的家用电器以及自然中的雷电。特别是，手机对显示器的电磁干扰特别大。这些器件产生的电磁干扰，如果一直持续不断，则可能造成显示器的显示混乱。一旦发现显示器被磁化，应立即将产生电磁干扰的物体搬离显示器周边，并且立刻对显示器进行消磁。

另外，振动同样会对显示器造成严重的伤害，一定要将显示器水平放置，且尽量不要在显示器正在工作时，挪动显示器，长距离移动显示器时，一定要使用包装箱和专用的塑料泡沫，以免损坏屏幕和电子元器件。

4）如何处理显示器连接线插头的插针弯曲？

如果插针稍微有点弯曲，则可使用小刀或镊子进行校正，然后再将插头插到显卡的输出端上进行精确校正。如果插针弯曲厉害，则可先使用尖嘴钳进行校正，然后使用小刀或镊子进行校正，最后再将插头插到显卡的输出端上进行精确校正。但是在校正过程中一定要小心，千万不要将已经弯曲的插针拧断。

项目总结

本项目通过对显卡和显示器故障的诊断与维护的典型案例的介绍，使学生掌握下载安装显卡驱动程序、显卡超频和显示器保养等相关知识，具备针对计算机显卡和显示器基本故障解决的能力。

1. 维修要点

1）维修人员要了解计算机出现花屏和黑屏现象的原因，以助于检测与排除故障。

2）维修人员应了解各主流显卡和显示器的主要参数，能够查找并下载显卡驱动程序。

3）维修人员要善于积累经验，以便迅速、准确地找到故障部位并排除故障。

4）维修人员应注意积累计算机硬件的日常维护技巧。

2. 解决思路

1）显卡故障的解决思路如图 6-18 所示。

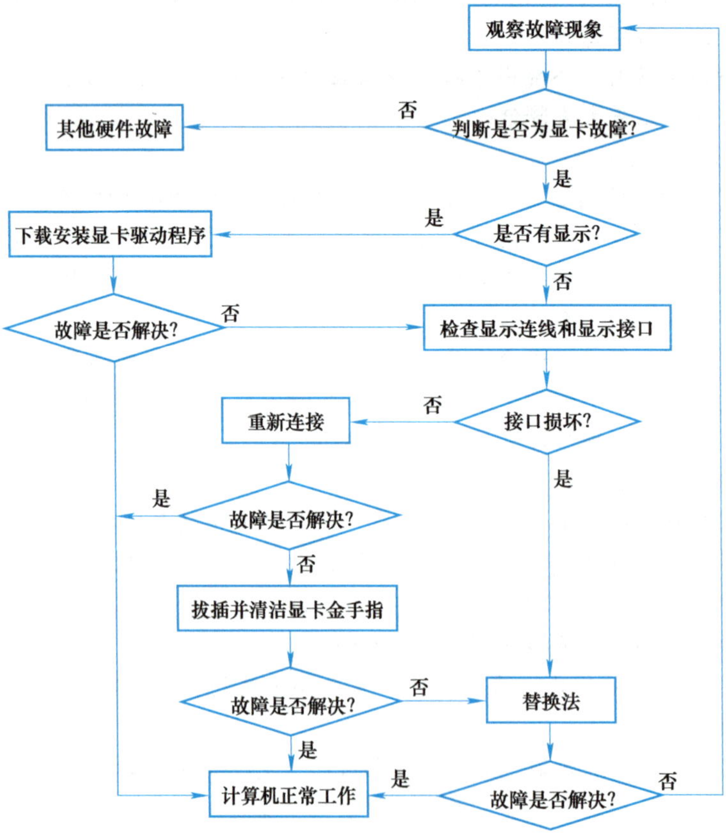

图 6-18　显卡故障的解决思路

2）显示器故障的解决思路如图 6-19 所示。

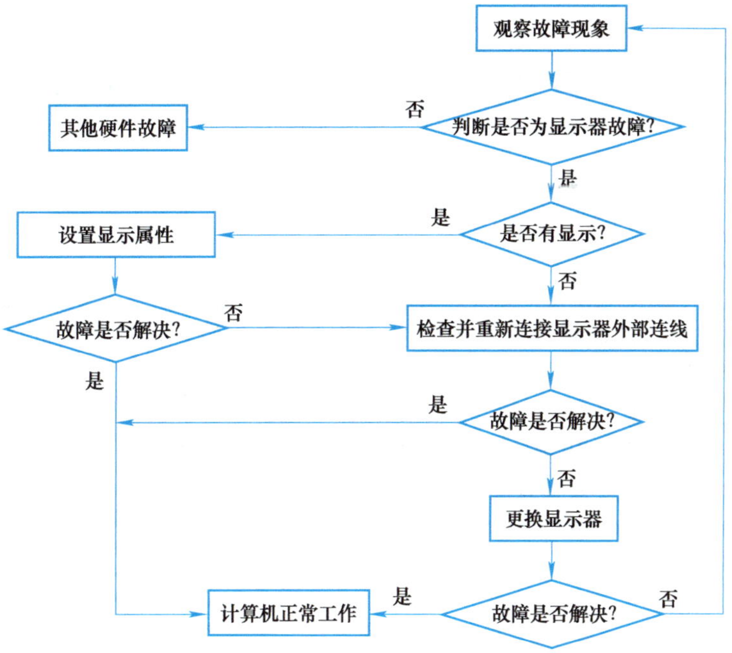

图 6-19　显示器故障的解决思路

项目7 存储设备故障诊断与维护

项目情境

小李在硬件售后服务部遇到过各种各样的计算机故障，最近计算机存储设备方面的故障很多，小李也都一一解决了。

近年来，无论硬盘还是U盘，相关技术进步得都非常快。计算机用户在追求更大容量的同时，存储设备出现的故障也经常困扰着他们。小李经常为用户排忧解难，他最愿意看到的是故障解决时客户满意的笑脸。

项目概述

用户的数据信息都存储在计算机的存储设备中，典型的存储设备——硬盘和U盘发生故障的概率较高，学会对硬盘和U盘故障进行正确判断，掌握常见的硬盘和U盘故障诊断方法及排除方法，对所有维护人员来说都相当重要。

本项目中主要通过两个典型案例分别介绍硬盘和U盘故障的解决思路和方法。其中，硬盘出现坏道可从使用检测工具检测坏道情况入手，而U盘无法识别的故障则可通过U盘量产的方式来解决。

学习目标

知识目标：

1. 了解硬盘故障产生的原因；
2. 掌握硬盘和U盘故障的检测流程；
3. 掌握使用DiskGenius检测硬盘坏道情况的方法。

能力目标：

1. 能够观察并正确记录硬盘和U盘故障的现象；
2. 能够根据故障现象进行分析和解决；
3. 能够使用U盘量产工具量产对应的U盘。

情感目标：

1. 能够与客户交流，了解故障现象；
2. 能够与客户沟通，确定故障解决方案；
3. 对于不熟悉的内容，能够查阅相关资料进行工作。

任务 1　硬盘故障诊断与维护

任务情境

钱先生的计算机开机后无法进入系统，钱先生将计算机拿到了计算机公司进行维修。硬件售后服务部的小李为他服务，诊断并解决计算机故障。

情境对话：

小　李：您好，您的计算机有什么问题吗？

钱先生：我的计算机进不去系统了。

小　李：计算机启动时卡在了什么地方？显示器上有显示么？

钱先生：开机不久就卡住了，出现了一些英文提示，我也看不懂。

小　李：计算机在出故障之前还有过哪些现象？

钱先生：最近有时系统会出现一些错误提示，运行也很慢，现在就根本进不去了。

小　李：请您填写维修服务单客户信息部分。

钱先生：好。

任务分析

1. 观察现象

小李开机观察以确认故障现象，开机后不久，屏幕上出现提示“DISK BOOT FAILURE, INSERT SYSTEM DISK AND PRESS ENTER”，如图 7-1 所示。小李记录好检测到的故障现象，开始着手解决。

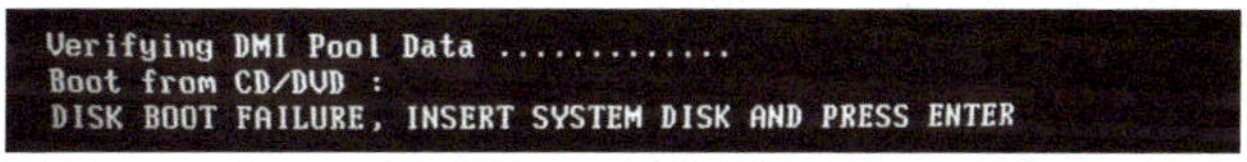

图 7-1　故障提示

2. 故障分析

由于屏幕提示找不到启动盘，且故障计算机开机后硬盘发出不正常的响声，所以首先考虑是该计算机的硬盘出了问题。

（1）硬盘常见故障的产生原因

1）硬盘出现坏道。硬盘出现坏道是常见的产生硬盘故障的原因之一。坏道有逻辑坏道和物理坏道两种，逻辑坏道为软坏道，可以通过软件来修复，后者为真正的物理坏道，一般来说只能通过专门的分区工具将其单独划分出来并隐藏，以使磁头不再读写该区域。

2）IDE 端口或跳线设置错误。IDE 端口或硬盘电缆出现问题，会导致系统无法从硬盘启动，并且使用 CMOS 中的自动检测功能也无法发现硬盘。另外，主从盘跳线设置不当也可能导致无法检测到硬盘。

3）CMOS 设置错误。CMOS 中的硬盘设置正确与否直接影响到硬盘能否正常使用。现在的主板都支持“IDE AUTO DETECT”功能，可以自动检测硬盘。但是，一旦 COMS 设置不当就会造成硬盘无法正常工作，如在 CMOS 中设置硬盘的类型小于硬盘的实际容量时，就会导致硬盘后面的扇区无法读写。

4）主引导程序引起的启动故障。主引导程序位于硬盘的主引导扇区，主要用于检测硬盘分区是否正确，并确定活动分区，负责把引导权移交给活动分区的操作系统。此段程序损坏将导致无法从硬盘中引导。

5）分区表发生错误。如果分区表中没有活动分区标志，则计算机无法启动。注意，如果某一分区类型错误，则可造成某一分区的数据丢失。

6）分区有效标志错误引发的故障。硬盘分区有效标志就是硬盘主引导扇区的最后两个字节，它们是硬盘主引导扇区的重要部分。注意，在启动过程中如果检测不到这两个字节，则认为对应硬盘不存在。

7）FAT 表引起的读写故障。FAT 表记录着硬盘数据的存储地址，每一个文件都有一组连接的 FAT 链，用于指定其存放的簇地址。注意，FAT 表损坏就意味着文件内容的丢失。

8）目录表损坏引起的引导故障。目录表记录着硬盘中的文件名数据，其中最重要的一项就是该文件起始簇号。由于目录表没有自动备份功能，所以目录表损坏会导致大量文件丢失。

（2）硬盘常见故障现象 硬盘常见故障现象见表 7-1。

表 7-1　硬盘常见故障现象

故 障 现 象	现象详细说明
出现 S.M.A.R.T 故障提示	这是硬盘厂家内置在硬盘中的自动检测功能在起作用，出现这种提示，表示硬盘有潜在的物理故障，很快就会出现不定期地不能正常使用的情况
在 Windows 操作系统启动时死机	出现这类故障后要找到故障原因相对比较复杂，首先应该排除其他部件出现问题的可能性，如内存质量低劣、风扇停转导致 CPU 温度过高或病毒破坏等，最后如果确定是硬盘故障导致的，则应尽快备份硬盘数据
运行应用程序出错	这种现象有可能是硬盘故障导致的，也有可能是 Windows 操作系统的软故障，如果排除了软件方面的问题，则可以肯定是硬盘出现了物理故障
磁盘扫描程序直接发现错误甚至是坏道	Windows 的检查程序会详细地报告磁盘错误和坏道情况
无法识别硬盘	在 BIOS 中找不到硬盘，或即使在 BIOS 中找到了硬盘，也无法用操作系统找到硬盘，这表示硬盘已经出现了较为严重的故障

在表 7-1 中，无法识别硬盘是最常见的硬盘故障现象，现在大多数版本的 BIOS 设置程序都支持自动检测硬盘。如果 BIOS 无法检测到硬盘，则可以通过表 7-2 所示的方法进行分析及解决。

表 7-2　BIOS 无法检测到硬盘的解决方法

故 障 原 因	排 除 方 法
硬盘未正确连接	检查硬盘的数据线以及电源线是否连接正确，检查时需要谨慎仔细，有可能表面上看着连接正确，但实际可能未连接到位
跳线未正确设置	如果一条 IDE 数据线上了两个硬盘，或一个硬盘一个光驱，那么需要将其中的一个设置为主盘（Master），另外一个设置为从盘（Slave），如果两个都设置为主盘或两个都设置成从盘，则这时 BIOS 便无法正确检测到硬盘信息。最好的解决方法是分别用两根数据线连接两个设备
硬盘与光驱接在同一个 IDE 接口上	一般情况下，只要设置正确，将硬盘和光驱接在同一个 IDE 接口上都会相安无事，但可能有些新式光驱会与老式硬盘发生冲突，因此还是分开接比较好
硬盘接口或主板接口损坏	如果硬盘处于正确安装状态，而且路线也设置正确，但是 BIOS 仍然检测不到硬盘，那么最大的可能就是接口发生了故障，其才有可能是硬盘故障，可以采取交换法来检查故障的具体原因

如果硬盘的故障相当严重且不能用上述的一些方法处理，则很可能是机械故障。由于硬盘的结构相当复杂，所以不建议用户自己拆卸，应求助于专业人员予以维修。

任务实施

1．故障判断

故障提示“DISK BOOT FAILURE，INSERT SYSTEM DISK AND PRESS ENTER”意为“磁盘引导失败，插入系统盘”。小李决定首先进入 BIOS 设置程序，看一看能否检测到硬盘。

1）在 BIOS 中都没有找到硬盘，可能是以下原因造成的：

① 硬盘电源没有加上或连接不好，或硬盘的数据线没有连接好，也可以尝试交换数据线插座。

② 硬盘接口电路有问题，可以把这个硬盘安装到其他计算机上试试。

2）在 BIOS 中能够看到硬盘，但不能成功启动系统，可能是以下原因造成的：

① 硬盘是一个“白”盘，即没有分区和格式化，系统无法识别。

② 系统被破坏，不能启动系统。

③ 硬盘驱动器有严重的物理损坏，如硬盘控制器或其他部件等被损坏。

知识储备：硬盘存在坏道的表现

如果硬盘出现故障，那么最好尽早发现并及时采取正确的措施。如果等到“病入膏肓”时，硬盘中宝贵的数据就难以幸免了。硬盘存在坏道的表现主要有以下几种：

1）在打开、运行或复制某个文件时硬盘出现操作速度变慢，且有可能长时间操作还不成功，或表现为长时间死“啃”某一区域，或同时出现硬盘读盘异响，或干脆 Windows 操作系统提示“无法读取或写入该文件”，这些都表明硬盘某部分出现了坏道。

2）每次开机时 SCAN DISK 磁盘程序自动运行，肯定表明硬盘上有需要修复的重要错误，例如坏道，在运行该程序时如不能顺利通过，则表明硬盘肯定有坏道，当然扫描虽然也可通过，但出现红色的“B”标记，表明也有坏道。

3）计算机启动时硬盘无法引导，用软盘或光盘启动后可看见硬盘盘符，但无法对该区进行操作或操作有误或不显示盘符，都表明硬盘上可能出现了坏道。具体表现如开机自检过程中，屏幕提示“Hard disk drive failure”“Hard drive controller failure”或类似信息，则可以判断为硬盘驱动器或硬盘控制器硬件故障；读写硬盘时提示“Sector not found”或“General error in reading drive C”等类似错误信息，则表明硬盘磁道出现了物理损伤。

4）计算机在正常运行中出现死机或“该文件损坏”等问题，也可能与硬盘坏道有关。

小李发现 BIOS 中可以识别硬盘，所以打算先给用户重装操作系统，但安装过程非常慢，因此硬盘有坏道的可能性很大，小李决定中断安装，检测硬盘坏道，具体步骤如下。

步骤 1：使用启动 U 盘，进入 Windows PE，启动分区工具软件 DiskGenius，执行“硬盘”→“坏道检测与修复”命令，如图 7-2 所示。

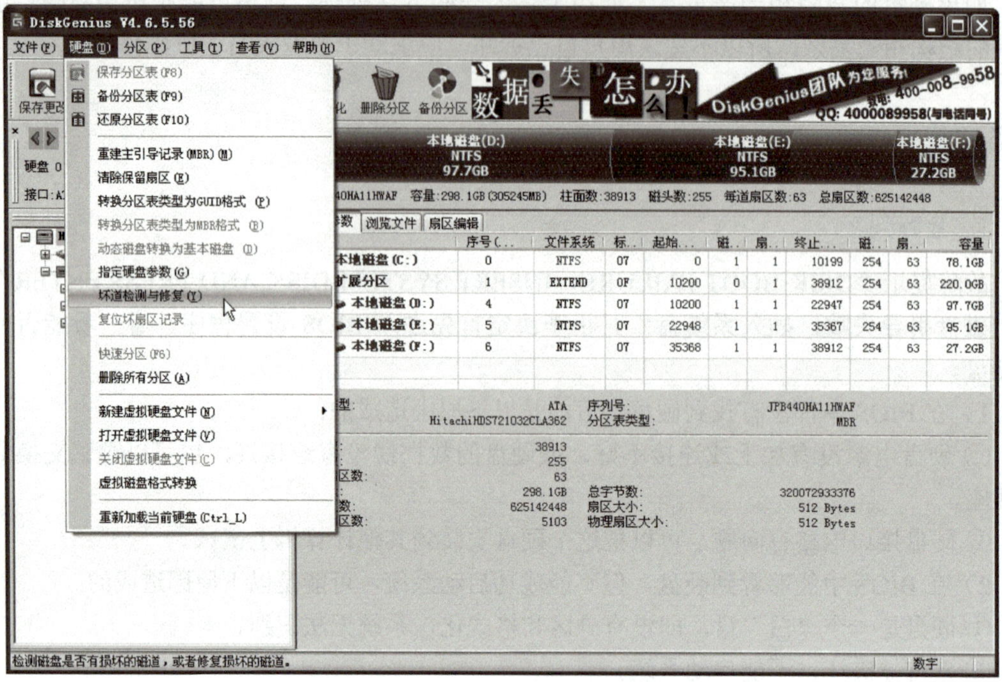

图 7-2　选择“坏道检测与修复”

步骤 2：在弹出的“坏道检测与修复”对话框中选择要检查的硬盘，设定检测范围（柱面范围）。单击“开始检测”按钮，软件即开始检测坏道。发现坏道时会将坏道情况显示在此对话框中，如图 7-3 所示。

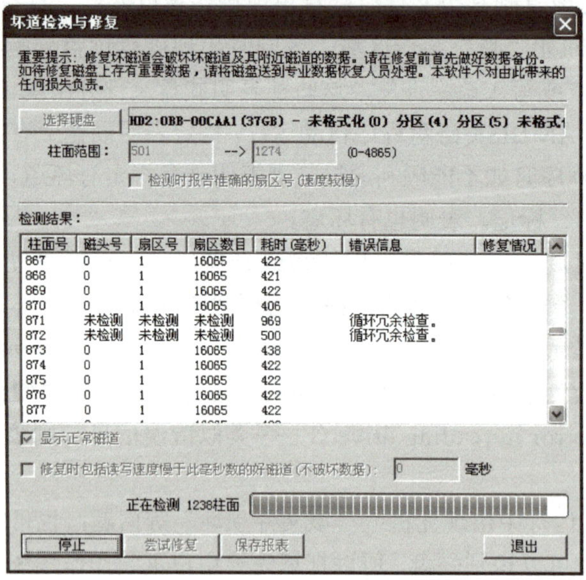

图 7-3　“坏道检测与修复”对话框

当在检测过程中遇到坏道时，检测速度会变慢。检测完毕后，软件报告检测到的坏道数目，如图 7-4 所示。

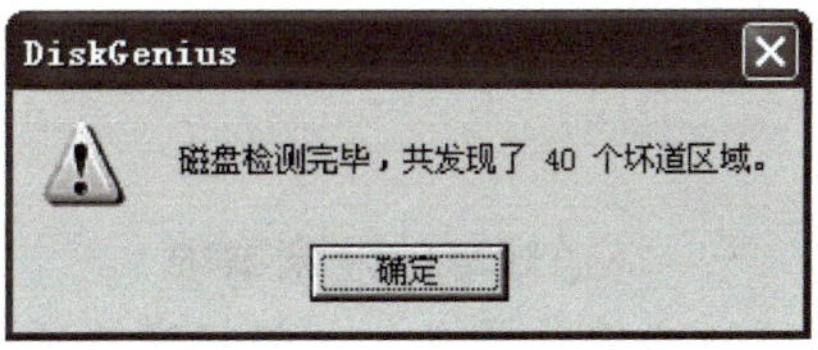

图 7-4　坏道检测结果

步骤 3：检测完成后，可以单击“保存报表”按钮，将检测结果保存到一个文本文件中，以备查用。

2．故障解决

硬盘坏道分为逻辑坏道和物理坏道两种，前者为软坏道，通常因软件操作或使用不当造成，可用软件修复；后者为真正的物理性坏道，它表明硬盘磁道上产生了物理损伤，只能通过更改硬盘分区或扇区的使用情况来解决。

（1）修复逻辑坏道　借助 Windows 中的磁盘工具就能轻松地修复逻辑坏道，具体的方法是：进入“我的电脑”窗口，右键单击出现坏道的磁盘分区的图标，在弹出的快捷菜单中选择“属性”命令，打开磁盘驱动器的“属性”对话框，选择“工具”选项卡，单击“查错”选项组中的“开始检查”按钮，如图 7-5 所示。

在出现的“检查磁盘”对话框中选择“扫描并试图恢复坏扇区”复选框，然后单击“开始”按钮即可，如图 7-6 所示。

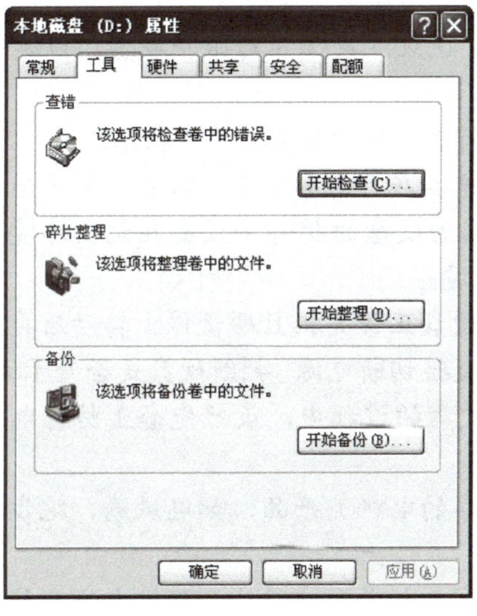

图 7-5　“工具”选项卡中的“查错”选项组

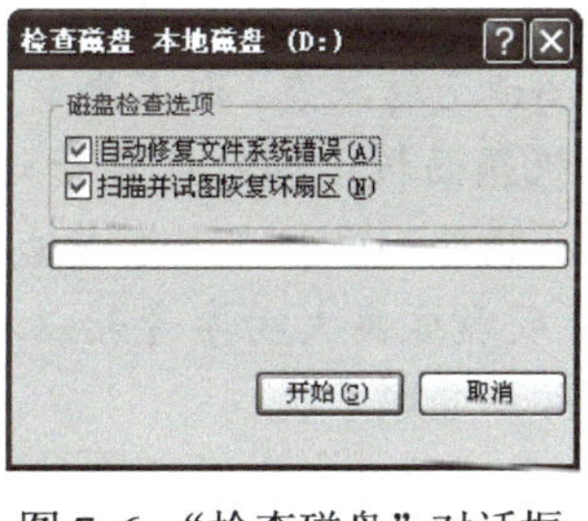

图 7-6　“检查磁盘”对话框

在查错过程中，系统一旦发现坏道就会提示用户是否修复，用户按照提示进行操作即可完成坏道的修复。

（2）屏蔽物理坏道　产生逻辑坏道时一般不会严重影响使用，因此如果严重影响到使用，则很可能是产生了物理坏道。物理坏道的修复就比逻辑坏道的修复要困难得多了，一般情况下只能将坏道尽量地放到一个分区上，然后将这个分区隐藏，然后就可以正常使用其他扇区了。在用分区软件重新划分分区时，注意要在坏道附近多划出一些空间，然后再对剩余的空间进行分区和格式化就可以了。

经验分享

坏道修复的注意事项

很多分区软件都有坏道检测与修复的功能。但坏道修复会破坏坏道附近的数据。在可能的情况下，一定要先对磁盘数据进行备份。如果坏道区域存有重要数据，则先不要尝试修复坏道，而应将硬盘送到专业的数据恢复中心恢复数据。坏道修复会破坏数据，而不是恢复数据。另外，为了数据安全，建议不再使用已出现坏道的磁盘，即使坏道已经修复，尤其不要在其上存放重要数据。

3．任务完成

小李在钱先生确认硬盘中无重要文件后，利用 DiskGenius 对硬盘坏道进行了修复，并重新安装了 Windows 操作系统。小李告诉了钱先生硬盘日常维护的要点，最后陪同钱先生填好维修服务单并交款，钱先生看到故障这么快就解决了，满意地带着自己的计算机离开了计算机公司。

温馨提示

如何保养维护硬盘

硬盘是计算机的存储设备，也是计算机的数据仓库，所有的文件都存储在硬盘里。如果硬盘出现故障，则很可能丢失数据。所以，用户如果发现硬盘出现运行不稳定的情况，则应及时备份重要数据。在平时使用硬盘时，也应注意保养与维护硬盘，以延长其使用寿命。硬盘的日常维护与保养方法如下：

1）使用硬盘时，应将硬盘牢牢固定在机箱中，且使其保持平衡状态。

2）硬盘是非常精密的计算机硬件，应避免其在有烟雾、灰尘较重、不适当温度和湿度的环境下工作。普通用户切忌拆卸硬盘，因为硬盘的拆卸必须要在无尘环境下进行，对于普通用户来说，根本不可能制造出无尘环境。

3）当需要移动机箱或硬盘时，最好是在硬盘正常关机且磁盘停止转动后再移动。若硬盘处于高速运转状态，则不要重启计算机或直接切断电源。判断硬盘是否处于运转状态，可以查看机箱面板上的红色指示灯。在移动硬盘的过程中，最好先套上防静电袋，然后用泡沫塑料袋外加保护，以尽量减少震动。

4）让硬盘远离大功率音箱以及中、高功率的电机类产品，如电风扇、跑步机等高磁物品，以防止电磁干扰。

5）电压不稳定也会对硬盘造成很大的伤害，如果用户所处的环境电压不稳定，则可以考虑配备一个 UPS 电源，以保障稳定的工作环境。

6）硬盘安装到机箱中后，应确保硬盘的周边空间空旷。因为硬盘在工作时会持续散发热量，而且大部分热量都是通过硬盘的上下两个表面散发出来的，所以应保留足够的上下空间。

7）尽量避免长时间不停地读写硬盘。可以考虑通过增加内存的方式，避免系统使用硬盘做文件交换区而不停地读写硬盘。

8）定期地进行磁盘扫描和硬盘整理工作。值得注意的是，硬盘整理的次数不宜太频繁，过于频繁反而易造成硬盘的损坏。整理间隔应根据硬盘的使用情况来定，如果硬盘使用率不是很高，则一般两三个月整理一次即可。

任务评价

将学生分成小组，各小组选出组长。组长带领组员，针对不同计算机的硬盘故障现象进行诊断与解决，同时填写故障分析记录，见表 7-3。

表 7-3　故障分析记录

故障现象	
故障分析	
诊断方案	

根据各组学生的实际操作情况和记录表填写情况作出任务评价，并填入表 7-4。

表 7-4　硬盘故障诊断与维护任务评价

评价内容		评价要求	小组评价	教师评价
知识掌握		简述硬盘故障产生的原因		
		简述硬盘日常维护的要点		
实际操作	故障现象	正确描述并记录		
	故障分析	完整阐述分析思路		
	诊断方案	制订诊断方案		
	故障解决	正确检测修复硬盘坏道		
		正确恢复硬盘分区表		
教师建议：			评价汇总： A. 优秀 B. 良好 C. 基本掌握	

任务拓展

分析以下故障现象，制订解决方案。

1）开机时硬盘无法加载操作系统，系统不识别硬盘。

诊断提示：

这种故障往往是最令人感到可怕的。产生这种故障的主要原因是硬盘主引导扇区数据被破坏，表现为硬盘主引导标志或分区标志丢失，建议重新分区和格式化。

2）计算机机箱加了个风扇，另外还超频，开始几天会出现硬盘怪响，后来只要开机 10min 后，硬盘就发出两声很响的“咔咔”声，响声过后死机或硬盘狂读，按 <Ctrl+Alt+Delete> 组合键无反应。

诊断提示：

首先拆下硬盘，接到另外一台计算机上，扫描后发现硬盘并没有坏扇区。作为主盘启动使用也一切正常，说明故障并不是由硬盘引起的。拔下风扇电源插头，降频后使用 1h 未再出现硬盘怪响，也未再死机。说明故障是由于电源供电不足引起的，换上一个电源后，运行即一切正常。

3）在使用双硬盘时，在多分区的情况下，主硬盘的主分区被计算机认为是 C 盘，而第二硬盘的主分区则被认为是 D 盘，接下来第一硬盘的其他分区依次从 E 盘开始排列，然后是第二硬盘的其他分区接着第一硬盘的最后盘符依次排列。

↳ 诊断提示：

要使加第二硬盘后盘符不发生变化，解决办法有两个：①如果用的是 Windows 操作系统，则比较简单，在 CMOS 中将第二硬盘设为 NONE 即可，但是在 DOS 下不识别第二硬盘；②接上双硬盘后，给第二个硬盘重新分区，删掉其主分区，只分扩展分区，这样盘符也不会交错。当然如果第一硬盘只有一个分区，则也不存在盘符交错的问题。此外，还可能使用计算机硬盘厂商提供的辅助软件，重新设定硬盘盘符。

4）计算机启动蓝屏提示“check……”，有时是“check your D”，有时是“check file system”。

↳ 诊断提示：

像此种情况，一般是 C 盘或 D 盘上有坏扇区，可以在命令提示符下输入“Chkdsk/f”来检测和修复 D 盘，也可以使用硬盘坏道检测工具进行检测。

调出命令提示符的方法：单击“开始”菜单，选择“运行”，在弹出的对话框中输入“cmd”后，单击“确定”即可调出命令提示符。若修复 D 盘，则输入“Chkdsk D:/f”后，按 <Enter> 键即可。其他修复方法参考此例。

经验分享

分区表遭到破坏时的解决方法

分区的位置信息保存在硬盘分区表中。当分区软件删除一个分区时，会将分区的位置信息从分区表中删除，不会删除分区内的任何数据。当出现分区丢失的状况时，无论是误删除造成的分区丢失，还是病毒原因造成的分区丢失，都可以尝试通过软件进行恢复。

使用启动 U 盘进入 Windows PE，启动分区工具软件 DiskGenius，选择要恢复的硬盘，执行“工具”→“搜索已丢失分区（重建分区表）”命令，或在右键菜单中选择“搜索已丢失分区（重建分区表）”命令。程序弹出“搜索丢失分区”对话框，如图 7-7 所示。可选择的搜索范围有：整个硬盘、所有未分区区域和当前选择的区域。

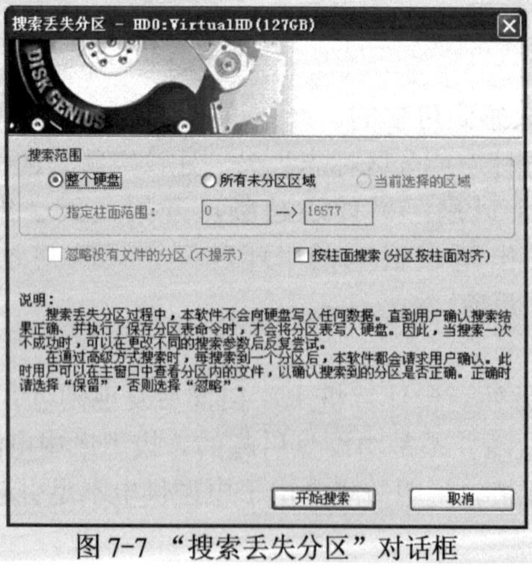

图 7-7 “搜索丢失分区”对话框

设置好搜索选项后，单击“开始搜索”按钮，程序开始搜索过程，每搜索到一个分区后，都会立即在界面中显示刚才搜索到的分区，并弹出提示信息，如图 7-8 所示。

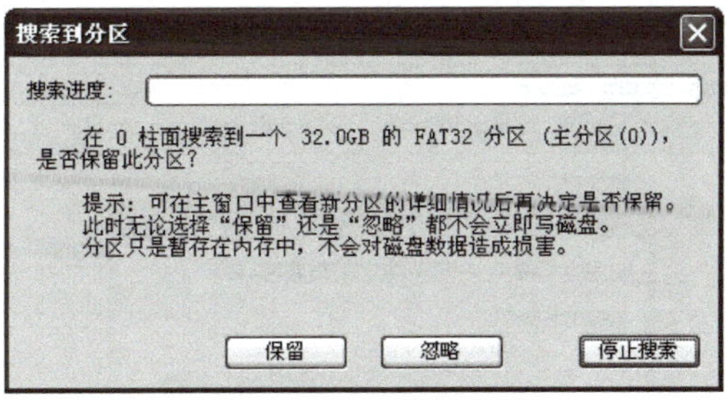

图 7-8　搜索到的分区

如果分区正确，则单击“保留”按钮以保留搜索到的分区，否则单击“忽略”按钮，直至搜索完成，如图 7-9 所示。

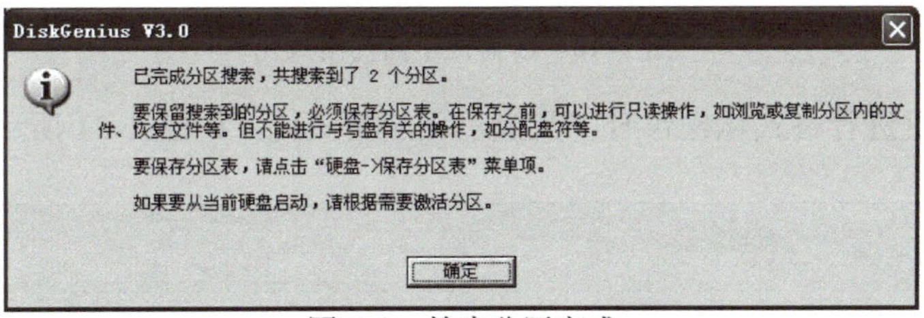

图 7-9　搜索分区完成

任务 2　U 盘故障诊断与维护

任务情境

孙女士的 U 盘刚买了不久就不能用了，孙女士只好将 U 盘拿到计算机公司进行维修。硬件售后服务部的小李为她服务，诊断并解决 U 盘故障。

情境对话：

小　李：您好，您的 U 盘有什么问题吗？

孙女士：我的 U 盘打不开了。

小　李：没在计算机的其他 USB 口上试试？

孙女士：插在别的计算机上也不可以。

小　李：U 盘出现故障前有过哪些操作吗？

孙女士：每次我都是正常地插拔 U 盘，今天突然就不可以使用了。

小　李：好，我帮您看看，请填写维修服务单客户信息部分。

孙女士：好。

任务分析

1. 观察现象

小李将 U 盘插到自己的计算机上，双击发现 U 盘提示需要格式化，如图 7-10 所示。小李先更换了 USB 接口并重新拔插，故障依旧。

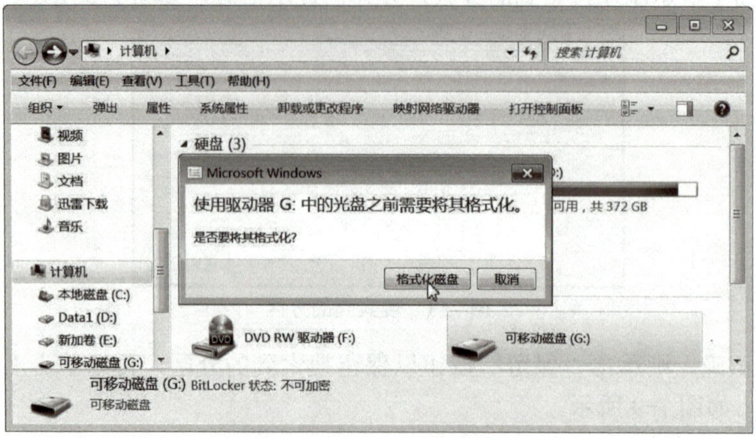

图 7-10　U 盘提示需要格式化

当小李对 U 盘进行格式化操作时，又提示无法格式化，如图 7-11 所示。

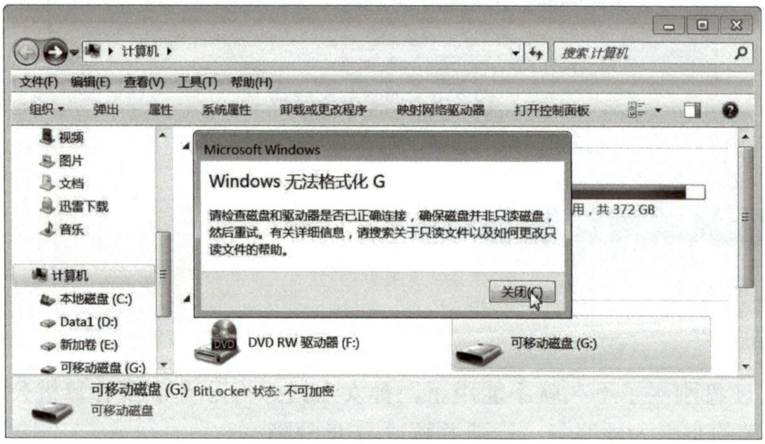

图 7-11　无法格式化 U 盘

小李将检测到的故障现象记录下来，开始着手解决。

2. 故障分析

在确认孙女士的 U 盘中没有重要数据后，小李决定对该 U 盘尝试进行量产操作。

（1）U 盘量产　量产，就是批量生产的意思，是 U 盘识别初始化的过程，U 盘出厂前都要进行量产。U 盘是由主控芯片 +Flash 闪存芯片 + 外壳组成的，如图 7-12 所示。一般较大的为 Flash 闪存芯片，较小的为主控芯片。Flash 闪存芯片负责 U 盘数据的存储，而主控芯片负责检测 U 盘供电、数据读写任务分配等任务，相当于 U 盘的大脑。常见的主控芯片品牌有：群联、慧荣、联阳、擎泰、鑫创、安国、芯邦、我想、迈科微、朗科、闪迪等。量产工具就是针对 U 盘主控芯片进行操作的由 U 盘主控芯片厂商提供的底层软件。

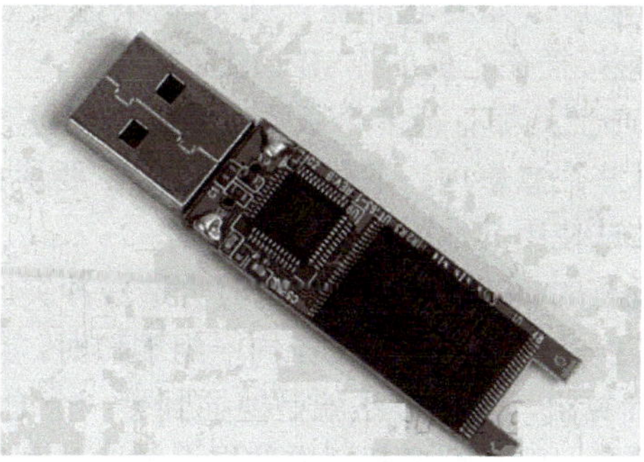

图 7-12 U 盘的结构

当主控芯片焊接上空白 Flash 后插入计算机，因为没有相应的数据，所以计算机只能识别到主控芯片，而无法识别到 Flash。此时计算机上显示出 U 盘盘符，但是双击盘符却显示没有插入 U 盘，如同插入一个空白的读卡器。所以要想让计算机识别出空白 Flash 这张“卡”，就要向 Flash 内写入对应的数据，这些数据包括 U 盘的容量大小、采用的芯片（芯片不同，数据保留的方式也不同）、坏块地址（和硬盘一样，Flash 也有坏块，必须屏蔽）等，有了这些数据，计算机就能正确识别出 U 盘了。而当这些数据损坏时，计算机是无法正确识别 U 盘的。当然有时是人为的写入错误数据，有的商家在制造扩容 U 盘时，就利用量产把 1GB 的 U 盘的存储容量修改为 8GB。

（2）量产工具的作用　U 盘量产工具（USB DISK PRODUCTION TOOL，简称 PDT）用于向 U 盘写入相应数据，使计算机能正确识别 U 盘，并使 U 盘具有某些特殊功能。

量产工具的作用包括以下几方面：

1）可以修复 U 盘，对 U 盘进行低级格式化，屏蔽坏块。

2）改写 U 盘容量，改写生产厂商信息。

3）将 U 盘分区，制作 U 盘启动盘。各种 U 盘启动模式有 USB-HDD、USB-ZIP、USB-CDROM 等。

4）改变 U 盘灯闪烁的频率。

量产对于普通用户来说，用处最多的两个就是修复坏 U 盘和做 U 盘启动盘。需要注意的是，有些 U 盘量产后读写速度可以大幅提升，但也有可能降低。

（3）量产 U 盘前的准备工作

1）量产前的第一件事就是先用最新版的芯片精灵（ChipGenius）或芯片无忧（Chipeasy）检测 U 盘的主控型号，再根据主控芯片的型号下载相应的量产工具并搜索对应的量产教程，做到心中有数再动手。另外，没有万能的量产工具，不要相信一些所谓的万能工具。

2）量产前要先备份 U 盘中的数据，因为一旦量产就会破坏 U 盘中的所有文件。

（4）量产 U 盘时的注意事项

1）不是所有 U 盘都可以量产，取决于 U 盘主控芯片厂家是否提供了该功能的量产工具。

2）因为量产工具的读写需涉及硬件方面，所以尽量不要用精简版的操作系统、不要用 Windows 7 等操作系统（随着时间推移会改善）。最好使用 Win XP、Win 2000 等 32 位操作系统。量产时要使用管理员权限，有的甚至需要安装网络协议。

3）量产前最好先关闭杀毒监控，因为有个别量产工具会被杀毒软件报告是病毒，否则容易量产失败。

4）不要用 USB 1.1 的端口，如群联的量产工具就不能在 USB 1.1 下量产。也不要用 USB 延长线，尽量把 U 盘直接插在主板的 USB 口上。

5）每个主控方案的量产工具都有很多个版本，量产前最好多看别人的量产经验，看大家使用的是什么版本及有哪些注意事项。下载量产工具时，要认真查看发布者发表的说明文件。当量产失败时，可以尝试使用其他版本的量产工具。

6）量产前先拔下其他所有的USB设备，不然有时会造成冲突。例如，USB集线器、读卡器、USB 鼠标等，当量产的 U 盘与这些 USB 设备在同一组端口时，就会引起冲突，有时还会使量产成功的 U 盘无法启动计算机。解决办法就是换插到另一个 USB 插口。

7）现在 USB 设备非常多，而且许多都要安装自已的驱动程序，这也会引起硬件驱动程序的冲突。例如，USBest、安国等量产工具在使用时都会安装自已的驱动程序，以便完成对 U 盘的底层读写。如果这时计算机中存在其他 USB 设备驱动，则可能造成安装失败。解决办法是使用“护 U 使者”清理在计算机上残留的 U 盘信息，或重新安装操作系统或换一台计算机再试。

8）完成以后，重新插拔一次 U 盘才能正常使用。

任务实施

1. 故障判断

小李先用软件查看该U盘的主控芯片信息。常用的U盘主控芯片有芯片精灵（chipgenius）和芯片无忧（chipeasy）等。芯片无忧检测该 U 盘的结果如图 7-13 所示。

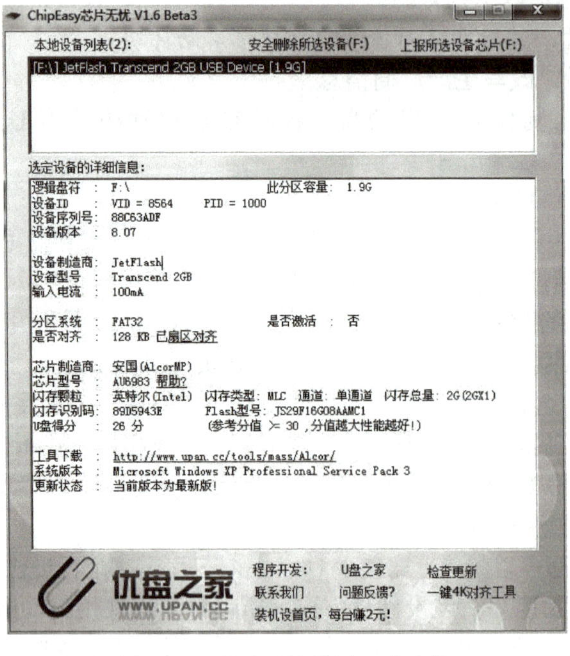

图 7-13　芯片无忧检测 U 盘主控

当然，检测 U 盘主控最准确的方法就是拆开查看，如图 7-14 所示，该 U 盘芯片为安国 AU6983，与软件检测结果相同。

图 7-14 拆开观察 U 盘主控

2. 故障解决

U 盘量产的步骤如下：

步骤 1：为了能让量产工具识别，需要使用 QCTool 更改该安国主控 U 盘的 VID 和 PID 信息。启动 QCTool 后选择识别到的 U 盘，修改 VID 和 PID 信息，如图 7-15 所示。然后单击“确定”按钮进行修改。

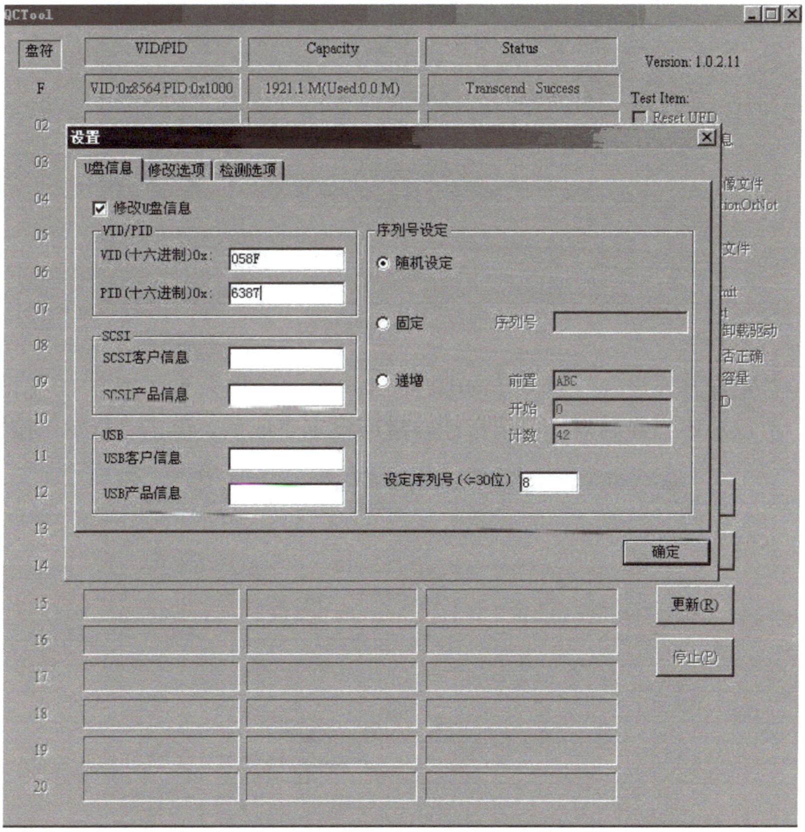

图 7-15 QCTool

步骤 2：下载主控型号对应的安国量产工具 FC MpTool，识别到 U 盘，显示了正确的闪存信息，如图 7-16 所示（如果未识别到主控及闪存信息，则可换工具版本）。

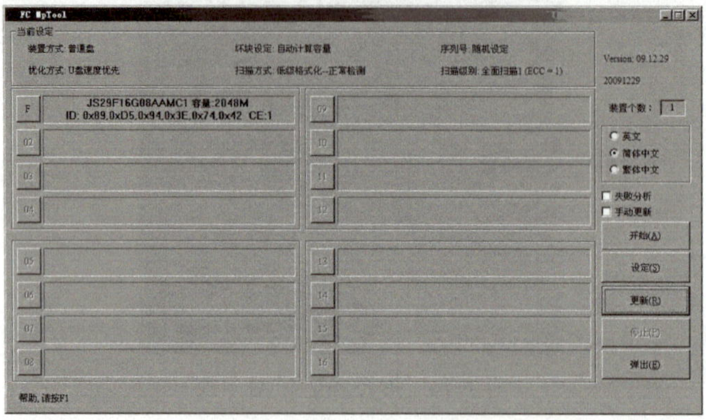

图 7-16　量产工具 FC MpTool

步骤 3：单击图 7-16 左上方的 U 盘盘符“F”，再单击右侧的“设定”按钮进行量产设定，“存储器设定”选项卡中的设置如图 7-17 所示。如果比较注重数据安全，则“优化方式”尽量选“U 盘速度优先”选项，“ECC”下拉列表中有正品 0、白片 1、黑片 4 和 8 四个选项。

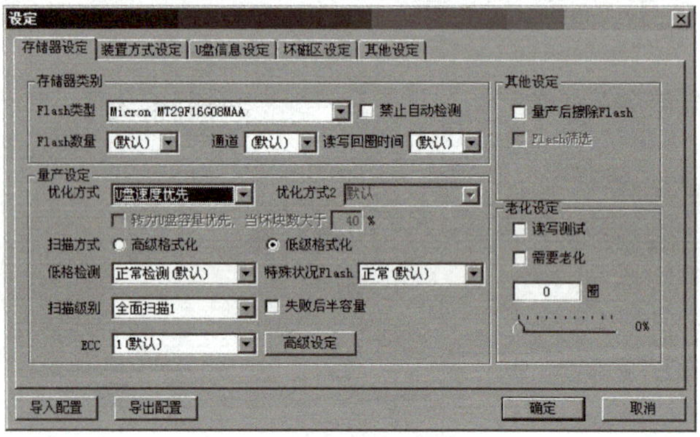

图 7-17　存储器设定

步骤 4：“装置方式设定”选项卡如图 7-18 所示，这里只为了恢复 U 盘正常使用，无须启动功能，所以选中“普通盘”单选按钮。量产设定完成后，单击“确定”按钮保存设定。

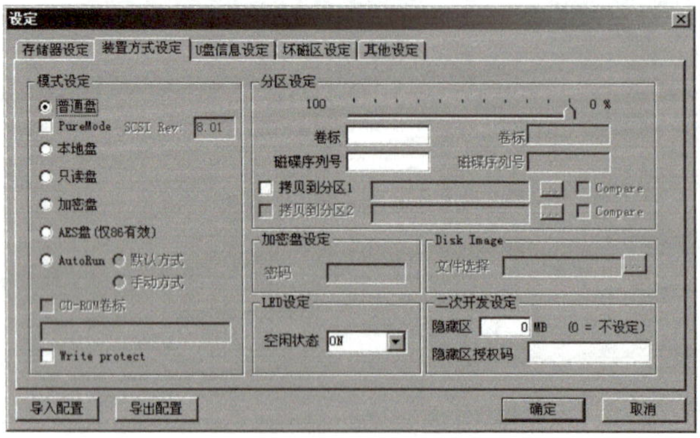

图 7-18　装置方式设定

步骤 5：在软件主界面中单击右侧的“开始”按钮开始量产，完成结果如图 7-19 所示。

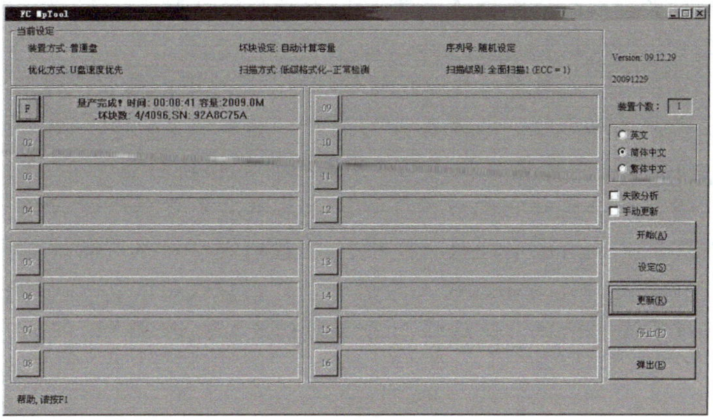

图 7-19　量产完成

量产完成后，退出量产工具，重新拔插 U 盘后就可以使用了。

经验分享

U 盘量产后容量变小很多怎么办？

量产后 U 盘容量变小有以下两个原因：

① 因设置了“速度优先”，屏蔽了坏块，容量下降。

为什么要设置速度优先？U 盘存储介质本身就是半导体，随着使用会逐步产生一定的坏块，既然有了这些坏块，那么为了数据的安全，就需要屏蔽这些坏块，只用好的块，就需要设定速度优先，把质量和性能不好的区块屏蔽掉，屏蔽后，可用的区块就变少了，因此容量下降。

如果坚持恢复本来的容量，选择容量优先即可，但是无法保证以后数据的安全性。

② U 盘是扩容盘。

无论是设置速度优先还是容量优先，容量都会变小，尤其是 16GB 变 8GB 或变 2GB；或 128GB\64GB\32GB 变为 4GB，基本断定为扩容盘，即 U 盘本身就是这个容量，一些商家通过一定技术手段让 U 盘显示出很大的容量，但这样的 U 盘保存的文件是无法读取的。

3. 任务完成

小李更换 CMOS 电池后重新进入 BIOS 读取了默认优化 CMOS 设置，并设置了系统时间。孙女士确认故障已经解决后，交了维修费和所更换 CMOS 电池的费用，满意地带着计算机离开了。

经验分享

U 盘落到水里了，该怎么办呢？

有人会利用电吹风强行烘干来处理落水 U 盘，这种方法固然快速，但存在很大弊端。

加热烘干固然可以缩短U盘脱水时间，但受潮的电路板因为外部受热迅速干燥，而U盘内部的水分无法同步挥发，这时因为内部作用力作用会导致电路板破裂以至电路损坏，所以加热烘干外部的方法不可取。

而且有很多人烘干U盘前都没有做预先处理，U盘掉进水里后不通电不会发生短路，当用电吹风将它烘干或晾干后，随着水分的蒸发，水中的盐分和其他杂质却附着在了电路板上，这些东西往往是电导体，在通电使用时很可能损坏U盘。

这个时候酒精就可以发挥它的作用了，U盘落水后不要急于进行烘干处理，先用工业酒精冲刷一下（不要使用医用酒精），确保U盘内没有污水存留，这个工作做得越早越好。假如U盘没有及时处理而已经天然烘干了，则建议将其拆开，取出电路板用无水酒精和软毛刷将板基清理干净，然后将U盘天然晾干。经由这样处理的U盘一般不会受到太大影响。

任务评价

将学生分成小组，各小组选出组长。组长带领组员，针对不同故障提示的U盘进行故障诊断与解决，同时填写故障分析记录，见表7-5。

表7-5　故障分析记录

故障现象	
故障分析	
诊断方案	

根据各组学生的实际操作情况和记录表填写情况作出任务评价，并填入表7-6。

表7-6　U盘故障诊断与维护任务评价

<table>
<tr><th colspan="2">评价内容</th><th>评价要求</th><th>小组评价</th><th>教师评价</th></tr>
<tr><td colspan="2">知识掌握</td><td>U盘量产工具的作用</td><td></td><td></td></tr>
<tr><td rowspan="6">实际操作</td><td>故障现象</td><td>正确描述并记录</td><td></td><td></td></tr>
<tr><td>故障分析</td><td>完整阐述分析思路</td><td></td><td></td></tr>
<tr><td>诊断方案</td><td>制订诊断方案</td><td></td><td></td></tr>
<tr><td rowspan="3">故障解决</td><td>正确检测U盘的主控芯片</td><td></td><td></td></tr>
<tr><td>正确下载主控芯片对应的量产工具</td><td></td><td></td></tr>
<tr><td>正确使用U盘量产工具对U盘进行量产操作</td><td></td><td></td></tr>
<tr><td colspan="3">教师建议：</td><td colspan="2">评价汇总：
A．优秀
B．良好
C．基本掌握</td></tr>
</table>

任务拓展

分析以下故障现象，制订解决方案。

1）小刘最近购买了一块 USB 接口的 10GB 移动硬盘，回到家后将它接在计算机的后置 USB 接口上，能够正常使用。但如果是接在前置的 USB 接口上，则系统无法找到这个移动硬盘。是不是主板的前置 USB 接口有什么问题？

诊断提示：

造成移动硬盘不能被识别这种情况的原因大致有以下几类：

① 设置 CMOS 参数。对于从来没有使用过 USB 外接设备的用户来说，即使正确安装了驱动程序也有可能出现系统无法检测 USB 硬盘的情况，这主要是由于主板默认的 CMOS 端口是关闭的。如果没有将其设置为开启状态，那么 Windows 自然无法检测到移动硬盘了。为了解决这个问题，可以重新开机，进入 CMOS 设置窗口，在“PNP/PCI CONFIG URATION”栏目中将“Assign IRQ For USB”一项设置为“Enable”，这样系统就可以给 USB 端口分配可用的中断地址了。

② 电源不足。由于 USB 硬盘在工作时也需要消耗一定的电能，如果直接通过前置 USB 接口来取电，则很有可能出现供电不足的情况。一般建议使用后置 USB 接口，如果有外接电源，则一定要接好电源后再使用。需要特别注意的是，使用移动硬盘前一定要确保有足够的供电，否则很可能由于供电不足而导致硬盘损坏。

③ USB 延长线故障。除了上述两个方面的原因以外，还可能是 USB 接口类型不符导致移动硬盘无法使用。例如，计算机配置的 USB 接口是 1.1 标准的，而购买的移动硬盘是 USB 2.0 标准的接口，这就要求连接计算机和移动硬盘的连接线必须支持 USB 2.0 标准。因为高速移动设备插入低速集线器，该设备可能不被正常安装，而有些用户在使用移动硬盘的同时还使用 U 盘，为了方便就直接使用 U 盘附送的 USB 1.1 标准连接线，这样就导致 USB 2.0 标准的移动硬盘无法正确识别。只要将连接线更换为 USB 2.0 标准的即可解决此故障。

2）插入 U 盘后单击“可移动磁盘”盘符时出现“请插入磁盘”提示。

诊断提示：

出现这种情况，一般是由于 U 盘分区表遭到破坏或 U 盘性能不稳定而引起的。此时，用户可以通过对 U 盘进行格式化来解决此问题。另外，如果 U 盘经过加密后，没有正确输入密码，则会出现这种提示。

3）一台计算机使用 Windows XP 操作系统，最近在使用 U 盘时出现问题，其主要表现为连接 U 盘后计算机没有响应，但是 U 盘灯却照常亮起。

诊断提示：

首先，可以将 U 盘更换到计算机的其他 USB 插口上，如果原来将 U 盘插在前置插口，则可以将其改插在机箱背后的主板 USB 接口，这样可以确定是否是机箱的 USB 插口出现了问题。其次，可以将 U 盘插在其他计算机上尝试一下，这样可以确定是否是 U 盘本身出现了质量问题。

4）某计算机装有 Windows 7 操作系统，但是安装的移动硬盘无法在系统中弹出和关闭。

诊断提示：

出现这种情况，可能是 Windows 操作系统中有其他程序正在访问移动硬盘中的数据，此时移动硬盘仍在工作，因而无法弹出。此时可关闭所有对移动硬盘进行操作的程序，尽可能在弹出移动硬盘时关闭系统中的病毒防火墙等软件，如果仍不行，则可以注销系统，即可弹出和关闭移动硬盘了。

5）前段时间小明帮朋友装了一台计算机，发现一个非常奇怪的问题，如果计算机上带有 USB 设备，则不管是 U 盘还是移动硬盘，计算机在启动时一直处于黑屏状态（无法进入系统），只能把类似的设备去掉之后才能启动。

诊断提示：

现在很多主板都提供了“USB 设备引导启动”的支持，这个选项在默认情况下是开启的，而且在很多主板上甚至排在“First Boot Up”首启动项之前（无法通过改变首启动项进行更改）。如果计算机检测到 USB 存储设备，则要一直等待用户从该设备启动；而且如果在该设备上找不到启动程序，则计算机就会一直黑屏。用户可以关闭 USB 设备启动项的支持，或将 USB 存储设备取下后从主硬盘引导启动。

经验分享

移动硬盘的维护

移动硬盘的结构比较简单，主要由硬盘盒和笔记本硬盘组成，硬盘盒一般不易坏，出现问题多半是由笔记本硬盘引起的。为了避免移动硬盘自身硬件损坏，在使用中应注意以下几方面：

1）对于所有的 USB 设备来说，正确的插拔都是十分重要的。以移动硬盘为例，等移动硬盘不读盘时，双击任务栏右下角的“拔出或弹出硬件”图标，在出现的窗口中先“停止”设备的使用，再从系统中删除设备选项，最后再从主机上拔下移动硬盘（切记不可在硬盘读写时拔下，否则极易损坏笔记本硬盘）。

绝对不能在读写灯还亮着的时候拔下 USB 设备，也不要过于频繁地进行拔插。因为一些 USB 接口的质量不是很好，频繁地拔插会使 USB 设备接口松动，从而导致接触不良。

2）移动硬盘使用时应放在平稳的地方，不要在其正在读写时移动，使之受到振动。

3）即使在非工作状态，振动也是移动硬盘的最大杀手，这就要求用户在携带移动硬盘外出时要采取有效的减震措施（一些品牌的移动硬盘在这方面做得比较好，设备本身已经采取了防振措施），最好把它放在四周有塑料泡沫的盒子里。

项目总结

本项目通过对硬盘和 U 盘故障的诊断与维护的典型案例的介绍，使学生掌握硬盘坏道检测与修复、U 盘主控芯片检测、U 盘量产工具的使用等相关知识，具备针对计算机存储设备基本故障解决的能力。

1. 维修要点

1）维修人员要熟悉故障配件的构造，以更好地对硬盘和 U 盘故障进行检测与排除。

2）维修人员要优先询问客户数据的重要性，因为存储设备的维修很可能导致数据的丢失，在客户要求下才可尝试恢复。

3）维修人员应告知客户硬盘和 USB 存储设备的日常维护要点，以降低故障发生机率。

4）维修人员应了解各主要 U 盘的主控厂商，能够快速查找并使用对应的工具。

5）维修人员要善于积累经验，以便迅速、准确地找到故障部位并排除故障。

2. 解决思路

1）硬盘故障的解决思路如图 7-20 所示。

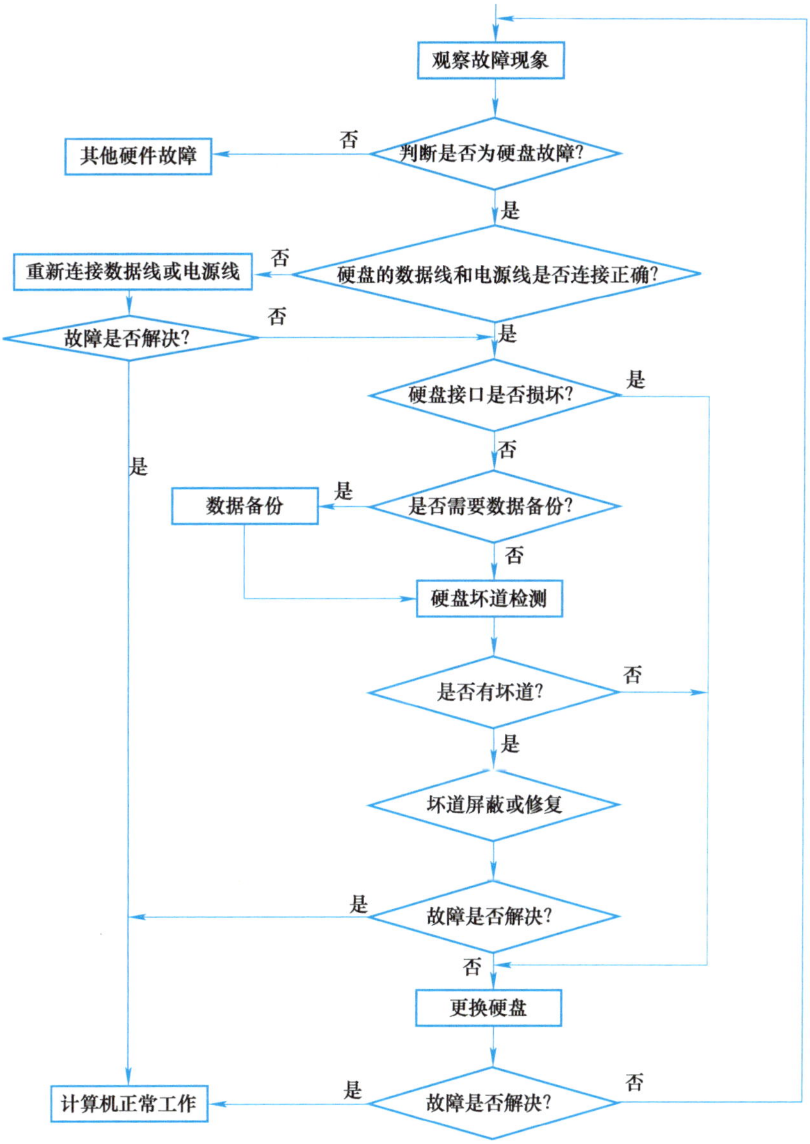

图 7-20　硬盘故障的解决思路

2）U 盘故障的解决思路如图 7-21 所示。

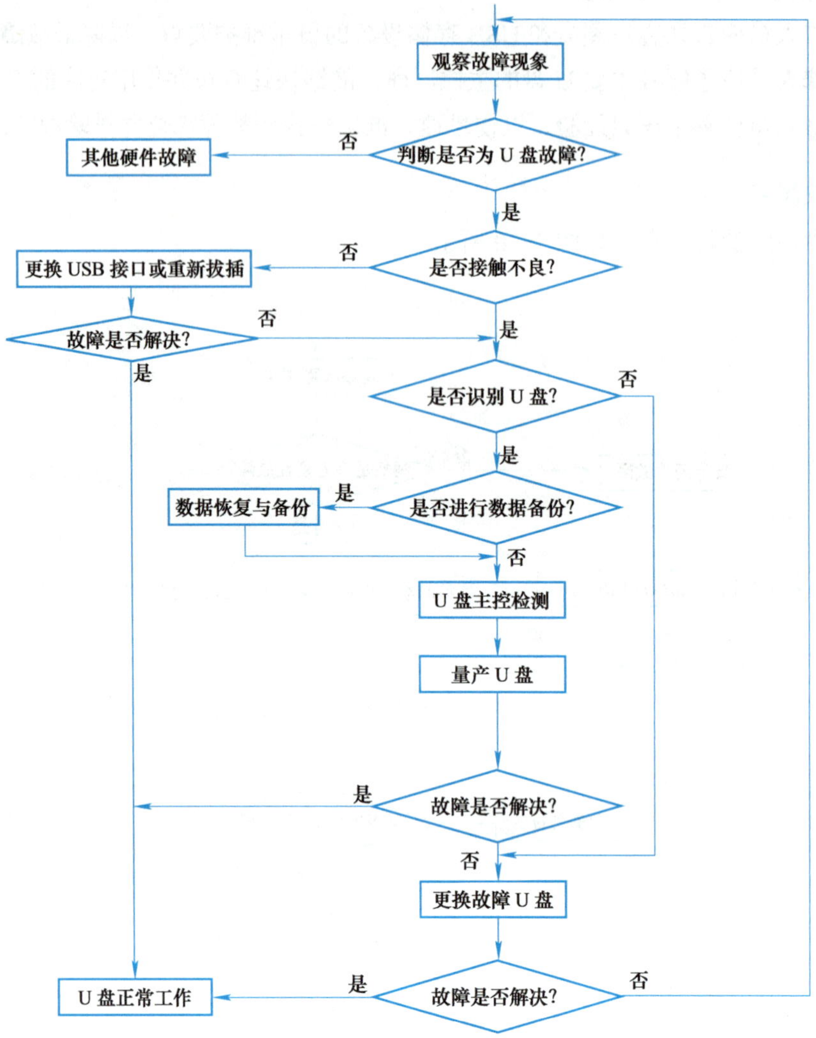

图 7-21　U 盘故障的解决思路

项目 8　其他硬件故障诊断与维护

项目情境

小李在硬件售后服务部工作十分出色，已经被计算机公司评为了先进部员，各种各样的计算机故障都已经难不倒小李了。

主机电源、机箱、鼠标和键盘都是计算机硬件不常出现故障的硬件设备，即使有故障，小李也可以凭借自己的知识和经验加以解决。

项目概述

虽然机箱电源和键盘鼠标的故障机率不高，但它们出现故障时的判断却相对比较容易，可以有针对性地进行维修和替换。

本项目中主要通过两个典型案例分别介绍电源和鼠标故障的解决思路和方法。其中，电源出现故障可以从电压检测入手，而鼠标连击故障则可以进行手工维修。

学习目标

知识目标：

1. 了解 ATX 电源各针脚的含义；
2. 掌握计算机电源电压的检测方法；
3. 掌握鼠标键盘常见的故障解决方法。

能力目标：

1. 能够用万用表检测电源电压；
2. 能够更换鼠标的微动开关；
3. 能够根据故障现象进行分析和解决。

情感目标：

1. 能够与客户交流，了解故障现象；
2. 能够与客户沟通，确定故障解决方案；
3. 对于不熟悉的内容，能够查阅相关资料进行工作。

任务 1　机箱电源故障诊断与维护

任务情境

周先生的计算机无法正常开机了，周先生将计算机拿到了计算机公司进行维修。硬件售后服务部的小李为他服务，诊断并解决计算机故障。

情境对话：

小　李：您好，您的计算机有什么问题吗？

周先生：我的计算机开不了机，您看看是不是哪里坏了。

小　李：计算机买多长时间了？故障前对计算机有过哪些操作吗？

周先生：计算机买了五六年了，最近偶尔开不了机，再开就好了，这回彻底开不了机了。

小　李：请您填写维修服务单客户信息部分。

周先生：好。

任务分析

1. 观察现象

小李按了开机按钮，发现通电后机箱风扇刚动一下就停住了，无报警声，屏幕上也没有任何显示，这和以前遇到的开机无反应故障略有不同。小李将观察到的现象填写到维修服务单的故障现象相关表格中。

2. 故障分析

计算机开机无反应可能是电源、主板或 CPU 中的一个或几个出现了问题，这里应先检查电源。

电源出现问题时，一般会引起计算机出现以下三种故障现象。

1）通电后，电源散热风扇不转。这是最为常见的一种现象，也就是计算机开机后系统没有任何响应。首先应确定电源本身是否存在故障，可以将该电源安装到其他能够正常运行的计算机上，观察能否正常运行。

2）通电后风扇颤动一下即停止。这说明电源的初级部分是好的，问题出在电源保护检测部分，原因应该是电源存在短路现象或＋ 5V 输出为空。

3）风扇转动异常。说明电源＋ 12V 一路的电压偏离正常值，此时用户需要同时检测其他电路的输出情况。如果其他一切正常，则说明电源整流块中存在二极管变质或滤波电容失效漏电现象。

经验分享

电源故障判断技巧

判断电源故障，最好使用替换法，否则不易证明电源故障，因为电源的兼容性问题很少，所以换上一个新电源或将本机电源换到另外的计算机上，如能正常使用，则可立即证明计算机的好坏。这一点与内存、显卡等配件不同，所以只更换而不交换还不能完全证明配件有故障。

任务实施

1. 故障判断

小李根据现象判断为电源故障，用前面学过的短接电源绿线和黑线的方法测试电源好坏，发现风扇以正常速度旋转，这说明电源基本没问题，可能是输出电压不足等原因造成的故障。

经验分享

电源维修应注意安全

电源内有高压，尽量不要打开电源，所有打开电源的操作均要在拔掉电源连线的情况下进行，且操作中不要碰风扇以外的其他部分，特别不能碰电源板上两个大电容，它们有危险高压，如图 8-1 所示。有高压放电经验的可尽量先使用螺钉旋具等工具对电源板上的两个大电容放电，然后再操作更安全。

图 8-1　计算机电源内的电容

接下来用万用表测量电源空载时的输出电压，再测量加载时的输出电压。只有知道了每个颜色针脚所对应的不同意义，才能正确测量出需要的电压。计算机 ATX 24 针电源各针脚的含义如图 8-2 所示。一般来说，电源的正电压的合理波动范围为 −5% ～ +5%，而负电压的合理波动范围为 −10% ～ +10%。例如，+5V：4.74 ～ 5.25V；+3.3V：3.14 ～ 3.46V；+12V：11.4 ～ 12.6V；−12V：−10.8 ～ −13.2V。

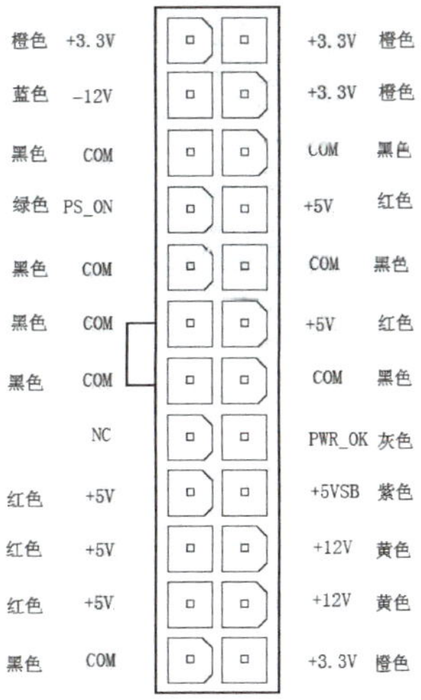

图 8-2　计算机 ATX 24 针电源各针脚的含义

测量电源各针脚空载电压应在电源绿线和黑线短接的情况下进行（有些电源有空载保护，如果想启动电源，则可以接个假负载，如光驱或硬盘等）。加载时的输出电压可由表笔插到对应颜色的线孔测出（主要是 +12V、+5V、+3.3V）。对测得的这两组数据加以对比，数值变化不大的电源比较正常，如果变化较大，则说明电源有问题。

电源检测除了可以使用万用表以外，还有一种更为便捷的检测工具，即电源测试仪，如图 8-3 所示。它专门用于测试电源的各组电压和 PG 值，如果检测中出现故障，则它会自动报警。

图 8-3　电源测试仪

知识储备

电压的软件检测

1）BIOS 检测。这里以 Phoenix-Award 为例，在 BIOS 主界面的 “PC Health Status” 选项中就有现在电源的各项电压值以及 CPU 的温度等参数，据此可以判断当前电源的输出电压是否正常，如图 8-4 所示。

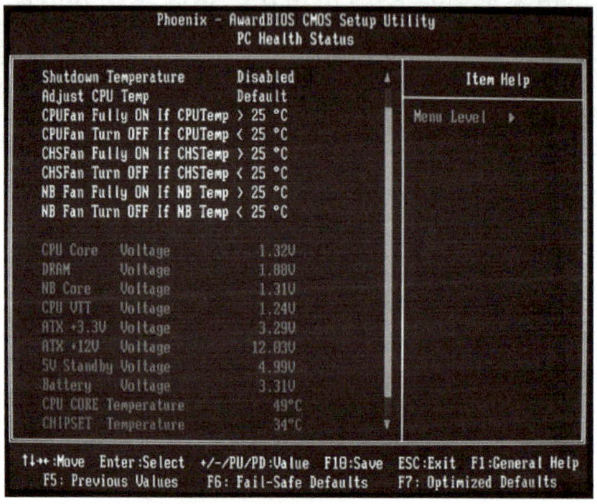

图 8-4　BIOS 电压检测

2）工具软件检测。由于在 BIOS 里不能体现电压数值在运行软件中的变化，所以如果要长时间监测电压值，则可以用工具软件来测量电源的电压。这类软件种类繁多，大部分系统检测软件都有这个功能，如常用的 AIDA64。另外，常见的软件还有 speedfan 和 OCCT 等。其中，OCCT 是一款用于测试计算机系统运行稳定性的软件，它的工作原理就是通过给计算机巨大的运算量来让计算机全速运行，以此考验主机电源的负载能力及稳定性。目前，各 IT 媒体的硬件评测部门一般用 OCCT 来评测电源。OCCT 检测电源时的运行界面如图 8-5 所示。

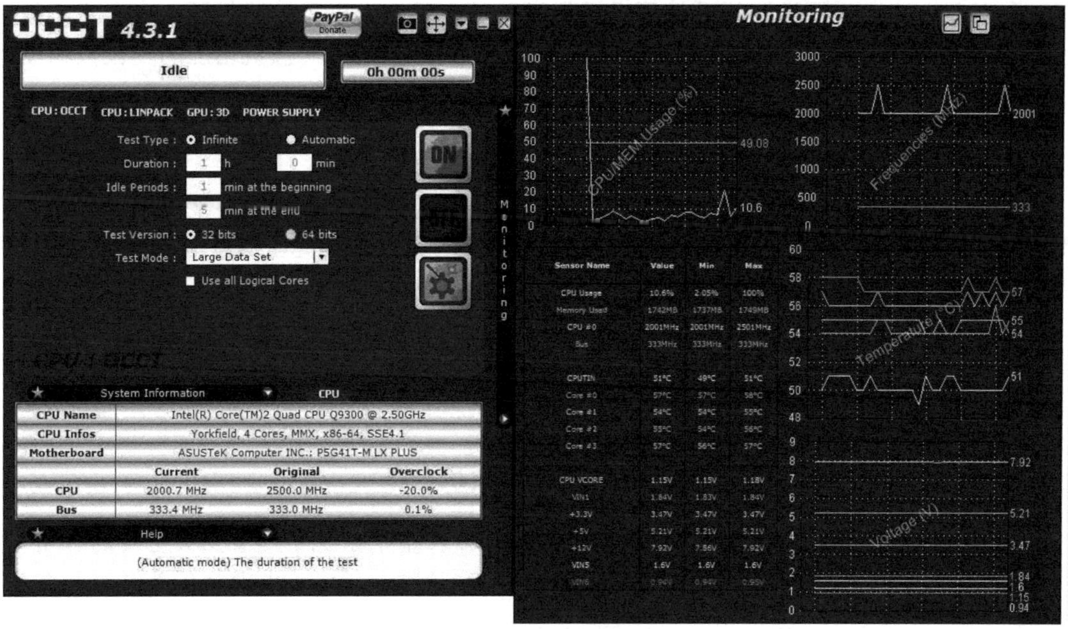

图 8-5　OCCT 检测电源

2. 故障解决

小李测量电源后发现，电源各输出电压均正常，那么问题在哪里呢？小李决定重新开机观察故障现象，开机时发现机箱按钮按下去时并没有马上弹起，会不会是机箱按钮的问题呢？

经验分享

如何判断机箱按钮故障

使用几年的计算机，其机箱按钮可能出现磨损或粘连，导致开机后出现立即关机的故障现象，原因很简单，就是相当于按下按钮一直没松手，计算机自然就会开机后立即关机。按钮轻度的老化表现在按钮开机不方便、按下开机按钮时有明显的迟滞感等，很不舒服。

这种故障的判断，可先将机箱电源按钮的连线与主板开机跳线断开，使用钥匙、螺钉旋具等任何金属物短接主板开机跳线，如图 8-6 所示。若正常，则表示开机按钮存在故障。

图 8-6　短接主板开机跳线

小李在短接主板开机跳线后计算机正常启动了，确定为机箱按钮问题。小李将主扳上的“PW（开机）”跳线和“RES（复位）”跳线互换并插好后，按机箱上的复位按钮就可以正常开机了。

3. 任务完成

小李告知周先生新的开机方法后，周先生确认问题得到了解决。小李告诉了周先生电源日常维护的要点，最后陪同周先生填好维修服务单并交款，周先生满意地带着自己的计算机离开了计算机公司。

温馨提示

如何保养和维护主机电源

主机电源是整台计算机的核心动力来源，电源在整个系统中起着至关重要的作用。如果电源出现故障，则将导致很多不明原因的系统故障。所以，电源的保养与维护非常必要，为了更加放心、省心地使用计算机，须对其做好常规保养。

主机电源的日常维护与保养方法如下：

1）准备好维护主机电源的常用工具，除了准备螺钉旋具等常用工具外，还需准备清洁使用的毛刷以及润滑油。毛刷主要用来清洁灰尘，如图 8-7 所示。滑润油是为了让电源中的散热风扇能更加顺畅地运转。

2）在除尘时，可先使用毛刷对电源的风扇进行除尘操作，然后使用吹气球等工具对其进行清洁，如图 8-8 所示。

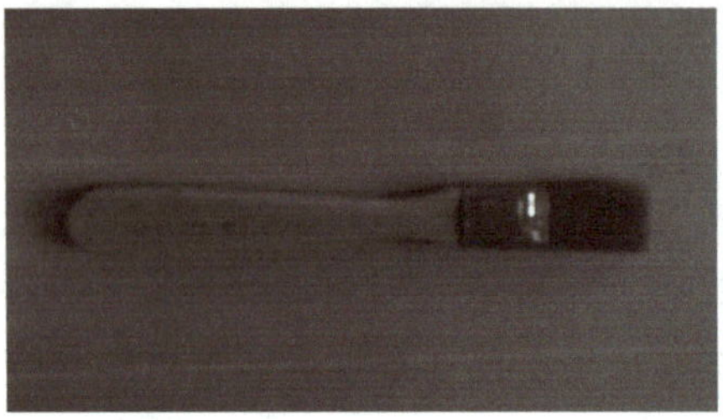

图 8-7　毛刷

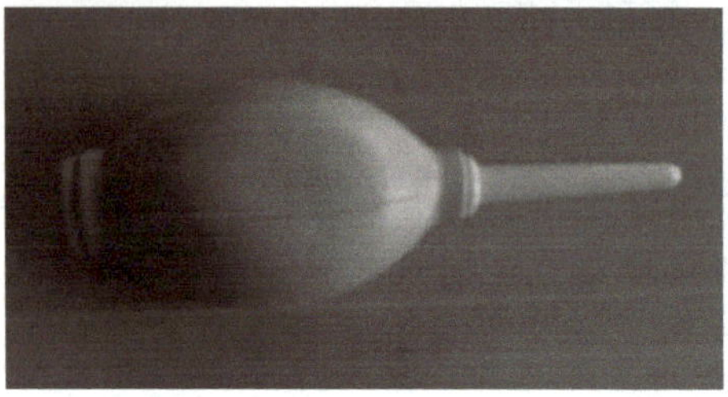

图 8-8　吹气球

灰尘堆积过多会导致散热性能下降，温度过高会导致电源故障甚至是烧毁电源。除尘完毕后可为电源风扇滴加一些润滑油，使风扇能更顺畅地运转。

3）应保持电源插座的良好接触，插座应摆放在合理的位置，尽可能杜绝意外掉电。计算机所使用的电源应与照明电源分开，应特别注意，不要和一些大功率的电器使用同一插座，最好使用独立的插座。

任务评价

将学生分成小组，各小组选出组长。组长带领组员，针对不同的无法正常开机的故障现象进行诊断与解决，同时填写故障分析记录，见表 8-1。

表 8-1　故障分析记录

故障现象	
故障分析	
诊断方案	

根据各组学生的实际操作情况和记录表填写情况作出任务评价，并填入表 8-2。

表 8-2　机箱电源故障诊断与维护任务评价

评价内容		评价要求	小组评价	教师评价
知识掌握		简述电源日常维护的要点		
实际操作	故障现象	正确描述并记录		
	故障分析	完整阐述分析思路		
	诊断方案	制订诊断方案		
	故障解决	正确用万用表检测电源电压并记录		
		在网上查询 OCCT 检测电源的方法并使用该工具检测电源		
教师建议：			评价汇总： A. 优秀 B. 良好 C. 基本掌握	

任务拓展

分析以下故障现象，制订解决方案。

1）计算机启动后，听到“滴”一声后又马上重启。

诊断提示：

因为启动过程中，显示器始终黑屏，电源指示灯为黄色，所以说明显示器未接收到任何信号。首先怀疑内存条氧化，其次检查主板，最后尝试更换电源。

2）一台计算机开机启动时总是发出“嗡嗡”的噪声，好像是从电源里发出来的。但重复冷启动几次却又变得正常了。

诊断提示：

电源发出“嗡嗡”的声音可能是由电源盒内的散热风扇发出，原因可能有以下几种：

① 电机轴承中使用的润滑油质量不好，在环境温度较低时会凝结，而且风扇最容易集结灰尘，进入轴承的灰尘和劣质润滑油凝结在一起，会大大增加电机的转动力矩，使得电机转动不正常，发出振动的“嗡嗡”声。而在多次启动后，由于发热使得润滑油融化，电机就

又能正常工作了。

② 可能是风扇电动机轴承松动，使得在旋转时发出“嗡嗡”的声音。这种原因造成的声音，不会因为反复冷启动而消失。

③ 电动机轴承润滑不好，造成启动时阻力增加，从而发出噪声。若是这种情况，则在电动机轴承处滴入少量润滑油，增加润滑度后即可得到改善。

另外，一定要清洗扇叶片上和轴承中的积尘。

3）组装的一台计算机，使用的是 250W 一般品牌电源。开始使用正常，后来又安装了一个 DVD 光驱。但问题也随之而来，在使用 DVD 时，常出现死机和重启等现象。DVD 本身并无问题，安装在其他计算机上使用正常。

↳ 诊断提示：

如果确认 DVD 光驱本身及其连线没有问题，那最大的可能就是电源的问题。由于刚开始时计算机可正常使用，但后来播放 DVD 时经常出现故障，所以极有可能是在使用 DVD 时由于耗电量增加，而一般品牌电源供电不足或电压不稳，从而导致计算机不堪重负而死机或重启，这时最好换一个名牌的大功率电源，即可解决这种现象。

另外，由于电源负责计算机主机内绝大部分的供电，可谓重中之重，而用户在装机时却往往容易忽略电源的质量，结果导致计算机因电源而出现各种故障，所以最好安装名牌电源。

4）新买的一台计算机，但在使用过程中却发现，有时显示会突然抖动，稍后就会恢复正常；而有时用得好好的却突然重新启动，且毫无先兆，后来检查电源等各个配件，也没有损坏。

↳ 诊断提示：

如果各配件没有故障而计算机仍出现这种现象，则可能是家用线路电压不稳造成的。如果当地的电压不稳定，则极易出现显示器画面抖动和重启等现象，而且这种情况特别容易损坏计算机的各种配件。如果电压问题不能解决，则最好买一个 UPS 电源，当电压不稳或突然停电时，UPS 就会适当延长供电时间，这样就不怕停电了。

5）计算机最近出现休眠与唤醒功能异常的现象，具体表现为不能进入休眠状态，且进入休眠后又不能唤醒。

↳ 诊断提示：

首先检查休眠键的连接是否正确或是否失灵，并用电压器测量 PS-ON 信号的电压值。正常情况下，计算机进入休眠状态时，PS-ON 信号应为低电平（<0.8V），唤醒后 PS-ON 信号应为高电平（>2.2V）。如果通过测量证明 PS-ON 信号正常，而休眠和唤醒功能仍不正常，则很可能是 ATX 电源故障。

6）闻到机箱内发出很刺鼻的焦糊味。

↳ 诊断提示：

如果机箱内出现异味，则千万要小心，这可能是机箱内有些配件被烧坏或因电流过大而烧焦产生的。此时千万不能大意，一定要找出问题所在，否则可能损坏计算机。首先断开电源，打开机箱，找到发出异味的部件，然后卸下交给专业维修部门处理，如果没过保修期，则可以更换或维修。

7）最近发现机箱外壳有漏电现象，用手碰到金属外壳就会有放电现象，手被电得麻一下，但放电之后再摸机箱就没事了。

↳ 诊断提示：

其实大多数机箱都有漏电现象，这是正常的，不过每个机箱的漏电情况都不相同。如果机箱漏电比较轻微可以不用处理，但如果漏电比较严重，则有可能使机箱内的硬件配件损坏，这就必须要解决了。

首先要检查是否是电源质量不合格，若电源质量较差，则最好更换一个新的电源。另外，解决漏电现象可以用一根电线，一头接在机箱上，另一头接地即可释放出掉漏的电流。

8）机箱内打火的同时，显示器电源的指示灯闪烁。

诊断提示：

很有可能是电源的问题，因为机箱内的其他配件都很难产生此问题，这就表示电源内部的器件损坏或短路了，应到专业人员那里检修或更换一个新的电源。

经验分享

电源自动关闭的解决方法

1）检查交流电是否为 220V，一般的电源只能在 220V±10% 的环境下工作，当超过这个额定范围时，电源的过流保护和过压保护电路将工作，会自动关闭电源。

2）检查有无病毒。虽然尚未得知有此种关闭电源的病毒，但是从理论上讲，病毒是完全可以实现关闭电源的，病毒程序只要启动系统的“自动关机”程序就可以了。因此可先查杀病毒，如果目前杀毒软件发现不了，则在注册表中检查系统启动时运行的应用程序，检查有无可疑者，有则删除。

3）如果确认没有病毒作怪，则可采用交换法检查，即换一个电源试一试。如果故障依然存在，则排除电源本身的问题。如果故障消失，则表明原有电源有问题。

4）如果确认电源没有问题，那就应该怀疑系统硬件了。如果系统中有部件受潮，或因其他原因造成的局部漏电和短路，致使电源输出电流过大，则电源的过流保护将起作用，使电源无输出。此时，可从最小系统开始，逐步检查。此外，电源与主板不兼容也会产生此故障，那只有更换电源了。

最后说明一点，系统故障或应用软件出错一般只能造成死机，不会关闭电源，但如果通过上面的检查仍然发现不了问题，则可以重装系统试一试，以便排除系统自行关闭电源的故障。

任务 2 鼠标和键盘故障诊断与维护

任务情境

吴女士是计算机公司的文员，她的鼠标最近出现想单击时却自动双击的现象，给吴女士造成了很大困扰，但是又不想换新鼠标，于是她请教硬件售后服务部的小李该如何解决。

情境对话：

吴女士：小李，我的鼠标有问题，经常单击变双击，你给检查一下。

小　李：我这有新鼠标，你拿去用吧。

吴女士：这鼠标我用惯了，感觉挺顺手，能不能帮忙修修……

小　李：好吧，你先回去，修好了我叫你。

任务分析

1. 观察现象

小李将鼠标插到自己的计算机上，发现确实同吴女士所说的那样，这很明显是鼠标故障的问题。

2. 故障分析

鼠标和键盘在长时间使用后都可能产生故障，由于价格相对便宜，所以鼠标和键盘有了硬件损坏一般都是更换，但在一些情况下也可自己动手维修。

（1）鼠标常见故障处理　鼠标的故障诊断比较简单，绝大多数的故障都是由于连接不好、按键接触不良、机械或光学系统过脏而造成的，少数质量低劣的产品也会有虚焊或元器件损坏的情况。

鼠标常见故障见表 8-3。

表 8-3　鼠标常见故障

故障原因	故障原因及排除方法
断线故障	这类故障经常发生在插头或鼠标连接线的弯曲处，主要表现为光标不动或时好时坏，用手推动连线，光标抖动。这类故障只要不是断在 PS/2 口接头处，则一般不难处理，只需用相应工具剪断后重新焊接即可
按键故障	按钮故障主要表现为光标移动正常，但是按键按下无反应或出现错乱，这类故障一般可以拆开鼠标并仔细清洁触点，大多可以修复
微动开关损坏	如果确认是微动开关损坏而导致的按键失灵，则可以取下废旧不用的鼠标上的触点开关并安装在新鼠标上，从而解决鼠标故障

（2）键盘常见故障处理　键盘出现故障的机率较小，但是导致键盘出现故障的原因却很多，除键盘本身的机械性故障外，还有逻辑电路故障和焊点虚焊、脱焊故障等。如果出现机械性故障，则比较容易解决。

如果键盘发生故障，则先检查键盘上的指示灯（即数字键指示灯和大写锁定灯等）是否可以点亮，如果这些指示灯不亮又无法切换，且在计算机启动时出现“Keyboard error”提示信息，则表示键盘有故障。

常见键盘故障见表 8-4。

表 8-4　常见键盘故障

故障原因	故障原因及排除方法
连接线接口松脱或断裂	如果不小心用力拉扯键盘连接线，则可能导致键盘接触不良，使键盘在主机上的连接处松脱甚至出现接口损坏，如果松脱原因导致，则将其插紧即可；如果接口损坏，则需要进行维修
渗入液体	如果键盘不小心渗入水或其他液体，则都可能导致某些按键出现问题，还有可能会出现乱码等奇怪的现象
灰尘堆积导致按键不灵	灰尘也有可能造成按键不灵敏或电路损坏，因此在使用键盘时应注意对键盘的保养

在键盘出现故障时，应迅速排查出是否是键盘本身存在故障，排查的方法也较为简单，首先确认键盘与主机的连接是否正常，如果连接正常但无法使用，则可把键盘连接到其他主

机上进行测试，如果仍无法使用，则可能是键盘自身的故障。

任务实施

1．故障判断

使用计算机时最频繁的操作就是应用鼠标的左键和右键，按键时微动开关就要不断地开合，时间久了，鼠标的微动开关必然会出现很多故障。例如，某个键单击变双击，单击时反应迟缓，甚至出现单击无反应等故障。鼠标的故障，绝大部分是因微动开关出现问题而导致的，电路部分由于工作在低电压状态，所以出现故障的可能性很小，那么维修微动开关就成为了维修鼠标故障的重中之重。

根据故障现象，小李判断这款鼠标就是使用时间较长而导致微动开关磨损，小李准备自己动手更换鼠标微动开关。

2．故障解决

步骤 1：拆开鼠标的外壳，可以看到鼠标左右键下方的位置是两个单击会发出“咔咔”声的黑色部件，这就是微动开关，如图 8-9 所示。注意，各种鼠标的封装是不一样的，有些螺钉隐藏在鼠标垫脚和质保贴下。

步骤 2：翻到鼠标背面，可以看到每个微动开关有三个焊接点，如图 8-10 所示。用电烙铁将左键对应的微动开关取下。

图 8-9　微动开关

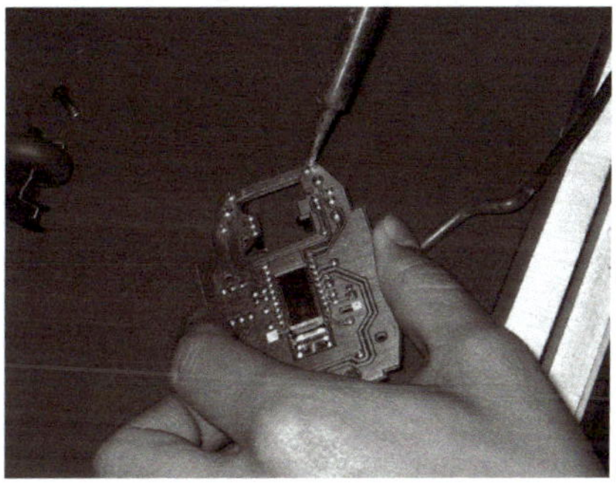

图 8-10　取下微动开关

步骤 3：更换新的微动开关，并焊接牢固，如图 8-11 所示。

图 8-11　更换新的微动开关

步骤 4：按鼠标原来的结构安装好，就可以插到计算机上使用了。

经验分享

如何切换鼠标左右键功能

有时为了使鼠标可以临时正常使用，还可以使用软件设置的方法切换鼠标左右键功能，具体方法如下：

在“控制面板”→“硬件和声音”→“设备和打印机”窗口中的鼠标图标上单击鼠标右键，在弹出的快捷菜单中选择“鼠标设置”选项，如图 8-12 所示。

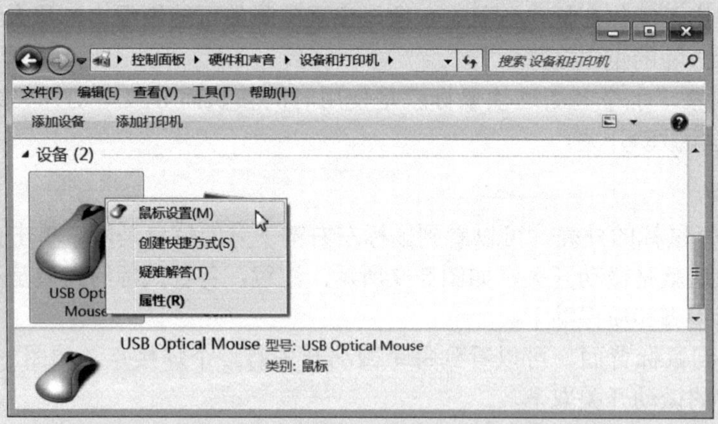

图 8-12 鼠标设置

在弹出的“鼠标 属性”对话框中勾选“切换主要和次要的按钮”复选框，如图 8-13 所示。然后单击“确定”按钮即可。

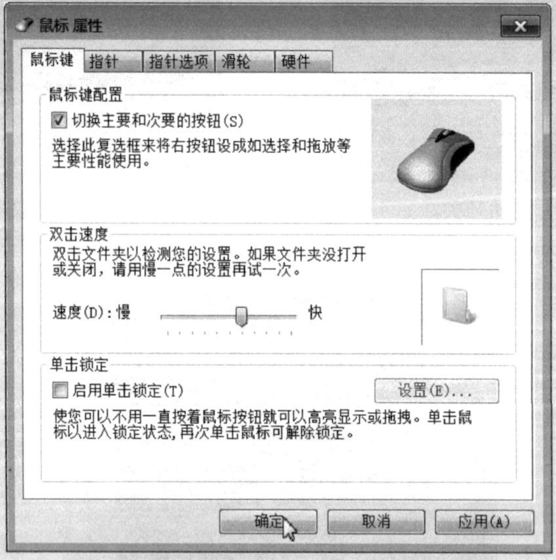

图 8-13 切换主要和次要的按钮

这样，鼠标右键就代替左键的功能了，而原来右键的功能在左键上应用一般不会受影响，还可利用键盘上的“菜单键”辅助完成。

3. 任务完成

小李将修好的鼠标让吴女士使用，吴女士看到鼠标运用如初，高兴地向小李致谢。

任务评价

将学生分成小组，各小组选出组长。组长带领组员，针对不同故障的键盘或鼠标进行故障诊断与解决，同时填写故障分析记录，见表 8-5。

表 8-5　故障分析记录

故 障 现 象	
故 障 分 析	
诊 断 方 案	

根据各组学生的实际操作情况和记录表填写情况作出任务评价，并填入表 8-6 中。

表 8-6　鼠标和键盘故障诊断与维护任务评价表

评 价 内 容		评 价 要 求	小 组 评 价	教 师 评 价
知识掌握		鼠标常见故障的原因及解决方法		
		键盘常见故障的原因及解决方法		
实际操作	故障现象	正确描述并记录		
	故障分析	完整阐述分析思路		
	诊断方案	制订诊断方案		
	故障解决	正确切换鼠标左右键功能		
		正确更换鼠标的微动开关		
		正确拆卸并清洁键盘		
教师建议：			评价汇总： A. 优秀 B. 良好 C. 基本掌握	

任务拓展

分析以下故障现象，制订解决方案。

1）鼠标使用时可以移动光标，但是鼠标左右键按下却无反应。

诊断提示：

该问题可能是由于鼠标在使用一段时间后，按键反弹能力下降，致使按键和电路板的微动开关距离相对较远而造成的。建议拆开鼠标，在鼠标按键下用双面胶粘贴上一块厚度适中的塑料片，问题就可以解决。

2）在使用无线鼠标的过程中，鼠标指针有时“乱跳”，具体表现为鼠标的指针在没有预兆的情况下自己瞬间往下跳动 2cm 左右（大部分时间正常）。

诊断提示：

部分无线鼠标确实存在指针“乱跳”的问题，可以试一试通过以下步骤来解决。首先，检查鼠标的电池是不是快没电了，更换新电池看一看能否有所改善；其次，尽可能缩短鼠标与接收器的距离，可以使用 USB 延长线将接收器放在距离鼠标 20cm 之内的范围，以加强信号。最后，尽可能不要把鼠标的接收器插在共用的 USB 接口上，让接收器单独占用一个 USB 接口。

3）在启动计算机时提示这样的错误：“Keyboard Error，Please press F1 Continue”，按 <F1> 键不能继续启动，且按任何键都毫无反应。

诊断提示：

这种情况是由于键盘未能正确地连接到主板上，或键盘与主板的 PS/2 接口接触不良，或鼠标与键盘接反而造成的。解决的方法很简单，首先查看键盘是否已正确接在主板上，如果接头松动，则重新插紧；还要仔细观察是否与鼠标接口的位置相近且外观相同，因为很容易弄混，但可以根据接口颜色及接口旁边的标识进行区别，只要将键盘正确地接在主板的 PS/2 接口上即可；如果键盘已经接好仍然出现这种情况，则可能是插头与接口接触不良的问题，这时只要把键盘插头重新插好即可解决。

4）计算机在每次开机后，都出现“keyboard error or no keyboard present”的错误，需要按 <Delete> 键进入 CMOS 设置窗口后，再退出 CMOS 设置才能正常开机使用，每次开机都要反复设置。

诊断提示：

这个错误提示说明键盘出错或未正确进行初始化操作，可以先重新拔插一下键盘连线，然后进入主板 CMOS 设置界面，选择“STANDARD CMOS SETUP”菜单，在其中找到“HALTON”项，将它设置为“NOERRORS”，使主板在检测到非严重错误时仍继续引导操作，最后保存设置，看问题能否解决。如果设置后仍出现该提示，则需要更换一块键盘，来检测是否原键盘有硬件故障。通常当键盘中进入异物而导致短路时便会出现该故障。而 BIOS 出错时，也可能引起此类问题，可对 BIOS 进行放电操作来解决。

5）在输入时，当按某一个键一次时，屏幕上显示出许多相同的字符。

诊断提示：

这是纯机械故障，一个原因是键的定位槽被卡住了，这时，要将键盘外壳打开，调整好键盘的位置后重新固定好即可；另一个原因是键本身失去了弹性，但这一种情况极少见，这时，将键拆开，换上一新的弹性介质，故障即可排除。

6）键盘输入与屏幕显示的字符不一致。

诊断提示：

此种故障可能是因电路板上产生了短路现象而造成的，其表现是按这一键却显示为同一列的其他字符，此时可用万用表或示波器进行测量，确定故障点后进行修复即可。

7）某些字符不能输入。

诊断提示：

若只有某一个按键的字符不能输入，则可能是该按键失效或焊点虚焊。检查时，打开键盘，用万用表电阻档测量接点的通断状态。若键按下时始终不导通，则说明按键簧片疲劳或接触不良，需要修理或更换；若键按下时接点通断正常，则说明可能是因虚焊、焊或金屑孔氧化所致，可沿着印刷线路逐段测量，找出故障进行重焊；若因金属孔氧化而失效，可将氧化层清洗干净，然后重新焊牢；若因金属孔完全陷落而造成断路，则可另加焊引线进行连接。

8）按键不能弹起（如 Enter、Shift、Ctrl 和 Alt）。

诊断提示：

出现这类故障的主要原因是键盘质量太差，在装机时对键盘的重视不够或贪图便宜，从而购买了劣质键盘。其实用户使用键盘和鼠标的频率是很高的，从经济角度来讲倒不如使用结实耐用的键盘，其使用时间是劣质键盘的 2 ～ 3 倍，甚至以上。遇到这种现象，一般只要将卡住的键恢复原位即可。但是这些键的弹簧可能出了问题，下次还会卡住。最好将键帽取下来，简单处理一下，如更换弹簧等。

9）在使用计算机时，不小心将一杯水洒进键盘里，造成了几个按键不能正常使用。

诊断提示：

解决键盘进水其实并不难，在进水后要马上关闭计算机，并将键盘从机箱上拔下来，以免造成键盘短路或损坏计算机。然后拆开键盘，先倒过来将里面的水倒出，再用螺钉旋具等拆开键盘背板，仔细擦拭干净键盘内及键帽上的水，再小心打开键盘底座，可以看到键盘的塑料电路板。这时检查哪些地方有水，就用脱脂棉仔细擦拭，但一定要注意，键盘的电路板是三层薄薄的塑料片，擦拭时千万要小心，不能用坚硬的东西去碰它，也不要使劲擦电路部分，否则会损坏电路。擦拭完后，不要急着把键盘安装好，因为此时电路板仍然是潮湿的，而应使用吹风机或风扇等将它吹干，或在太阳能底下晾干再放置一段时间使水分完全蒸发，再重新把键盘插到主板 PS/2 接口上，开机，键盘就应该可以正常使用了。

注意：无论是键盘、鼠标，还是显示器主机，一定要注意防水防潮。另外，如果选择防水的键盘，那么一旦进水后晾干即可使用。

知识储备

键盘的拆卸

键盘是使用率很高的外部硬件设备之一，即使是某一个按钮失灵或出现小故障，都会给用户在使用时造成极大的不便。由于键盘是一种机电设备，使用频繁，加之键盘底座与各个按键之间有较大的空隙，使得灰尘以及各种小杂物容易侵入。因此要想彻底地清除污垢，有时还得拆开键盘来清洗，计算机键盘的拆卸方法如下：

1）取下键盘，用毛刷将键盘表面的灰尘清理干净。

2）用螺钉旋具将键盘背面的螺钉拧开，可以看到键盘的内部结构，如图 8-14 所示。

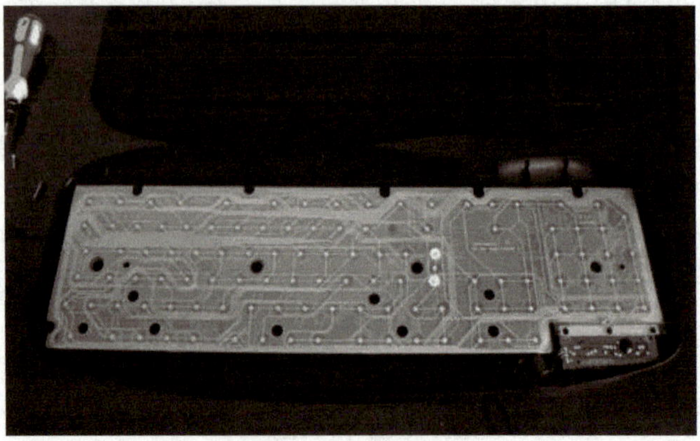

图 8-14　键盘的内部结构

3）将薄膜电路板取下，注意，薄膜电路板一共三层，小心别碰到电路板，以防电路被破坏。

4）取下胶垫，拆下键盘的电路部分，此时就可以对按键和外壳部分进行清理工作了，如图 8-15 所示。可以直接用清水和棉签进行清理操作，也可以使用专用键盘清洗剂进行清理。

图 8-15　按键和外壳部分

5）清理完成后，按照拆除时的顺序逆序进行安装。在安装过程中需要注意，胶垫要摆放正确，固定电路板的螺钉要拧紧。

项目总结

本项目通过对机箱电源和鼠标键盘故障的诊断与维护的典型案例的介绍，使学生掌握电源故障的分析处理、鼠标微动开关的更换、键盘的拆卸清洁等相关知识，具备针对计算机机箱电源和鼠标键盘基本故障解决的能力。

1．维修要点

1）维修人员要熟悉电源各针脚的含义，以更好地对电源电压进行检测。

2）维修人员要熟悉鼠标和键盘的结构，便于鼠标的拆装和键盘的维护。

3）维修人员在工作时需按照规范操作，保证人身安全和配件完好。

4）维修人员要善于利用各种工具软件来解决硬件故障。

5）维修人员要善于积累经验，以便迅速、准确地找到故障部位并排除故障。

2．解决思路

1）电源故障的解决思路如图 8-16 所示。

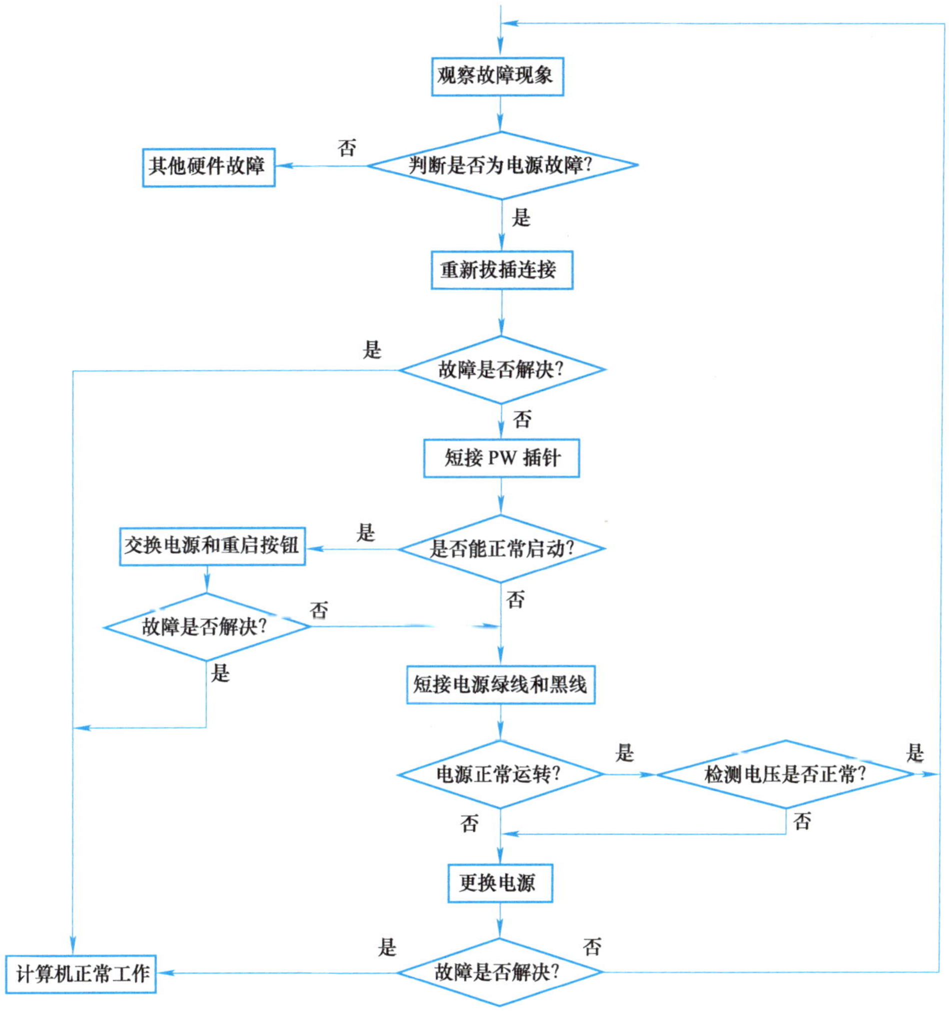

图 8-16　电源故障的解决思路

2）鼠标或键盘故障的解决思路如图 8-17 所示。

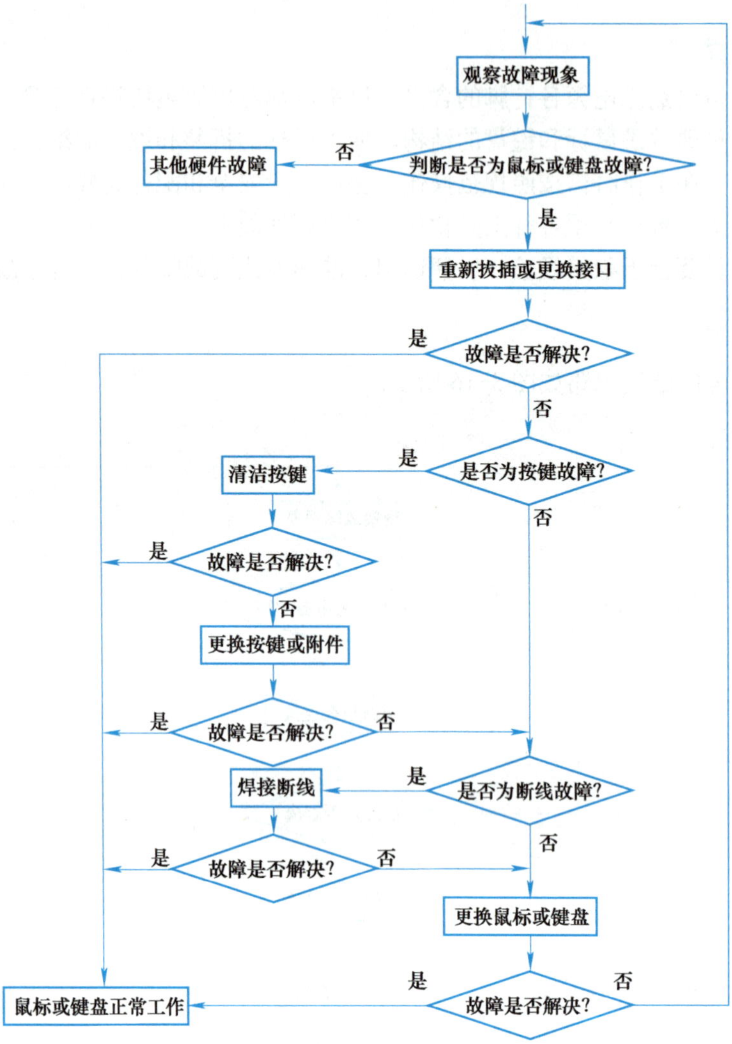

图 8-17　鼠标或键盘故障的解决思路

项目9　网络故障诊断与维护

项目情境

小李经过了在软件服务部和硬件售后服务部的历练，能力有了大幅提升，现在他又被计算机公司调到了网络服务部。

新的部门主要负责公司内部的网络维护工作，在长期的实际工作中小李积累了不少经验，现在已经可以灵活运用实际经验并结合以前学过一些网络知识自己动手解决问题了。

项目概述

随着计算机网络在生活中占据越来越重要的地位，计算机的网络故障也给计算机用户带来了极大的困扰。本项目以计算机无法上网和不能实现网络共享两个典型案例，说明常见网络故障的处理方法。

网络故障既包含硬件故障，也包含软件故障，硬件故障指设备或线路损坏、插头松动、线路受到干扰等。软件故障常见的就是设备配置错误。与平时故障判断的顺序不同，网络故障往往先排除硬件故障，再设置软件（如网卡的设置）。

学习目标

知识目标：

1. 掌握网络设备指示灯的含义；
2. 了解 ADSL 常见故障代码的含义；
3. 掌握常见的网络结构和拓扑图的绘制方法。

能力目标：

1. 能够正确设置宽带路由器，实现多台计算机共享上网；
2. 能够正确设置局域网内文件和打印机共享使用；
3. 能够根据故障现象进行分析和解决。

情感目标：

1. 能够与客户交流，了解故障现象；
2. 能够与客户沟通，确定故障解决方案；
3. 对于不熟悉的内容，能够查阅相关资料进行工作。

任务1　互联网故障诊断与维护

任务情境

冯先生家中的计算机不能上网了，于是打电话给计算机公司的网络服务部请求上门维修，公司派小李去为该客户解决网络故障。小李来到客户家，按照公司的《上门服务规范》要求为冯先生维修计算机。

情境对话：

冯先生：可算把您给盼来了，我家的计算机已经好几天上不去网了。

小　李：您好，以前计算机上网都一直正常吗？故障前对计算机做过哪些操作吗？

冯先生：以前一直挺好的，就这两天突然无法上网了。

小　李：我给您检查一下，请您填写维修服务单的客户信息。

冯先生：好。

任务分析

1．观察现象

小李观察该用户家用的是ADSL+路由器的上网方式，网络拓扑图如图9-1所示。

图9-1　ADSL+路由器上网拓扑图

小李在直接连接路由器的台式机上尝试输入网址，不能成功打开网页，其他无线设备也同样不能上网，同时观察ADSL Modem和宽带路由器的网络连接与指示灯情况也没有发现任何问题。小李记录好故障现象，开始着手分析和解决。

2. 故障分析

ADSL 是运行在原有电话线上的一种高速宽带上网方式，该上网方式具有节省投资、上网速度快、安装简单等优点，在国内十分普遍（现在光纤接入方式发展也很快）。有些家庭用户为了使多个设备（台式机、笔记本式计算机、平板电脑、移动电话等）共享上网，往往在 ADSL Modem 和家庭网络中加装路由器。在 ADSL Modem 和宽带路由器上都有指示灯，往往可以根据指示灯的亮灭情况来判断故障。

（1）ADSL Modem 指示灯详解　根据 ADSL Modem（宽带调制解调器）型号的不同，分别有三、四、五个灯的，无论哪一种型号，其中三个指示灯是必不可少的，即电源灯（POWER 或 POW）、外网指示灯（LINK、ENT、DSL、ADSL）和内网指示灯（PC、LAN、ETHERNET）。另外，有的还有数据指示灯（DATA）。

1）ADSL Modem 正常状态下各灯显示状态：电源灯、外网指示灯和内网指示灯应常亮，如图 9-2 所示。

2）电源灯不亮：检查电源是否开启、ADSL Modem 是否损坏。

3）外网指示灯不停闪烁：检查电话线与 ADSL Modem 的连接、电话线接头是否接触不良，或电话线是否断。正常情况下，刚开始单击连接时，LINK 灯闪烁，说明正在连接，连接后应为常亮。

4）内网指示灯不亮：说明 ADSL Modem 和计算机（或路由器）的连接有问题，检查网线或计算机网卡。

5）数据灯闪烁，表明计算机与 ADSL Modem 之间正在传输数据，如果没有闪烁，则表示没有数据传输。

（2）宽带路由器指示灯详解　TP-LINK 的无线宽带路由器 TL-WR841N 如图 9-3 所示。

图 9-2　ADSL Modem 指示灯

图 9-3　TL-WR841N

该路由器各指示灯详解见表 9-1。

表 9-1　无线宽带路由器 TL-WR841N 指示灯详解

指示灯	描述	功能
PWR	电源指示灯	常灭——没有通电
		常亮——已经通电
SYS	系统状态指示灯	常灭——系统存在故障
		常亮——系统初始化故障
		闪烁——系统正常
WLAN	无线状态指示灯	常灭——没有启用无线功能
		闪烁——已经启用无线功能

（续）

指　示　灯	描　　述	功　　能
1/2/3/4	局域网状态指示灯	常灭——端口没有连接上
		常亮——端口已正常连接
		闪烁——端口正在进行数据传输
WAN	广域网状态指示灯	常灭——相应端口没有连接上
		常亮——相应端口已正常连接
		闪烁——相应端口正在进行数据传输

任务实施

1．故障判断

小李首先将鼠标移动到桌面右下角的“网络”图标上观察，提示“无网络访问”，如图 9-4 所示。

图 9-4　观察“网络”图标

右键单击“网络”图标，可打开网络共享中心，查看当前网络情况，如图 9-5 所示。

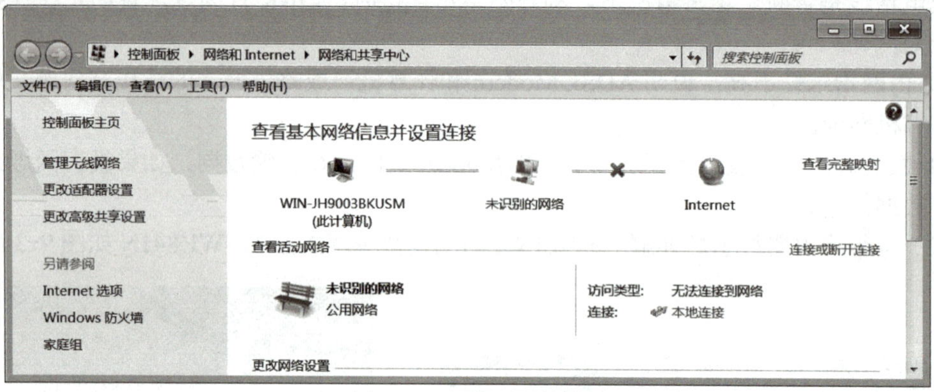

图 9-5　当前网络情况

单击图 9-5 中红色的叉号（或黄色的叹号），Windows 操作系统将自动检测并修复网络问题，能否解决问题系统也会给出提示，如图 9-6 所示。

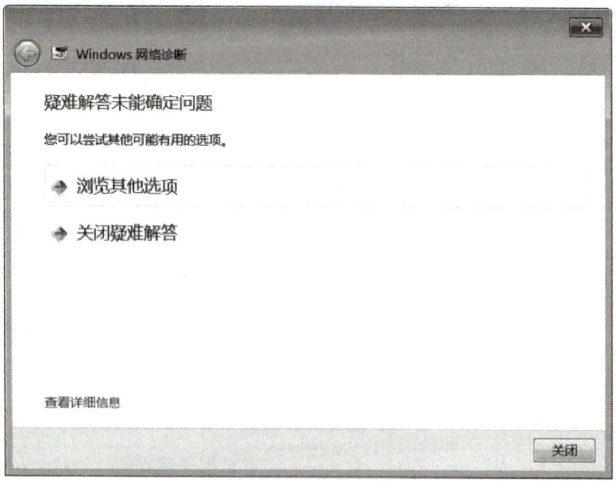

图 9-6　Windows 网络诊断

小李打开设备管理器进行观察，判断网卡驱动基本正常，如图 9-7 所示。

小李拆除路由器，将 ADSL Modem 与计算机直接连接，使用需要输入用户名和密码的 PPPoE 宽带连接，如图 9-8 所示。结果可以成功上网，那么就是路由器本身或网线连接的故障。

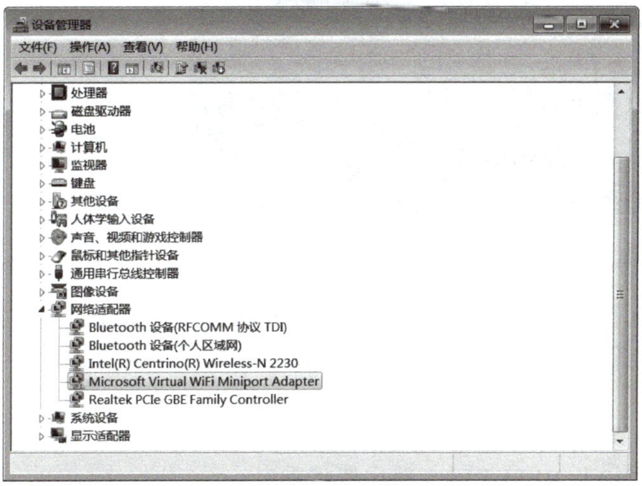

图 9-7 设备管理器

图 9-8 PPPoE 宽带连接

2. 故障解决

小李用网线测试仪检测各网络设备连接的网线，结果均正常，如图 9-9 所示。那么就是路由器本身的问题，小李决定重新设置无线宽带路由器 TL-WR841N。

图 9-9 检测网线均正常

经验分享

ping 命令的使用

在网络检测中常运行“ping 192.168.1.1”命令，以判断本机与网络设备连接是否正常。网络连通状态如图 9-10 所示。

图 9-10 ping 命令

步骤 1：在重新设置路由器之前为了排除干扰，应先将路由器先恢复到出厂默认设置。

在路由器通电的情况下，使用一个尖状物（如油笔芯）按压路由器后面板的 RESET 按钮，如图 9-11 所示。

保持按压的同时观察 SYS 灯，大约等待 5s 后，当 SYS 灯由缓慢闪烁变为快速闪烁状态时，表示路由器已成功恢复出厂设置，此时松开 RESET 键，路由器将重启。

步骤 2：启动台式机，打开网页浏览器，在浏览器的地址栏中输入路由器的 IP 地址 192.168.1.1，将会看到如图 9-12 所示的登录对话框。输入用户名和密码（用户名和密码的出厂默认值均为 admin），单击“确定”按钮。

图 9-11 路由器恢复默认

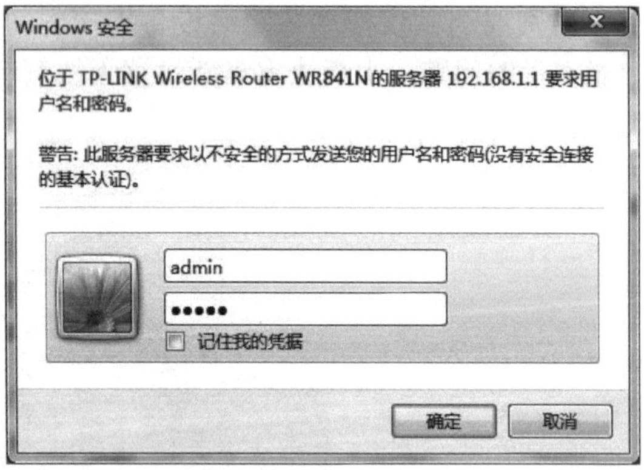

图 9-12 登录对话框

步骤 3：浏览器会弹出如图 9-13 所示的设置向导对话框。如果没有自动弹出此对话框，则可以单击页面左侧的设置向导菜单将其激活。

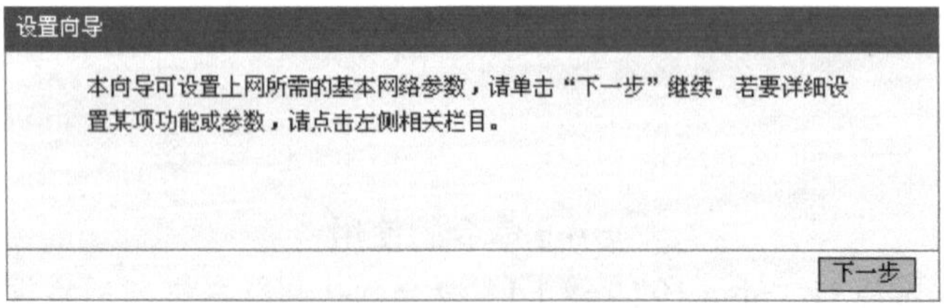

图 9-13 设置向导

步骤 4：单击“下一步”按钮，进入上网方式选择页面，如图 9-14 所示。

图 9-14 中显示了最常用的几种上网方式，根据 ISP 提供的上网方式进行选择，这里选择 PPPoE（ADSL 虚拟拨号），ISP 会提供上网账号和密码，在图 9-15 所示的对话框中进行填写。

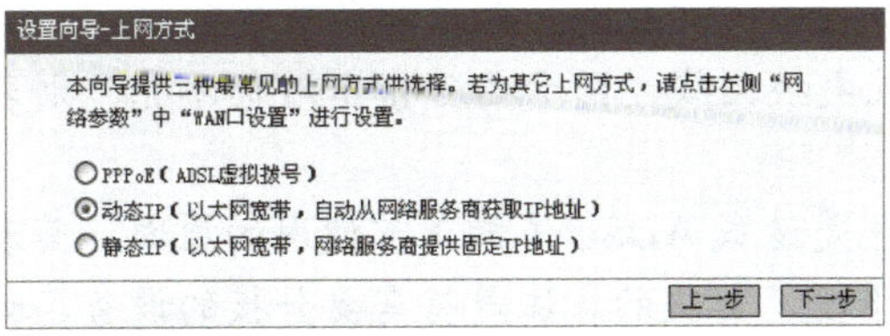

图 9-14　设置向导 - 上网方式

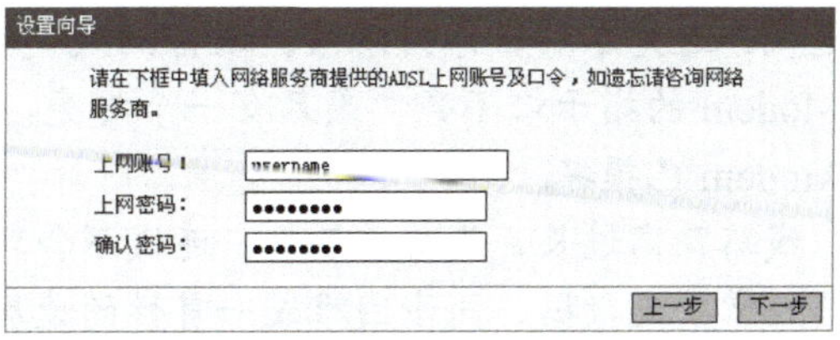

图 9-15　选择 PPPoE 上网方式

步骤 5：设置完成后，单击“下一步”按钮，出现如图 9-16 所示的基本无线网络参数设置对话框。

无线状态选择开启，“WPA-PSK/WPA2-PSK”是路由器无线网络的加密方式，选中该单选按钮后，在 PSK 密码中输入密码，密码要求为 8 ～ 63 个 ASCII 字符或 8 ～ 64 个 16 进制字符。

注意：此处提到的信道带宽设置仅针对于支持 IEEE 802.11n 协议的网络设备，对于不支持 IEEE 802.11n 协议的设备，此步设置不生效。

步骤 6：设置完成后，单击“下一步”按钮，将弹出如图 9-17 所示的设置向导对话框面，单击“重启”按钮，使无线设置生效。

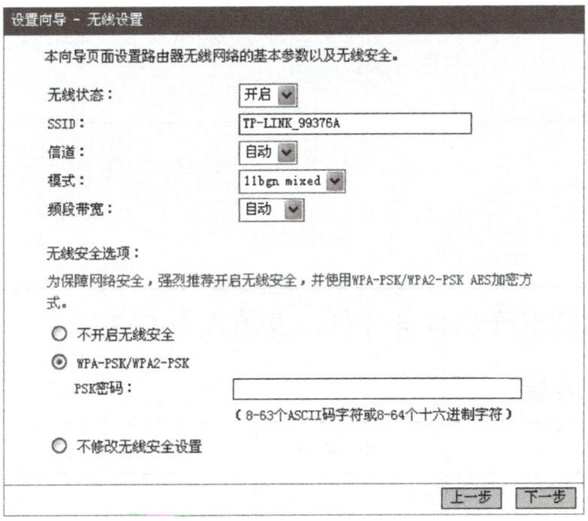

图 9-16　设置无线网络参数

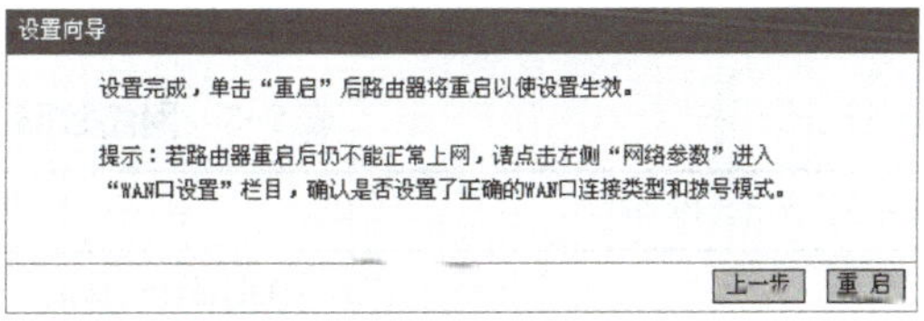

图 9-17　设置向导完成界面

3. 任务完成

路由重新设置完毕后，台式机可以直接上网，其他无线设备也能搜索到无线网络信号并成功上网，网络又恢复了正常。冯先生确认可以上网后十分高兴，填写好维修服务单，付款后小李就奔向计算机公司迎接新的工作了。

知识储备

ADSL 故障原因

ADSL 常见的硬件故障大多数是接头松动、网线折断、ADSL Modem 损坏和计算机系统故障等方面的问题，这些一般都可以通过观察指示灯来帮助定位。

此外，电压不正常、温度过高、雷击等也容易造成故障。在电压不稳定的地方，最好为 Modem 配小功率不间断电源（Uninterruptible Power Supply，UPS），Modem 应保持干燥通风、避免水淋、保持清洁。遇雷雨天气时，务必将 Modem 电源和所有连线拔下。如果 Modem 的指示灯不亮，或只有一个灯亮，或更换网线、网卡之后指示灯仍不亮，则表明 Modem 已损坏。

线路距离过长、线路质量差、连线不合理也是造成 ADSL 不能正常使用的原因。其表现是经常丢失数据、同步困难或一贯性的速度很慢，解决的方法是将需要并接的设备，如电话分机、传真、Modem 等放到分线器的 PHONE 口后，检查所有接头接触是否良好，对质量不好的网线应进行改造或更换。

任务评价

将学生分成小组，各小组选出组长。组长带领组员，针对不同网络故障的现象进行诊断与解决，同时填写故障分析记录，见表 9-2。

表 9-2　故障分析记录

故 障 现 象	
故 障 分 析	
诊 断 方 案	

根据各组学生的实际操作情况和记录表填写情况作出任务评价，并填入表 9-3。

表 9-3　网络故障诊断与维护任务评价

评 价 内 容		评 价 要 求	小 组 评 价	教 师 评 价
知识掌握		简述 ADSL 故障的原因		
		简述 ADSL Modem 各指示灯的含义		
		简述宽带路由器各指示灯的含义		
实际操作	故障现象	正确描述并记录		
	故障分析	完整阐述分析思路		
	诊断方案	制订诊断方案		
	故障解决	正确用测线仪检测网线		
		正确连接并设置宽带路由器，实现共享上网		
教师建议：			评价汇总： A. 优秀 B. 良好 C. 基本掌握	

任务拓展

分析以下故障现象，制订解决方案。

1）两台计算机使用宽带路由器共享上网，连接完成后发现无论哪台计算机先开机上网，当遇到另一台开机时必定会出现掉线现象，此时重新连接可以恢复正常。

诊断提示：

从故障描述中可以判断是路由器存在物理或设置问题，可以按照以下步骤排除故障：

重新启动路由器看故障是否能被排除；检查计算机与路由器的连接是否采用直通线，更改为使用代理服务器方式上网，重复两台计算机的开、关机操作，检测 ADSL Modem 的连接是否正常，如果发生异常，则表明是 ADSL Modem 存在问题。

2）有时 ADSL 访问速度并不比普通拨号 Modem 快多少。

诊断提示：

造成 ADSL 访问速度慢的原因主要有：

① 如果访问国外站点，则访问会受到出口带宽及对方站点配置情况等因素的影响。

② ADSL 技术对电话线路的质量要求较高，且目前采用的 ADSL 是一种 RADSL（速率自适应 ADSL），如果电话局所在楼到用户间的电话线路在某段时间受到外在因素的干扰，则 RADSL 会根据线路质量的优劣和传输距离的远近动态地调整用户的访问速度。

3）ADSL 有时不能正常上网。

诊断提示：

ADSL 是一种基于双绞线传输的技术，双绞线是将两条绝缘的铜线以一定的规律互相缠在一起，这样可以有效抵御外界的电磁场干扰。大多数电话线是平行线。从电话公司接线盒到用户电话这段线大多用的是平行线，这对 ADSL 传输非常不利。过长的非双绞线传输会造成连接不稳定、ADSL 灯闪烁等现象，从而影响上网。由于 ADSL 是在普通电话线的低频语音上叠加高频数字信号，所以从电话公司到 ADSL 滤波器这段连接中，任何设备的加入都将危害数据的正常传输，因此在滤波器之前不要并接电话和电话防盗器等设备。

4）路由器使用一段时间后，就无法登录 Web 界面，显示找不到网页，路由器能够正常使用，但是无法登录。此时，拔了电源重插，路由器就能恢复正常。

诊断提示：

因为对路由器管理界面的访问是由路由器内部的进程控制的，但是这个进程的优先级并不高，当路由器疲于处理其他任务时，有可能出现路由器管理界面无法登录的情况。

一般拔掉电源，重启路由器，就等于强制释放了连接路由器的链接，使路由器有能力来应付另一个操作。为了日后避免这种情况，不要在路由器进行 BT 下载等高负荷任务时登录 Web 界面，改在路由器空闲时登录，这样就可以杜绝此类情况发生。

任务 2　局域网管理与维护

任务情境

吴女士又来找小李解决故障问题了，这次因为办公室新进了几台计算机，吴女士想将原来用的打印机设置为局域网共享使用，于是她请教网络维护部的小李该如何解决。

情境对话：

吴女士：小李，这次又来麻烦你了，你看能把我们办公室的打印机设置为共享么？

小　李：现在办公室的计算机是什么操作系统？

吴女士：我们现在用的都是新计算机，预装的 Windows 7 操作系统。

小　李：好吧，我和你一起看一看。

任务分析

1. 观察现象

小李观察该办公室的布局，如图 9-18 所示。

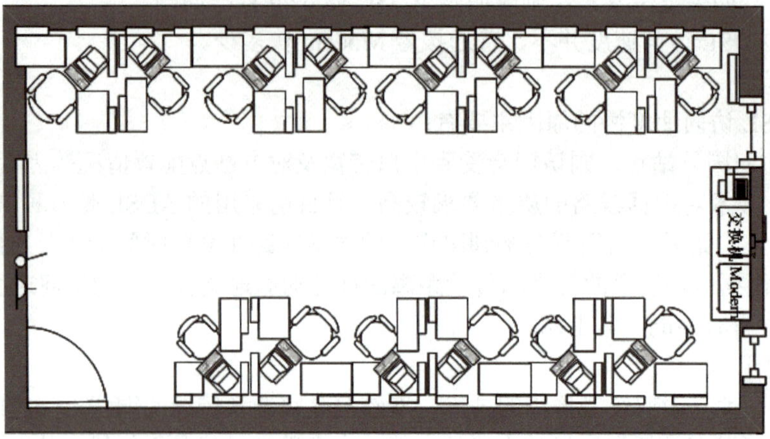

图 9-18　办公室布局

小李首先打开直接连接打印机的计算机，看到该计算机已安装了打印机驱动程序，可以正常打印，但局域网内的其他计算机均未设置打印机。小李记录情况并着手分析解决。

2. 故障分析

小李简单绘制了该办公室的网络拓扑图，如图 9-19 所示。这次要做的工作是实现局域网内的打印机共享。

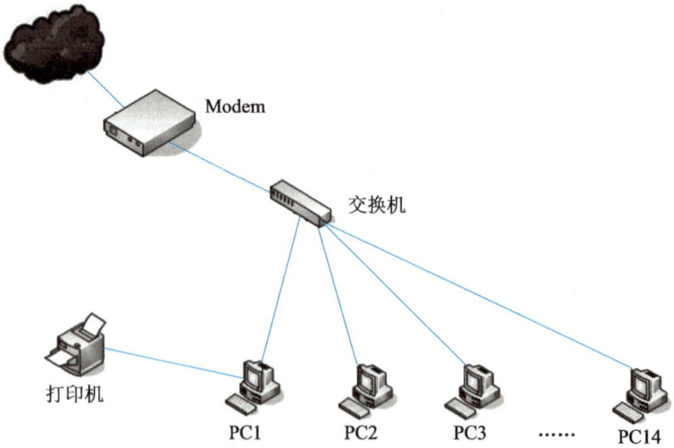

图 9-19　办公室网络拓扑图

知识储备

局域网资源共享方式

Windows 操作系统的文件共享有两种方式，即简单文件共享（Simple File Sharing）和高级文件共享（Professional File Sharing）。

（1）简单文件共享　使用简单文件共享方式创建文件共享很简单，只需在文件夹上单击鼠标右键，在弹出的快捷菜单中选择“共享和安全…”命令，选择“共享”选项卡，然后选择“在网络上共享这个文件夹”复选框，在“共享名”栏中显示的是所需共享的文件目录名。如果允许网络上的用户修改共享文件，则可以选择“允许网络用户更改我的文件”复选框。

如果共享文件夹不能完全满足要求，则还可以共享磁盘驱动器。只需在驱动器盘符上单击鼠标右键，在弹出的快捷菜单中选择“共享和安全…”命令，选择“共享”选项卡，出现了一个安全提示，提示注意驱动器共享后的风险。如果要继续共享，则单击“共享驱动器根”链接，之后的操作与共享文件夹操作一样。

（2）高级文件共享　Windows 操作系统的高级文件共享是通过设置不同的账户，并分别赋予不同的权限，即通过设置访问控制列表（Access Control List，ACL）来规划文件夹和硬盘分区的共享情况，达到限制用户访问的目的。其中包括：

1）禁止简单文件共享。

2）设置账户。

3）设置共享。

（3）快捷创建多个共享文件夹　当用 shrpubw.exe 命令创建多个共享文件夹时，可能会遇到这样的情况：一次需要将本地硬盘的多个文件夹共享给局域网内的其他用户使用。按照上述“简单文件共享”方法，一次只能选择一个文件夹，单击鼠标右键，在弹出的快捷菜单中选择“共享和安全”命令，再选择“在网络上共享这个文件夹”复选框并确认。但这对于多个文件夹共享来说，操作起来过于繁琐。

任务实施

1. 故障判断

无论过去、现在还是将来，资源共享都是网络的重要应用之一。通过资源共享，可以实现文件的交换和资源的共用。

在局域网中的两台计算机实现共享必须遵循以下原则：一是双方计算机打开，且设置了共享资源；二是双方均计算机的添加了“文件和打印共享”服务；三是双方都设置了正确的内网 IP 地址，且必须在一个网段中；四是在双方的计算机中都关闭了防火墙；五是双方都启用了 Guest 账户。

如果双方的 Guest 账户都没有设置密码，则可以很顺利地看到对方的共享资源。如果计算机甲对 Guest 账户加了密码，则计算机乙访问计算机甲的共享资源时，就必须正确输入这个密码才可以访问。在不知道对方密码的情况下，反复试探多次后，计算机甲的账户锁定策略会自动锁定计算机乙的 Guest 账户，此时计算机乙就无法看到对方的共享目录了。

2. 故障解决

在局域网中，不可能每个人都有一台打印机，有些资料的打印难免要使用打印共享，下面详细介绍如何实现打印共享。

（1）在直接连接打印机的计算机上设置

1）取消禁用 Guest 用户。

步骤 1：单击“开始”按钮，在“计算机”选项上单击鼠标右键，在弹出的快捷菜单中选择“管理”命令，如图 9-20 所示。

图 9-20　选择“管理”

步骤 2：在打开的“计算机管理”窗口中的“本地用户和组”的“用户”中找到“Guest”用户，如图 9-21 所示。

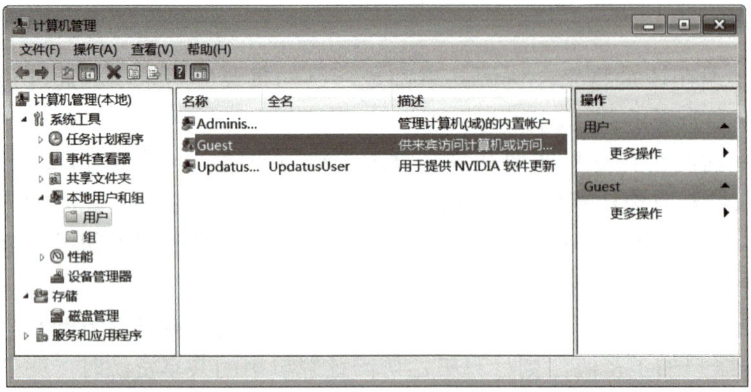

图 9-21　“计算机管理”窗口中的“Guest”用户

步骤 3：双击“Guest”，打开“Guest 属性”对话框，确保“账户已禁用”复选框没有被勾选，如图 9-22 所示。

2）共享目标打印机。

步骤 1：单击“开始”按钮，选择“设备和打印机”选项，如图 9-23 所示。

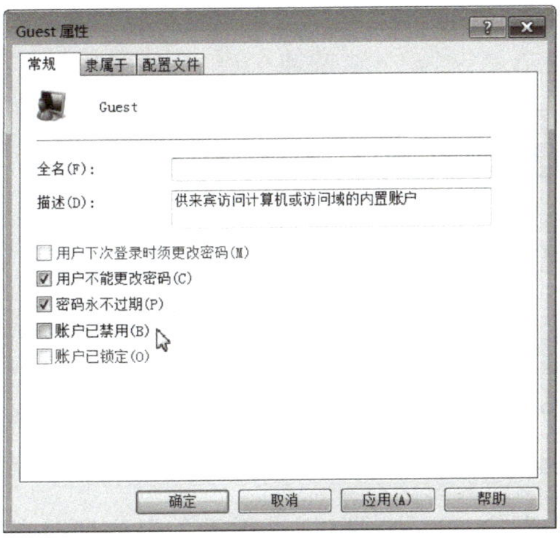

图 9-22 “Guest”没有被禁用

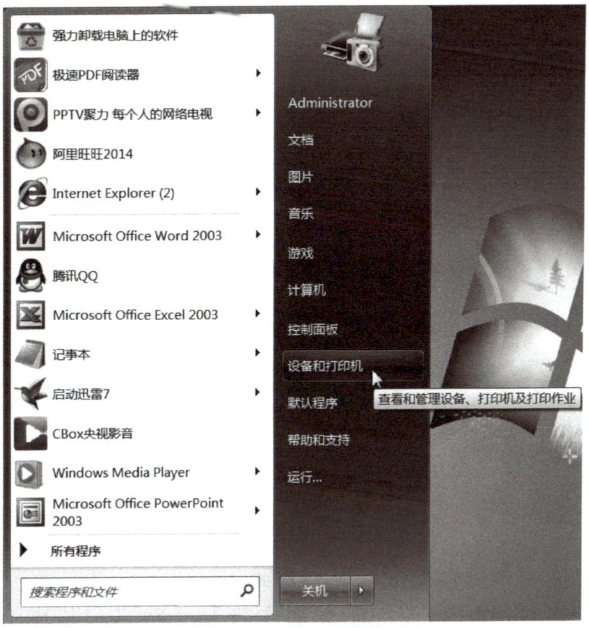

图 9-23 选择“设备和打印机”

步骤 2：在弹出的窗口中找到想共享的打印机 HP LaserJet 1020（前提是打印机已正确连接，驱动程序已正确安装），然后单击鼠标右键，在弹出的快捷菜单中选择“打印机属性”命令，打开“HP LaserJet 1020 属性”对话框，如图 9-24 所示。

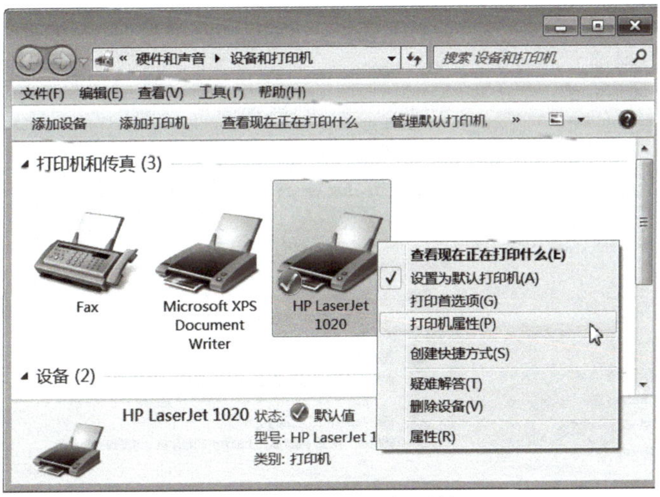

图 9-24 设置打印机属性

步骤 3：切换到“共享”选项卡，勾选“共享这台打印机”复选框，并且设置一个共享名“HPLaserJ”，如图 9-25 所示。

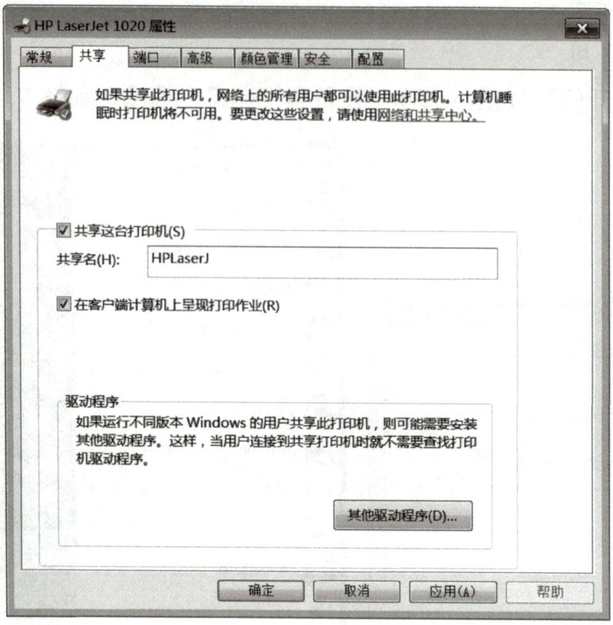

图 9-25　设置打印机“共享”

3）进行高级共享设置。

步骤 1：在控制面板中打开“网络和共享中心”窗口，如图 9-26 所示。记住所处的网络类型（本例中为“工作网络”），接着在弹出中的窗口中的单击“选择家庭组和共享选项”链接。

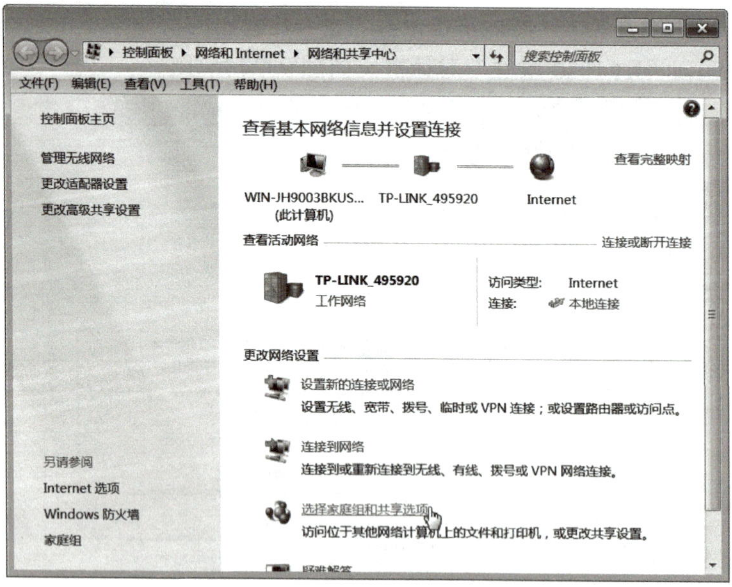

图 9-26　“网络和共享中心”窗口

步骤 2：在“家庭组”窗口中单击“更改高级共享设置”链接，弹出“高级共享设置”窗口，如图 9-27 所示。这里选中“启用文件和打印机共享”与“关闭密码保护共享”两个单选按钮，设置完成后保存修改。

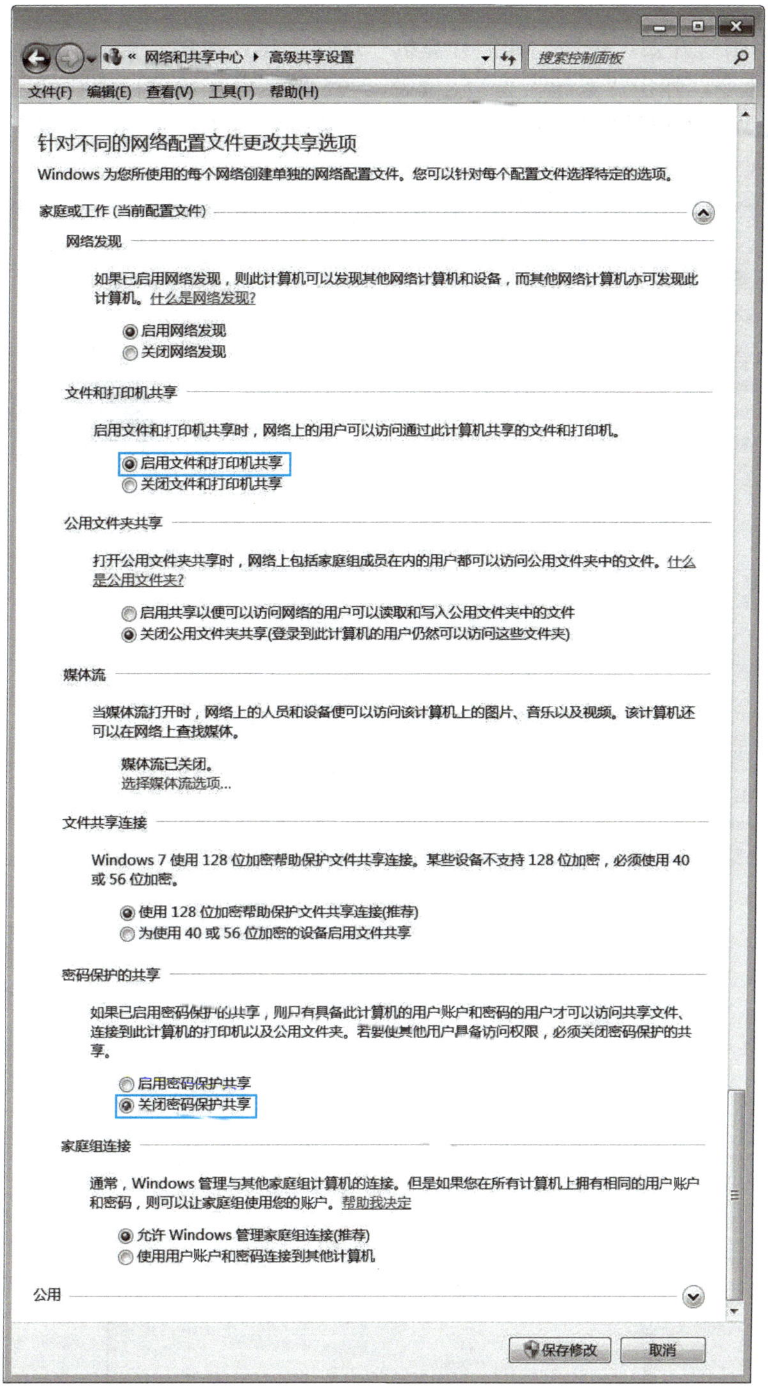

图 9-27 “高级共享设置”窗口

如果是公共网络，则具体设置和上述情况类似，但相应地应设置“公共”下面的选项，而不是“家庭或工作”下面的选项。

4）设置工作组。

在添加目标打印机之前，首先要确定局域网内的计算机是否都处于一个工作组，具体过程如下。

步骤 1：单击”开始”按钮，在”计算机”选项上单击鼠标右键，在弹出的快捷菜单中选择“属性”命令，弹出“系统”窗口，如图 9-28 所示。在该窗口中找到工作组（本例为 WORKGROUP），如果计算机的工作组设置不一致，则可单击“更改设置”链接，然后在弹出的“系统属性”对话框中单击“更改”按钮，如图 9-29 所示。

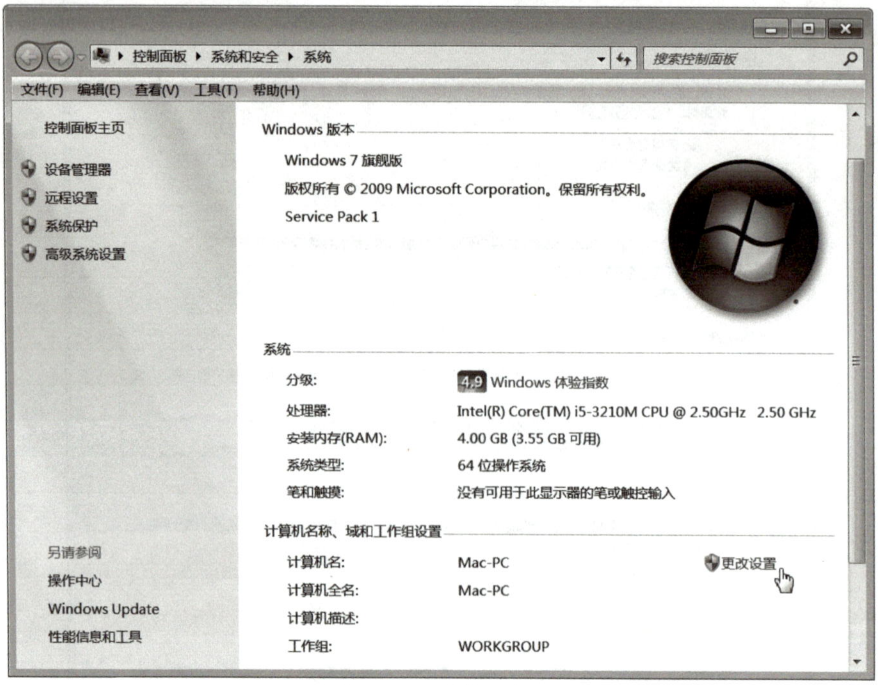

图 9-28 “系统”窗口

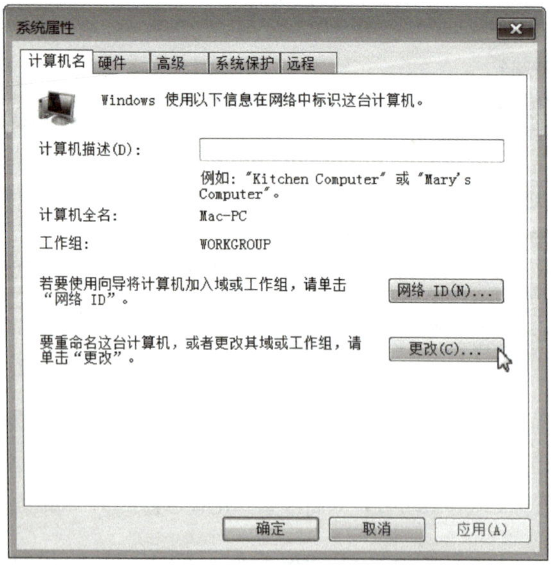

图 9-29 “系统属性”对话框

步骤 2：在“计算机名 / 域更改”对话框中设置局域网内的计算机为同一个工作组，如图 9-30 所示。

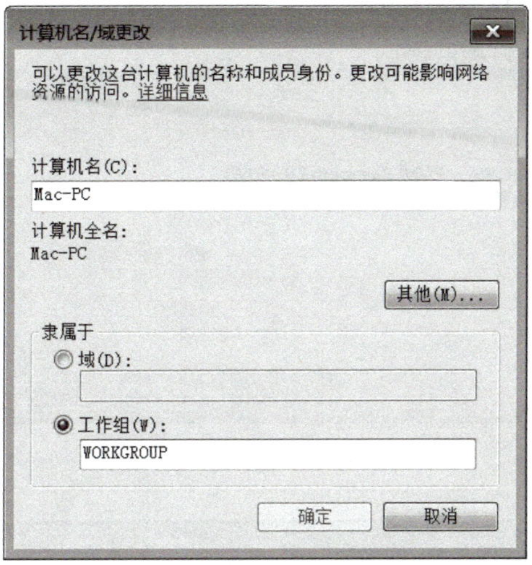

图 9-30　“计算机名 / 域更改”对话框

设置完成后重启计算机，使设置生效。

（2）在局域网内的其他计算机上添加目标打印机

步骤 1：进入“控制面板”，打开“设备和打印机”窗口，单击“添加打印机”按钮，如图 9-31 所示。

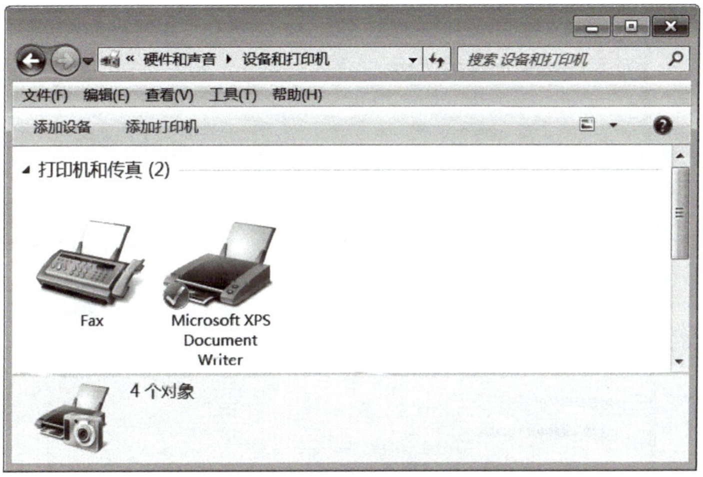

图 9-31　“设备和打印机”窗口

步骤 2：选择“添加网络、无线或 Bluetooth 蓝牙打印机”，然后单击”下一步”按钮，如图 9-32 所示。

单击“下一步”按钮后，系统会自动搜索可用的打印机。如果前面的设置都正确，那么只要耐心等待，一般系统都能找到，接下来只需按照提示逐步操作就行了。

如果耐心地等待后系统还是找不到所需的打印机，那么还可以单击“我需要的打印机不在列表中”，然后单击“下一步”按钮，如图 9-33 所示。

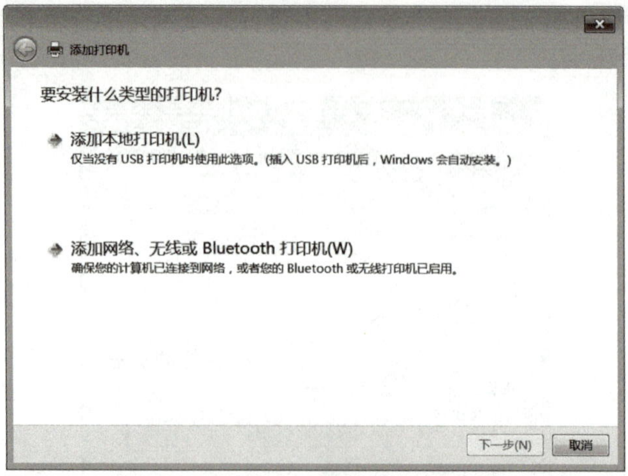

图 9-32　添加打印机

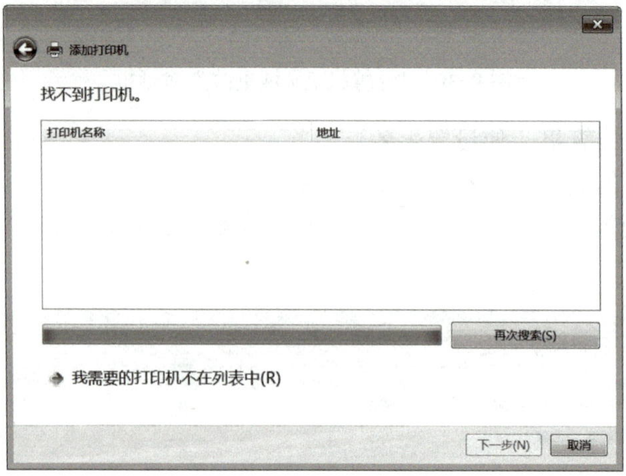

图 9-33　搜索打印机

步骤 3：选中“浏览打印机”单选按钮，单击“下一步”按钮，如图 9-34 所示。

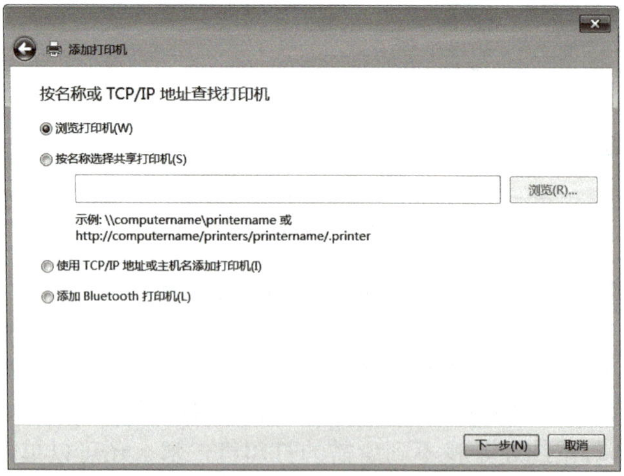

图 9-34　浏览打印机

步骤 4：找到已连接打印机的那台计算机，这里选择“MAC-PC”，单击“选择”按钮，如图 9-35 所示。

图 9-35　已连接打印机的计算机

步骤 5：选择目标打印机“HPLaserJ”，单击“选择”按钮，如图 9-36 所示。

图 9-36　选择目标打印机

接下来的操作比较简单，系统会自动找到并把该打印机的驱动程序安装好（若两台计算机的操作系统不同，则可能需要下载对应操作系统的打印机驱动程序）。

至此，打印机已添加完毕，可以单击“打印测试页”按钮，测试打印机是否能正常工作，也可以直接单击“完成”按钮退出此对话框，如图 9-37 所示。

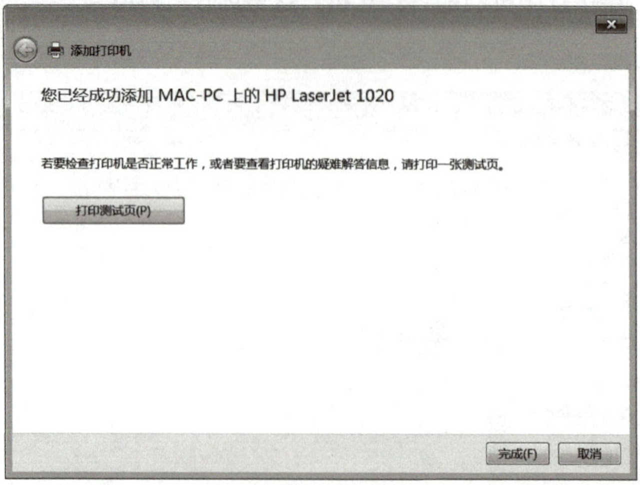

图 9-37　打印测试页

成功添加后，在“控制面板”的“设备和打印机”窗口中，可以看到新添加的打印机，如图 9-38 所示。

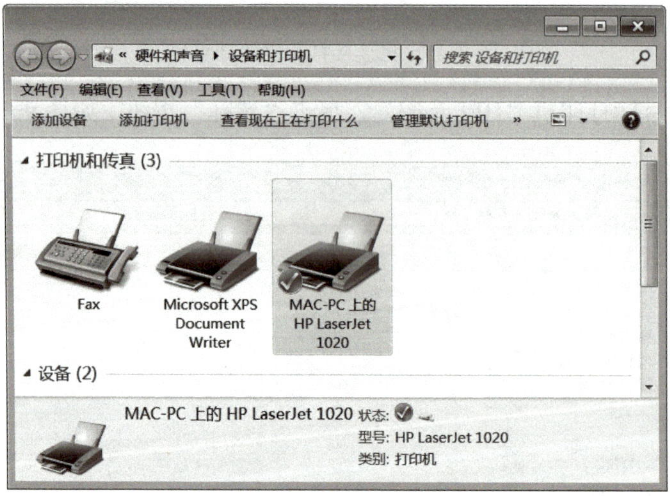

图 9-38　网络打印机添加完成

3．任务完成

小李在办公室的每台计算机上都用同样的方法添加网络打印机，最后办公室的所有计算机都可以正常打印了，工作效率大大提高，吴女士和其他办公室的同事都十分感谢网络维护部的小李。

知识储备

局域网故障现象

局域网中常见的故障现象有以下几种：

1）网卡不工作，指示灯状态不对。

2）网络不连通或只有几台计算机不能上网，能 ping 通，但不能联网或网络传输速度慢等。

3）数据传输错误、网络应用出错或死机等。

4）网络工作正常，但在某一应用程序下不能使用网络。

5）只能看见自己或个别计算机。

6）无盘工作站不能上网或启动时报错。

7）网络设备安装时出现异常。

8）网络不稳定。

任务评价

将学生分成小组，各小组选出组长。组长带领组员，针对不同的局域网故障进行诊断与解决，同时填写故障分析记录，见表 9-4。

表 9-4 故障分析记录

故障现象	
故障分析	
诊断方案	

根据各组学生的实际操作情况和记录表填写情况作出任务评价，并填入表 9-5。

表 9-5 局域网故障诊断与维护任务评价

评价内容		评价要求	小组评价	教师评价
知识掌握		局域网共享方法		
实际操作	故障现象	正确描述并记录		
	故障分析	完整阐述分析思路		
	诊断方案	制订诊断方案		
	故障解决	正确绘制简单的网络拓扑图		
		正确安装打印机驱动程序		
		正确设置文件或打印机共享		
教师建议：			评价汇总： A. 优秀 B. 良好 C. 基本掌握	

任务拓展

分析以下故障现象，制订解决方案。

1）某单位办公局域网，以前用 HUB 上网时各台计算机之间可以顺利进行文件共享。

添加路由器后出现了怪现象，在“网上邻居”中可以看到其他计算机的共享文件，但是将这些共享文件复制到本地计算机时速度非常慢，有时甚至会停止响应。而其他计算机之间的共享是正常的，这是怎么回事呢？

诊断提示：

故障描述中提到其他计算机间的共享正常，说明问题应该出在本地计算机到路由器端口这一部分连接中。这部分连接可能存在的故障包括交换设备端口、网线、网卡和计算机，建议采用替换法尝试解决问题。

① 检查网线的质量及接口是否有问题。

② 改变交换设备端口，观察能否解决问题。

③ 检查网卡驱动程序的安装和设置是否正常；计算机是否安装了防火墙软件以及是否正确设置了 IP 规则。

④ 替换计算机的网卡，观察能否解决问题。

2）某公司内部网络拥有 100 多台计算机，为了规范管理，现在需要获取每台计算机的 IP 地址。那么，如何才能快速获取整个局域网中计算机的 IP 地址呢？

诊断提示：

可以借助工具软件来解决这一问题，如“LAN See”“Net Super”等局域网工具软件均具备此功能。在运行这些工具软件时，首先要确保局域网中的所有计算机均为正常联网状态。然后执行搜索操作，很快会在列表中看到包括计算机名称、IP 地址、计算机描述、域 / 工作组和 MAC 地址等信息在内的相关网络信息。

经验分享

局域网故障的解决方案

局域网经常会出现故障，在出现网络问题后，一定要先冷静观察，查清问题出在哪里，再着手解决。一般有以下几种情况：

1）当整个网络都不通时，可能是交换机或集线器的问题，要看交换机或集线器是否在正常工作。

2）只有一台计算机网络不通，即打开这台计算机的“网络邻居”时只能看到本地计算机，而见不到其他计算机，可能是网卡和交换机的连接有问题，那么先查看 RJ-45 水晶头是否接触不良；然后再用测线仪，测试线路是否断裂；最后检查交换机上的端口是否能正常工作。

3）在“网络邻居”中不能看到本地计算机，或使用 ping 命令 ping 本地计算机的 IP 地址不通时，说明网络设置有问题，那么首先想到的应该是网卡，可以打开“控制面板”中的“系统”图标，在“系统属性”对话框的“硬件”选项卡中单击“设备管理器”按钮，在“设备管理器”对话框的“网络适配器”下检查网卡有无中断号及 I/O 地址冲突。如果发现网卡没有冲突，则下一步就要检查驱动程序是否完好，然后重新安装网卡的驱动程序。

4）在“网络邻居”中能看到网络中其他的计算机，但不能对它们进行访问，那么可能是网络协议的设置有问题。把以前的网络协议删除后，再重新安装并重新设置即可。

项目总结

本项目通过对网络故障的诊断与维护的典型案例的介绍，使学生掌握 ADSL 故障的分析处理、宽带路由器的设置、打印机设置共享等相关知识，具备针对计算机网络基本故障解决的能力。

1．维修要点

1）维修人员要了解 ADSL 故障代码的含义，会根据故障代码查询故障原因并解决。

2）维修人员要熟悉家庭宽带上网常见的拓扑结构与连接方法，以便网络故障的分析和处理。

3）维修人员要熟悉常见网络设备的用法和指示灯含义，必要时会查阅网络设备使用说明书，以便快速解决和排除网络设备故障。

4）维修人员应会设置局域网文件或打印机共享，以满足现代办公需要。

5）维修人员要善于积累经验，以便迅速、准确地找到故障部位并排除故障。

2．解决思路

计算机无法上网故障的解决思路如图 9-39 所示。

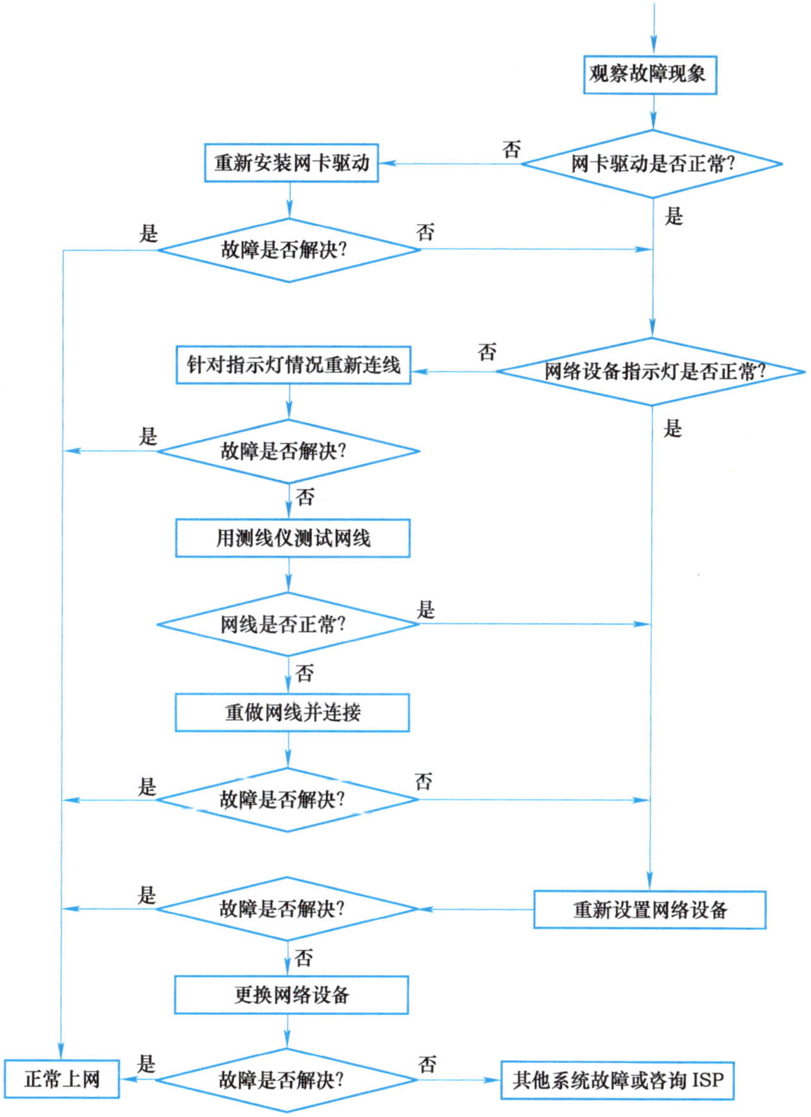

图 9-39　计算机无法上网故障的解决思路

项目 10 网络安全维护

项目情境

随着网络技术的不断普及，人们的日常生活也渐渐离不开网络，如从网上购物、网上银行转账和网上缴费等。但是在使用这些业务的同时，必须注意系统的安全，以保障财产不被偷窃。网络虽然非常方便，但同时也会给使用者带来麻烦，如计算机病毒、木马和恶意插件等。特别是系统如果存在漏洞，则只要连接网络就可能感染病毒。小李在计算机公司网络维护部的工作中学到了一些网络安全维护技巧，做到防患于未然。

项目概述

浏览器一直是黑客们攻击的目标和网页挂马的场所，各大网站也会看到某个操作系统出现某个漏洞或被黑客攻击等消息。那么，应该如何消除这些安全隐患，让系统能稳定运行呢？

本项目中主要通过典型案例介绍网络安全设置的解决思路和方法，其中包括 IE 浏览器的安全设置与修复、修补操作系统漏洞和设置 Windows 防火墙等安全措施。

学习目标

知识目标：

1. 了解 IE 浏览器的安全隐患；
2. 掌握 Windows 操作中心的使用方法；
3. 了解网络攻击的目标和常用防护方法。

能力目标：

1. 能够正确进行 IE 浏览器的安全设置与修复；
2. 能够及时修补操作系统漏洞；
3. 能够正确设置 Windows 防火墙。

情感目标：

1. 能够与客户交流，了解故障现象；
2. 能够与客户沟通，确定故障解决方案；
3. 对于不熟悉的内容，能够查阅相关资料进行工作。

任务 1 浏览器故障诊断与排除

任务情境

吕女士的计算机最近上网时经常打不开网页，尤其是各网上购物网站，吕女士平时就习惯在网上卖一些小商品，这下可把吕女士急坏了，她带着计算机到计算机公司进行维修，网络服务部的小李为她服务。

情境对话：

小　李：您好，您的计算机有什么问题吗？

吕女士：我的计算机无法上网，尤其是淘宝的“卖家中心”页面。

小　李：您平时在家是宽带上网吗？

吕女士：对，在联通办的包年业务。

小　李：故障前对计算机有哪些操作吗？

吕女士：原来上网一直很好，最近也不知什么原因。

小　李：请您填写维修服务单的客户信息部分。

吕女士：好。

任务分析

1. 观察现象

小李进入淘宝网站，单击进入“卖家中心”页面时显示错误提示“您输入的域名有误或站点访问失败，请尝试重新输入或使用以下服务功能”，如图 10-1 所示。

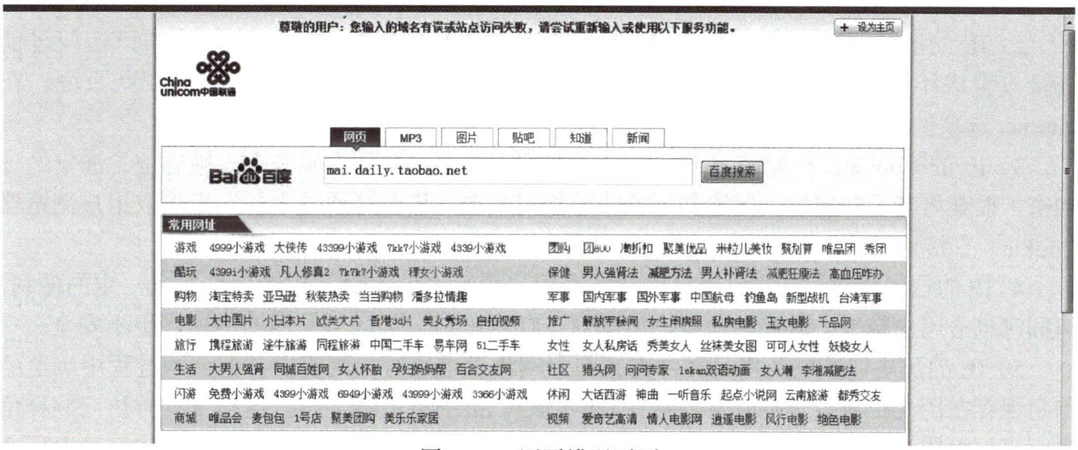

图 10-1　网页错误页面

小李又尝试打开其他网站，结果有的网站可以正常访问，有的页面则打不开。小李记录故障现象，准备分析解决。

2. 故障分析

访问网页出错，有可能是DNS或浏览器的问题，而且IE浏览器本来就有很多安全隐患，如果没有及时地设置或修复，则可能会对网上银行的使用者造成更大的损失。

（1）DNS的功能 DNS（Domain Name System，域名系统）是互联网上作为域名和IP地址相互映射的一个分布式数据库，能够使用户更方便地访问互联网，而不用记住能够被机器直接读取的IP数据串。通过主机名，最终得到与该主机名对应的IP地址的过程叫作域名解析（或主机名解析）。

域名解析的过程：当一台计算机向DNS服务器查找某台主机的IP地址时，DNS服务器会从其数据库内寻找所需要的IP地址给提出申请的计算机。当某台DNS服务器中没有所需的IP地址信息时，它就会向同级或上级服务器查询这个IP地址记录。如果同级或上级也没有，则由同级或上级再向上级查询，直到寻找到记录后，再逐层返回提出申请的计算机。理解了DNS服务器的作用后，就可以知道当想访问一些使用域名的网站时，就必须在TCP/IP中设置DNS服务器的IP地址才行（ISP会告之此IP地址）。那么，什么是“首选DNS服务器”和“备用DNS服务器”呢？顾名思义，当TCP/IP需要对一个域名进行IP地址翻译时，首先会使用“首选”的DNS服务进行翻译，当首选的DNS服务器“失效”时，为了保证用户能正常对该网站进行访问，就会立即启用“备用”的DNS服务器进行翻译。一般情况下，两台DNS服务器是完全可以胜任网站的“翻译”工作的，当然，也可以设置多个DNS服务器供TCP/IP调用。

（2）IE浏览器的安全隐患 IE（Internet Explorer）原称Microsoft Internet Explorer和Windows Internet Explorer，是微软公司推出的一款网页浏览器。目前在浏览器市场中，IE占据了近60%的份额，高于谷歌和火狐。尽管IE最初是靠和Windows操作系统捆绑获得推广，但作为使用用户最多的一款浏览器，它为互联网的发展做出了重大的贡献。当然，正是因为其拥有广大的用户群体，所以IE也一直是黑客攻击的对象，因此存在着很多的安全隐患。

1）IE的自动登录。拨号上网用户使用IE时，“连接”对话框中有一个“保存密码”选项，在Web页面直接登录邮箱时也有“保存密码”选项。这些显示为“*”号的密码可能会被一些工具软件翻译、破解。

2）IE的颜色足迹。IE以及Web页面设计者一般都将页面上未访问的和已访问过的链接设置成不同的颜色，虽说方便了用户浏览，但不经意间会泄露访问过哪些页面。在Internet选项的辅助功能中可以取消该设定。

3）IE的Cookie。一般情况下，Cookie中保存的用户名和密码等个人敏感信息通常经过加密，很难将其反向破解。但这并不意味着绝对安全，黑客可通过木马病毒盗取用户浏览器Cookie，直接通过偷取的Cookie骗取网站信任。

4）IE的自动完成。IE的自动完成功能给用户填写表单和输入Web地址带来一定的便利，但同时也给用户带来了潜在的危险，尤其对于在网吧或公共场所上网的网民，更不安全。

5）IE的历史记录以及临时文件夹。在上网浏览信息时，浏览器会把上网过程中浏览的信息保存在历史记录以及临时文件夹（Temporary Internet Files）中，这样下次再访问同样信息时可以很快达到目的地，从而提高了浏览效率，但是其他用户也可以通过历史记录看到之前访问的站点，甚至可以通过脱机浏览，离线翻阅之前用户浏览过的内容。

任务实施

1. 故障判断

由于故障计算机有很多网页打开是正常的，所以基本可以排除网络硬件故障的可能。

小李用自己的计算机查看刚才打不开的网页，发现均可以正常浏览，又排除了网站的问题。那么，最大的可能就是用户计算机网络配置或浏览器的问题。

2．故障解决

（1）DNS 的设置　有时计算机无法上网并提示无法解析服务器的 DNS 地址。DNS 解析错误可能造成计算机运行软件正常却不能打开网页，或能正常打开大部分网站却无法打开少数网站等故障现象。这类问题的解决方式大致有以下几种：

1）清理 DNS 缓存。在命令提示符窗口中输入“ipconfig/flushdns”命令，按 <Enter> 键后操作完成，如图 10-2 所示。

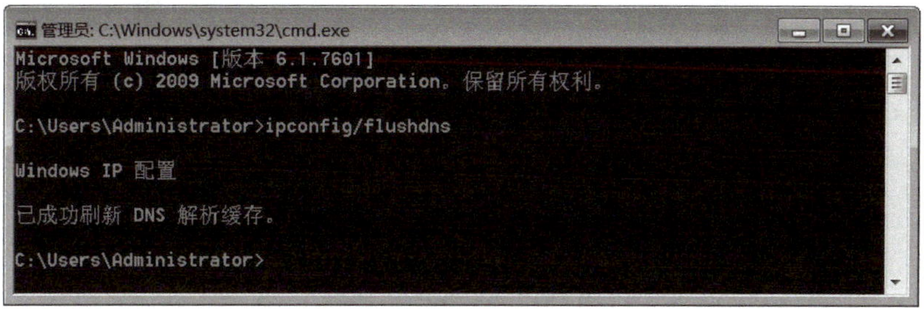

图 10-2　清理 DNS 缓存

2）手动设置 DNS。系统默认网络优先使用最近宽带服务运营商的 DNS 服务器地址，如果该服务器有故障或堵塞，则会导致网页打开失败，此时需要手动变更设置 DNS 服务器。

在“本地连接 属性”对话框中，选择“Internet 协议版本 4（TCP/IPv4）”选项，单击“属性”按钮，如图 10-3 所示。

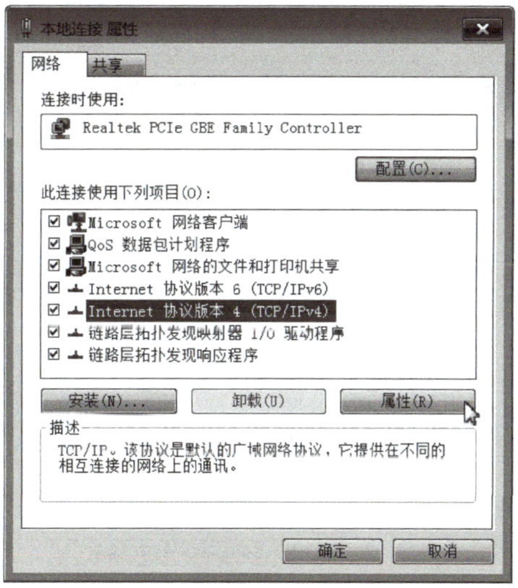

图 10-3　“本地连接 属性”对话框

在“Internet 协议版本 4（TCP/IPv4）属性”对话框中可以设置 DNS 地址。各地的宽带服务运营商的实际 DNS 服务器地址不同，可以拨打网络运营商服务电话或在网上搜索得知，如沈阳联通的 DNS 可设为 202.96.64.68。另外，还可设置为谷歌提供的免费 DNS 服务器的地址 8.8.8.8 和 8.8.4.4，如图 10-4 所示。

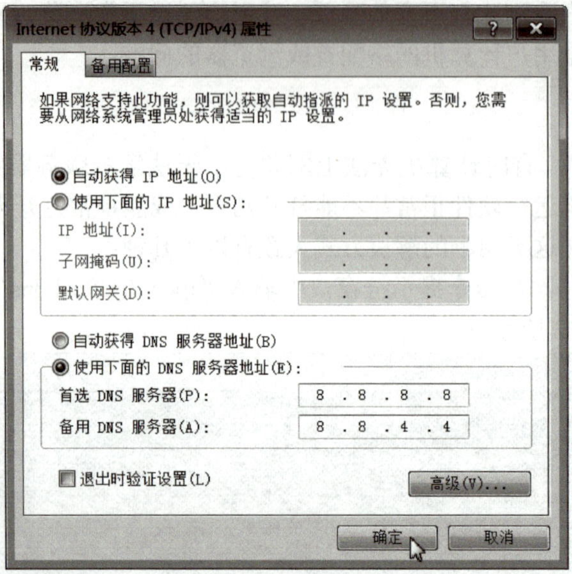

图 10-4 手动设置 DNS

（2）IE 浏览器的设置与修复

1）IE 浏览器的安全级别设置。设置浏览器的安全级别，可以在一定程度上阻止恶意软件或插件的入侵，其设置方法如下。

步骤 1：执行“工具”→“Internet 选项”命令，切换到“安全”选项卡。然后选择要查看的区域，可供选择的有 Internet、本地 Intranet、可信站点和受限站点四个选项，这里选择“Internet”选项。然后可以根据需要设置该区域的安全级别，如图 10-5 所示。建议设置为中高级别。

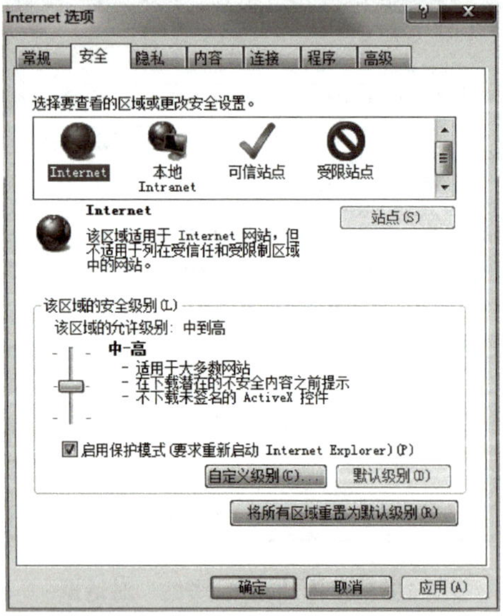

图 10-5 设置浏览器的安全级别

步骤 2：单击“自定义级别”按钮，还可以对详细的选项进行设置，如图 10-6 所示。

步骤 3：对于一些自己认为不太安全的网站，可以将其列为受限站点，并提高受限站点的允许级别。设置完成后，单击“确定”按钮，会弹出一个警告信息，如图 10-7 所示。单击“确定”按钮，然后弹出“Internet Explorer”提示框，需要将 IE 重新启动后，所有设置才能生效。

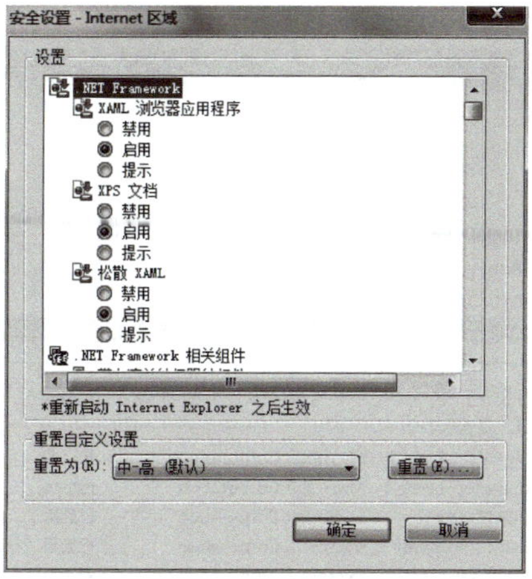

图 10-6 安全设置 Internet 区域

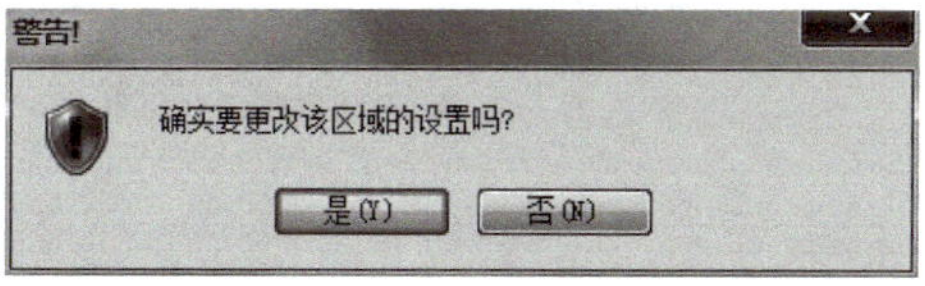

图 10-7 确定设置

2）IE 浏览器的插件设置。插件是一种遵循一定规范的应用程序接口编写出来的程序。很多软件都有插件，插件有很多种。例如，在 IE 中安装相关的插件后，Web 浏览器能够直接调用插件程序，用于处理特定类型的文件。IE 浏览器常见的插件有 Flash 插件、RealPlayer 插件、MMS 插件、MIDI 五线谱插件和 ActiveX 插件等，具体的设置步骤如下。

步骤 1：在 IE 浏览器中执行“工具”→“Internet 选项”命令，切换到“程序”选项卡，单击“管理加载项”按钮，如图 10-8 所示。

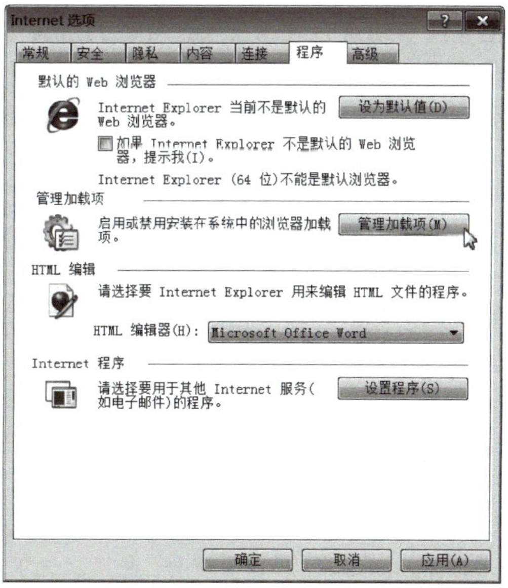

图 10-8 “程序”选项卡

步骤 2：在弹出的“管理加载项”对话框中，可以将 IE 浏览器中不必要的插件设为禁用，如图 10-9 所示。

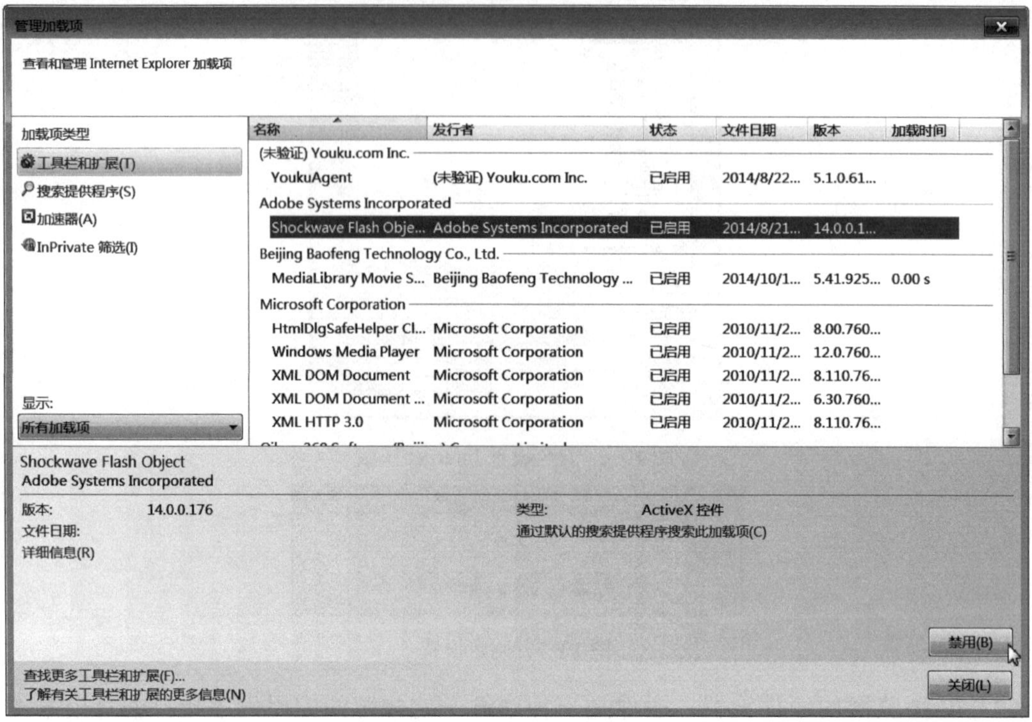

图 10-9　管理加载项

经验分享

不安装“流氓插件”

IE 插件在一定程度上可以帮助用户在网上快速查找到所需信息，但是在插件的选择上要慎重。对于一些可有可无的插件，建议不要安装。有些插件通常会不停地弹出广告窗口，无法彻底卸载。而对于这样的插件，通常称之为“流氓插件”。

“流氓插件”表面上看有一定使用价值，但它同时具备一些计算机病毒和黑客程序特征，表现为强行侵入上网用户的计算机，强行弹出广告，强迫用户接受某些操作，或在用户不知情的情况下强行安装 IE 插件，不带卸载程序或无法彻底卸载，甚至劫持用户浏览器转到某些指定网站等。

为了更好地对付这样的“流氓插件”，可以采取以下操作方法：

- 不要登录一些不良网站，对有些画面充满诱惑的页面，不要觉得好奇而尝试点击。
- 不要下载一些不熟悉的软件。如果不是急用，则最好不要下载安装。
- 不要随意下载一些不知名的免费软件或共享软件，天下没有免费的午餐，一些免费软件很可能存在安全问题。
- 不要按照“流氓软件”指定的操作去做，如果不能取消这些操作，或弹出的对话框始终在最前面，则可以将其拖到屏幕边沿不予理会。也可以记下这类网站或网页的地址，注销当前用户或重新启动计算机后，不再访问这些页面。

3）IE 浏览器的重置。如果 IE 浏览器出现故障，或由于误操作需要将 IE 浏览器重置为默认设置，则可以通过 IE 浏览器提供的重置功能将其重置。重置包括隐私设置、安全设置和选项卡浏览设置等，具体重置方法如下。

步骤 1：打开 IE 浏览器，执行“工具”→“Internet 选项”命令，并切换至“高级”选项卡，如图 10-10 所示。

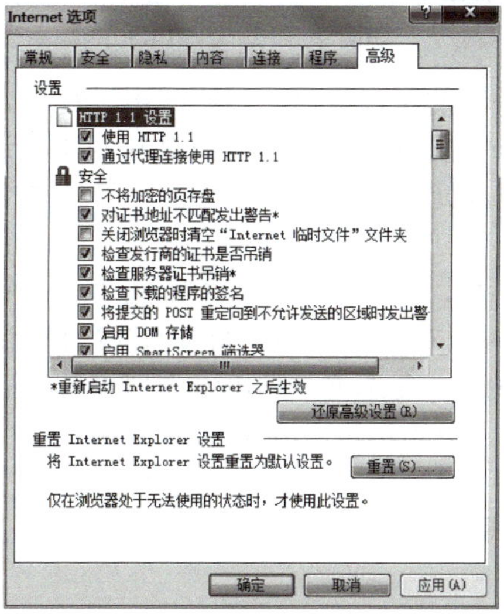

图 10-10　“高级”选项卡

步骤 2：单击“重置”按钮，弹出“重置 Internet Explorer 设置”对话框。如果需要删除个性化设置，则可以勾选“删除个性化设置”复选框，单击“重置”按钮，如图 10-11 所示。

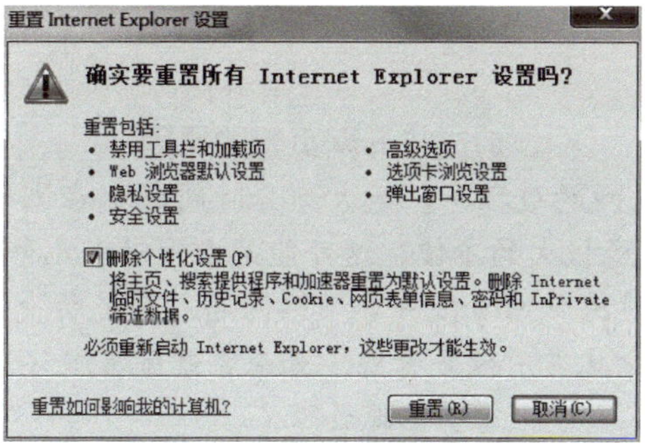

图 10-11　确认重置

步骤 3：系统进行重置操作，完成后如图 10-12 所示。单击“关闭”按钮即可。

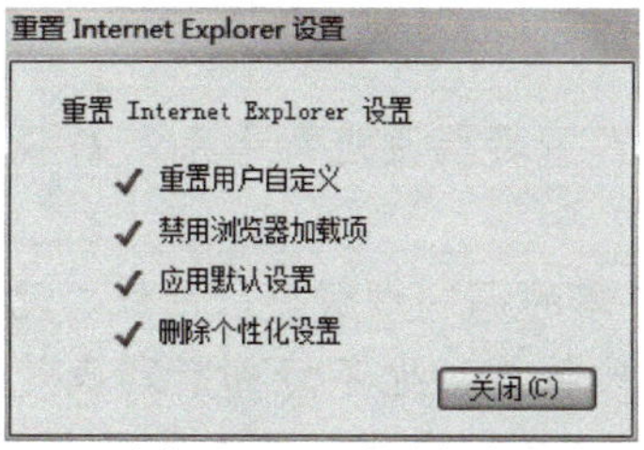

图 10-12　重置完成

经验分享

使用第三方软件修复 IE 浏览器

当 IE 浏览器无法正常工作甚至瘫痪时，不妨使用一些软件提供的 IE 浏览器修复功能进行 IE 浏览器的修复，这样就可以重新使用 IE 浏览器了。很多优化和安全软件都提供了 IE 浏览器修复功能，如超级兔子、360 安全卫士、QQ 管家和金山卫士等。

4）清除 IE 浏览器中保留的用户信息。网络应用过程中，经常用到用户名和密码，有时为了下次登录方便，会让机器自动保留用户名和密码，这很容易造成用户名和密码的丢失，被他人非法使用。因此，有必要清除原来保留在 IE 浏览器中的用户信息，具体操作方法如下：

打开“Internet 属性”对话框，切换到“内容”选项卡，单击“个人信息”栏中的“自动完成”按钮，会弹出“自动完成设置”对话框；先在“自动完成功能用于”选项下，取消勾选“表单”和“表单上的用户名和密码”复选框，使 IE 浏览器以后不记住用户名和密码；再从“清除自动完成历史记录”选项下分别单击“清除表单”和“清除密码”，清除以前曾输入过的表单和密码；单击“确定”按钮，关闭自动完成设置对话框；随后即回到“Internet 属性”对话框，单击“确定”按钮即可。

3. 任务完成

小李重新配置了 DNS 并重新设置 IE 浏览器后，网页又可以正常浏览了，吕女士看到自己的网店又可以正常经营了，填写好维修服务单后满意地付款离开了。

经验分享

造成打开网页慢的原因

在日常使用计算机上网的过程中，绝大部分时间都是在浏览网页，如果网页打开速度很慢，那么会给用户造成极大的不便，这可能是由于以下几个原因造成的。

1）浏览器问题。有时浏览网页慢并非网络问题，而是所使用的浏览器的问题，尤其是 IE 浏览器，浏览器本身就占用很多资源。如果系统配置又不是很高，则很可能导致网页打开缓慢，同时 IE 浏览器还很容易出现故障。

解决办法：可以先尝试着修复一下 IE 浏览器，如果还不行，则可更换其他浏览器。

2）计算机病毒。病毒是很多问题的罪魁祸首，当然同样会导致网页打开速度变慢，如一些蠕虫病毒，用户只要一上网就不停地往外发邮件，造成网络堵塞，网速明显变慢。

解决办法：可以在安全模式下对病毒进行查杀，而且要实时保证杀毒软件处于最新状态，以保证查杀效果。

3）自身网络问题。联网所需的调制调解器、网线、路由器等出现了故障会导致网页打开速度变慢，这个问题范围比较广，也不好判断到底是哪一个环节出现了问题，遇到这种情况如果想自己解决，则可以直接打电话询求客服帮助。

4）下载和上传。现在很多人喜欢一边下载资源一边浏览网页，如果使用配置和带宽高的计算机则或许还行，但是如果使用配置低或带宽低的计算机则可能就不行了。

解决办法：如果想正常浏览网页，则可以限制下载速度，关闭上传功能，当然也可以提高自己的带宽和配置。

注意：其实上传和下载并非单指那些下载软件，如现在流行的暴风影音、PPTV 等视频软件在看视频时都会进行视频的下载，即使关闭了网页，这些软件也不会被关闭，如果没有下载完成则会接着进行下载，这可能是很多用户容易忽略的。

5）系统问题。如果系统本身缓慢，即使是打开非网页的文件也会很缓慢，更何况是网页文件。

解决办法：可以下载一些系统优化软件对系统进行一次优化，同时清理那些不必要的垃圾，或对磁盘进行碎片整理都能提高计算机的运行速度。

6）电信 VS 联通。现在进行联网可以选择这两种链接方式进行，但是毕竟是不同的运营商，彼此之间的协作不是很“默契”。如果使用电信的网络服务，访问联通服务器架设的网站就会变得很慢，尤其是当带宽不是很大的时候，反之亦然。

解决办法：可以使用代理服务器进行访问。

7）目标服务器问题。有时网页打开速度慢并非是网络的问题，而是目标网站服务器出现了问题。例如，目标网站的服务器带宽很小，或同时访问人数过多都会导致网站打开速度变慢，这时只能等待网站运营商解决。

任务评价

将学生分成小组，各小组选出组长。组长带领组员，针对不同的浏览器故障进行故障诊断与解决，同时填写故障分析记录，见表 10-1。

表 10-1 故障分析记录

故障现象	
故障分析	
诊断方案	

根据各组学生的实际操作情况和记录表填写情况作出任务评价，并填入表 10-2。

表 10-2　浏览器故障诊断与维护任务评价

评价内容		评价要求	小组评价	教师评价
知识掌握		简述 DNS 的作用		
		简述网页浏览慢的原因		
实际操作	故障现象	正确描述并记录		
	故障分析	完整阐述分析思路		
	诊断方案	制订诊断方案		
	故障解决	正确设置 DNS 服务器		
		正确对 IE 浏览器进行安全设置		
教师建议：			评价汇总： A. 优秀 B. 良好 C. 基本掌握	

任务拓展

分析以下故障现象，制订解决方案。

1）有些 IE 浏览器被更改了起始页后，即使设置了“使用默认页”仍然无效。

诊断提示：

这是因为 IE 起始页的默认页也被篡改了。具体说来就是以下注册表项被修改：“HKEY_LOCAL_MACHINE\Software\Microsoft\InternetExplorerMain\Default_Page_URL”，“Default_Page_URL”这个子键的键值即起始页的默认页。排除办法是运行注册表编辑器，然后展开上述子键，将“Default_Page_URL”子键键值中的那些篡改网站的网址改掉即可，或设置为 IE 浏览器的默认值。

2）用 IE 浏览器浏览网页时弹出“出现运行错误，是否纠正错误”的对话框，单击“否”按钮后，可以继续上网浏览。

诊断提示：

可能是所浏览网站本身的问题，也可能是 IE 浏览器对某些脚本不支持。

① 启动 IE 浏览器，执行“工具”→“Internet 选项”命令，选择“高级”选项卡，勾选“禁止脚本调试”复选框，最后单击“确定”按钮即可。

② 将 IE 浏览器升级到最新版本。

3）每次打开的新窗口都是最小化窗口，即便单击了“最大化”按钮，下次再启动 IE 浏览器新窗口仍是最小化的。

诊断提示：

IE 浏览器具有“自动记忆功能”，它能保存上一次关闭窗口后的状态参数，IE 浏览器本身没有提供相关设置选项，但可以借助修改注册表来实现，具体方法如下。

① 打开注册表编辑器，找到“HKEY_CURRENT_USER\Software\Microsoft\Internet Explorer\Desktop\OldWorkAreas”，然后选中窗口右侧的“OldWorkAreaRects”，将其删除。

② 同样，在注册表编辑器中找到“HKEY_CURRENT_USER\Software\Microsoft\Internet Explorer\Main”，选择窗口右侧的“Window_Placement”，将其删除。

③ 退出注册表编辑器，重启计算机，然后打开 IE 浏览器，将窗口最大化，并单击“往下还原”按钮，将窗口还原，接着再次单击“最大化”按钮，最后关闭 IE 浏览器窗口。以后再打开 IE 浏览器时，窗口就正常了。

任务 2　系统漏洞的修复与防火墙的使用

任务情境

关女士是吕女士的朋友，刚办理了宽带上网，听说吕女士经常在网上购物，自己也想尝试，但又担心网上交易不安全。经吕女士介绍，找到网络服务部的小李，请其帮助自己做个人计算机的网络防护。

情境对话：

小　李：您好，需要我帮忙么？

关女士：听说网上有不少黑客，我担心自己的密码被盗。

小　李：别担心，我帮您进行一些安全设置。

关女士：好。

小　李：请您填写维修服务单的客户信息部分。

吕女士：好。

任务分析

1. 观察现象

小李打开计算机，发现该计算机右下角有操作中心的提示，如图 10-13 所示。

图 10-13　操作中心提示

使用鼠标左键和右键单击操作中心图标，均可弹出菜单，其中都有“打开操作中心”选项，如图 10-14 所示。

图 10-14　在 Windows 7 工具栏中快速打开 Windows 7 操作中心

在 Windows 7 操作中心中，可以对 Windows 7 操作系统做很多系统安全方面的设置和操作，如病毒防护、系统更新（Windows Update）、系统备份和还原、更改用户账户控制信息（UAC）和疑难解答等，如图 10-15 所示。

Windows 7 操作中心会提示用户需要注意的有关安全和维护设置的重要消息，用红色项目标记对重要且需要尽快解决的重要问题，用黄色项目标记需要更新的安全补丁或已过期的病毒程序以及维护等建议执行的任务。系统的状态不同，显示的提示信息也不同。

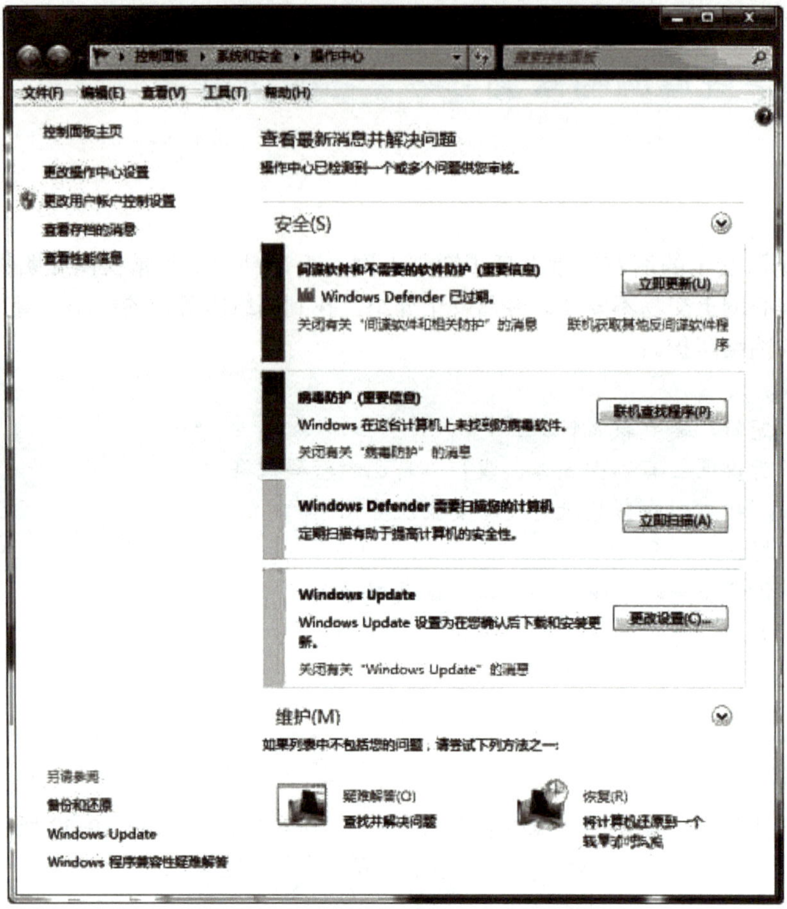

图 10-15　Windows 7 操作中心

小李记下这些问题，准备逐一解决。

2. 故障分析

在互联网日益普及的今天，越来越多的计算机连接到互联网，甚至某些计算机保持“始终在线”的连接，这样的连接使它们暴露在病毒感染、黑客入侵、拒绝服务攻击以及其他可能的风险面前。

（1）常见的网络攻击目标　不法分子要想窃取用户的信息，首先要攻击用户的计算机，一般都针对以下几点进行攻击：

1）用户密码。用户在网上使用的密码可以有多种破解方式，其中最常用的两种方法是把加密的密码解密（穷尽性尝试）和通过监视通道窃取密码，所以用户在设置密码时，要设置得尽量复杂。

2）操作系统漏洞。每个操作系统都会存在一定的漏洞，这些漏洞一旦被不法分子利用，便可轻而易举地侵入他人的系统。因此将系统一直处于最新状态，是一种非常有效的防御方法。

3）系统程序缺陷漏洞。部分用户数据输入缺乏安全性检查，容易出现溢出性错误。这些主要表现为一些常用软件的漏洞，这些漏洞同系统漏洞一样，如果被利用，则后果也非常严重，因此用户应尽量保持软件程序一直处于最新状态。

（2）常用防护方法。操作系统是一个基础的特殊软件，它是硬件、网络与用户的一个接口。不管用户在上面使用什么应用程序或享受怎样的服务，操作系统一定是必用的软件。因此它的漏洞如果不补，不开启防火墙，那么就像家门不上锁一样危险。等待的是轻则资源耗尽，重则感染病毒、被植入木马、隐私尽泄，甚至会产生经济上的损失。

1）系统漏洞和补丁。系统漏洞（System Vulnerabilities）指操作系统软件或应用软件在逻辑设计上的缺陷或错误。系统漏洞可以被不法者利用，通过网络植入木马和病毒等方式来攻击或控制整个计算机，以窃取计算机中的重要资料和信息，甚至破坏操作系统。在不同种类的软、硬件设备和同种设备的不同版本之间，由不同设备构成的不同系统之间，以及同种系统在不同的设置条件下，都会存在各自不同的安全漏洞问题。软件作者编写的程序很难做到十全十美。在操作系统或程序中，都可能存在一些隐藏着的缺陷或问题，统称为 bug。补丁主要是针对大型软件系统（如微软操作系统）在使用过程中暴露的问题而发布的解决问题的小程序。有趣的是，这些问题的发现者往往不是作者，而是由黑客或病毒设计者发现。因为原来发布的软件存在缺陷，发现之后就另外编制一个小程序使其完善，这种小程序俗称补丁。如同衣服烂了要打补丁一样，系统补丁用于专门修复操作系统存在的 bug 。

Windows 自动更新是 Windows 操作系统的一项功能，当适用于计算机的重要更新（系统补丁）发布时，它会及时提醒用户下载和安装。使用自动更新可以及时更新操作系统，修复系统漏洞，保护计算机安全。

2）防火墙。目前，网络上的病毒、黑客越来越猖狂，无时无刻都在威胁着计算机的安全。这些病毒和黑客通过各种途径进入计算机，严重威胁着计算机的信息安全。因此，很多用户不断升级病毒库、安装防火墙来阻止这些不速之客。其实，在 Windows 7 操作系统中对防火墙功能已经进行了增强，可以满足大多数用户的需要。这样不用使用第三方软件就能轻易、有效地保护隐私文件。

防火墙是位于内部网络与外部网络之间的网络安全系统，它具有很好的保护作用。入侵者必须先穿越防火墙的安全防线，然后才能接触目标计算机。防火墙对流经它的网络通信进行扫描，这样能够过滤一些攻击，以免其在目标计算机上被执行。防火墙还可以关闭不使用的端口、禁止特定端口的流出通信以及封锁特洛伊木马。最后，它可以禁止来自特殊站点的访问，从而阻止来自不明入侵者的所有通信。

任务实施

1. 故障判断

在计算机网络日益扩展和普及的今天，对计算机安全的要求也变得更高更严，涉及的面也会更广。不但要求防治病毒，还要求系统具有抵抗外来黑客入侵的能力。因此，计算机信息的安全在很大程度上取决于网络安全。小李准备用系统自带的几款工具保护系统。

2. 故障解决

（1）Windows Defender 查杀病毒　Windows Defender 是 Windows Vista 操作系统和 Windows 7 操作系统自带的一个反间谍软件，它针对的是世界上绝大多数间谍软件，尽管与一些商业杀毒软件相比功能并不是很强大，但对于系统的安全也起着非常重要的作用，其操作方法如下：

步骤 1：在“开始”菜单的搜索文本框中输入 Windows Defender，或在控制面板中单击“Windows Defender”图标打开程序，如图 10-16 所示。

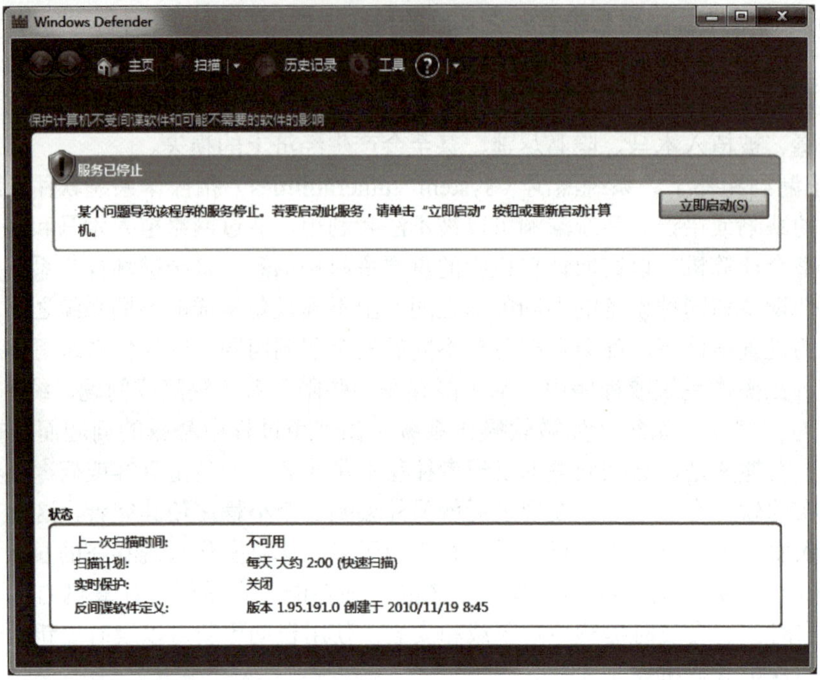

图 10-16　Windows Defender 界面

步骤 2：单击“立即检查更新”按钮，程序开始检测更新并下载安装，如图 10-17 所示。

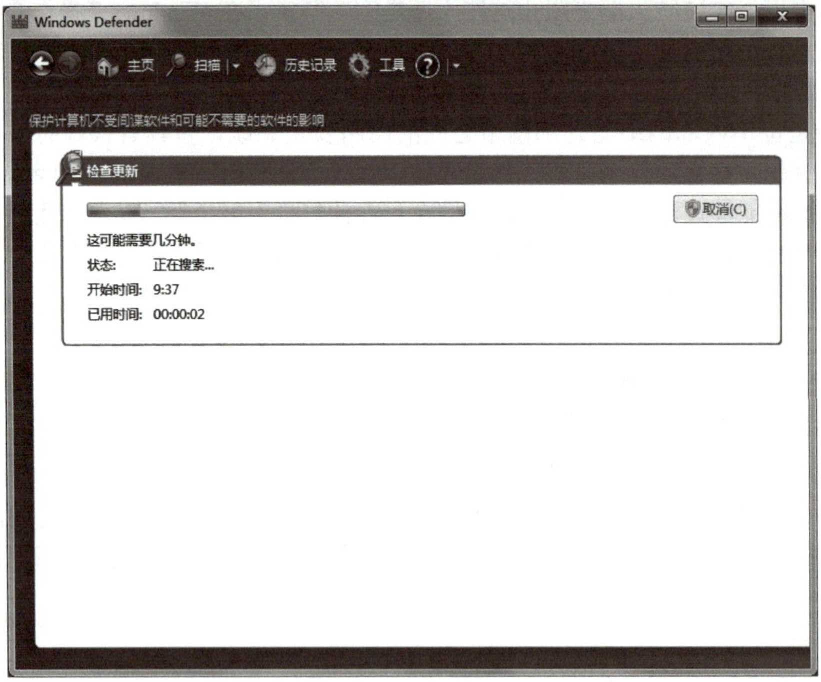

图 10-17　检测并安装更新

步骤 3：更新完成后，单击“扫描”按钮，即可开始文件的扫描，如图 10-18 所示。

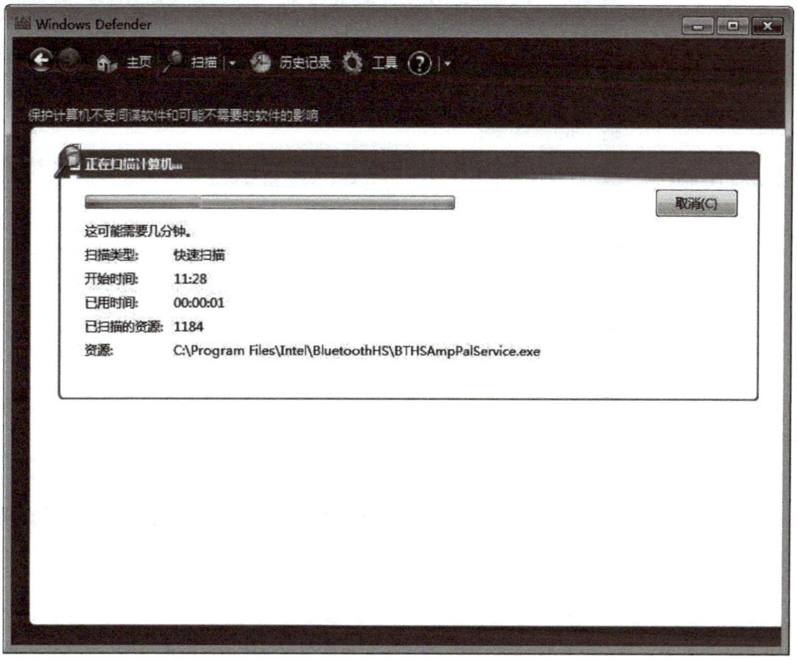

图 10-18 扫描过程

步骤 4：扫描完成后，会显示扫描的结果，这里显示为运行正常，如图 10-19 所示。

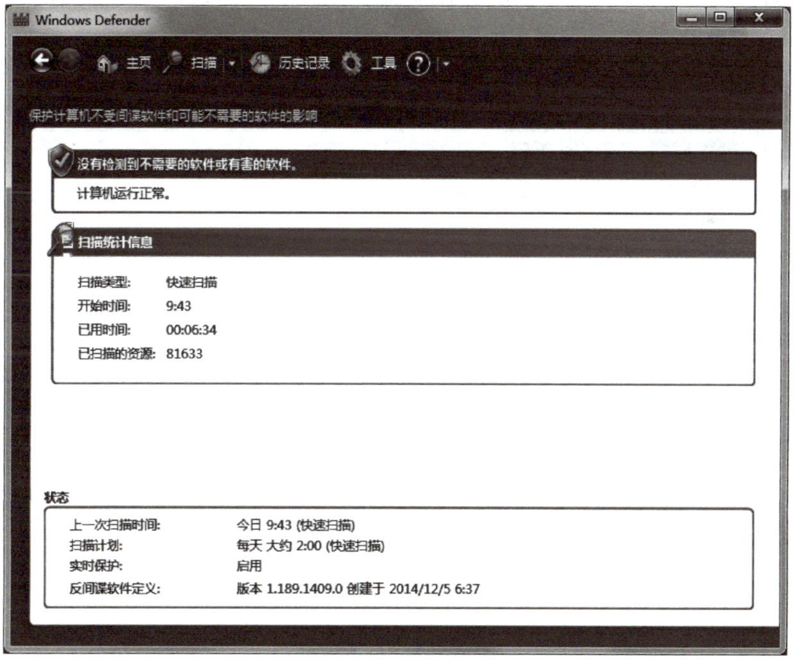

图 10-19 扫描完成

还可以通过单击窗口上方的“扫描”按钮选择扫描方式，如图 10-20 所示。

单击“工具”按钮，可以打开工具面板，在“选项”中，可以进行程序的一些设置，如图 10-21 所示。

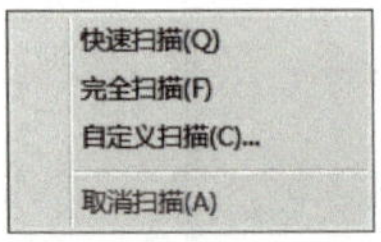

图 10-20　选择扫描方式

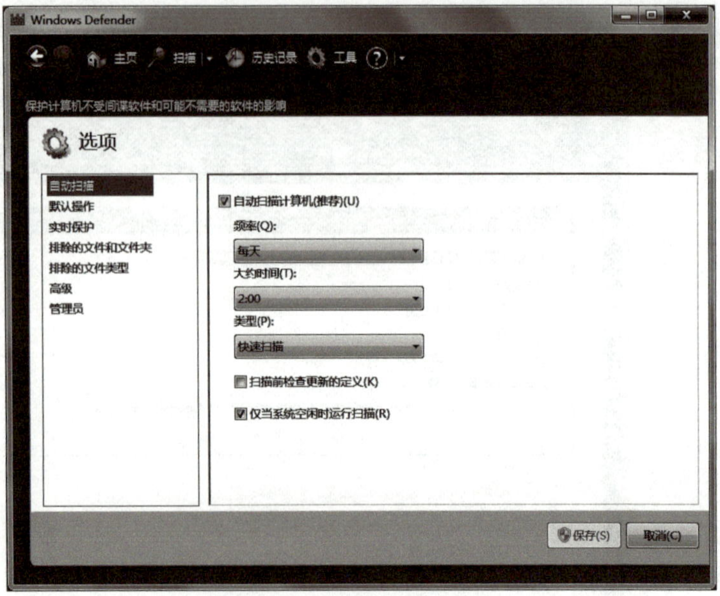

图 10-21　设置程序选项

（2）使用 Windows Update 修复系统漏洞　系统漏洞会造成计算机中毒或被入侵，及时进行系统漏洞修复非常有必要，如果操作系统没有及时更新，则操作中心会有提示。Windows 7 操作系统本身提供了更新程序，可以在第一时间检测到系统有哪些漏洞，以及需要安装什么样的补丁。

步骤 1：打开“控制面板”→“所有控制面板项”→“Windows Update”窗口，左侧列表中单击“检查更新”链接，如图 10-22 所示。

图 10-22　检查更新

步骤 2：系统会自动检测出多少更新可用，以及有多少个可选更新，如图 10-23 所示。

步骤 3：单击“安装更新”按钮，此时系统开始下载这些更新项，如图 10-24 所示。

步骤 4：下载更新完成后，系统自动开始安装，如图 10-25 所示。

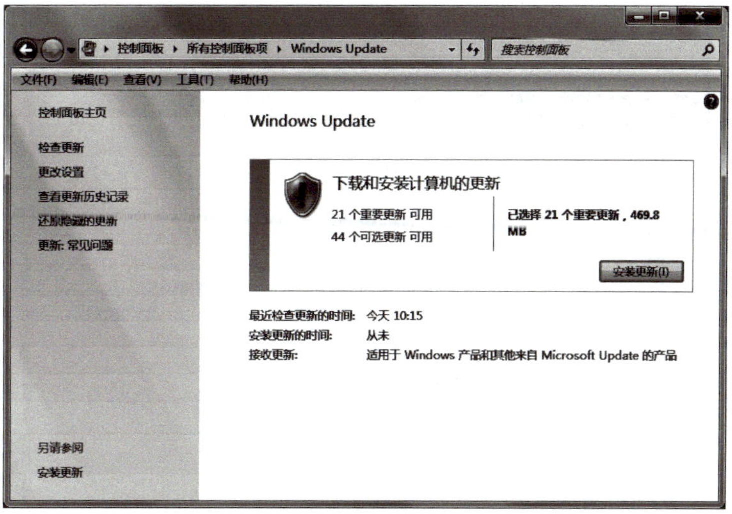

图 10-23　检查结果

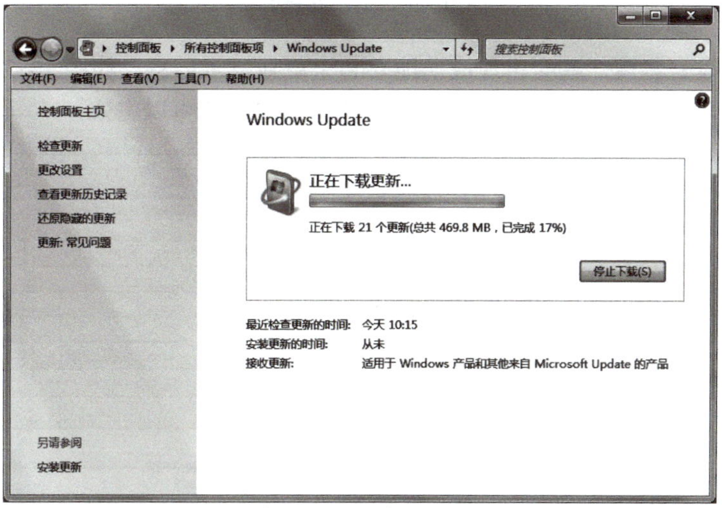

图 10-24　下载更新项

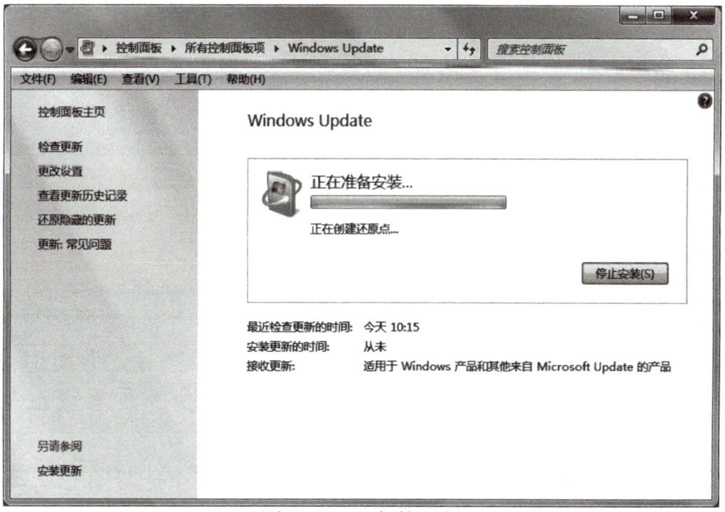

图 10-25　安装更新

步骤 5：系统进行下载更新、创建还原点和安装等一系列操作，如图 10-26 所示。

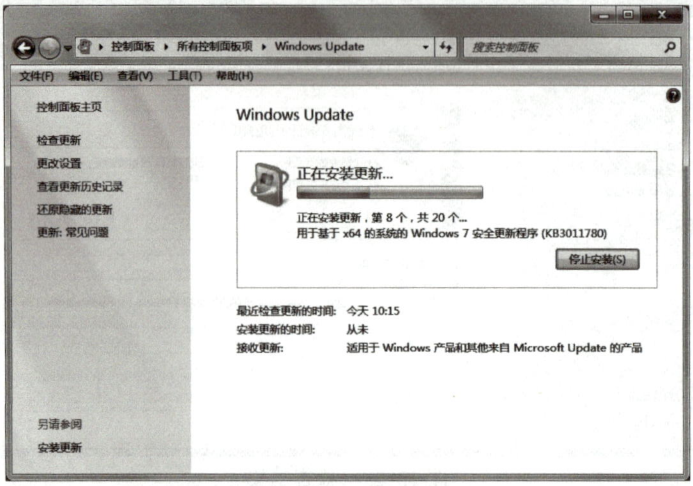

图 10-26　正在安装更新

步骤 6：完成安装后，就会出现成功地安装了更新提示信息，如图 10-27 所示。此时单击“立即重新启动”按钮，重新启动计算机，所有的更新才可以生效。

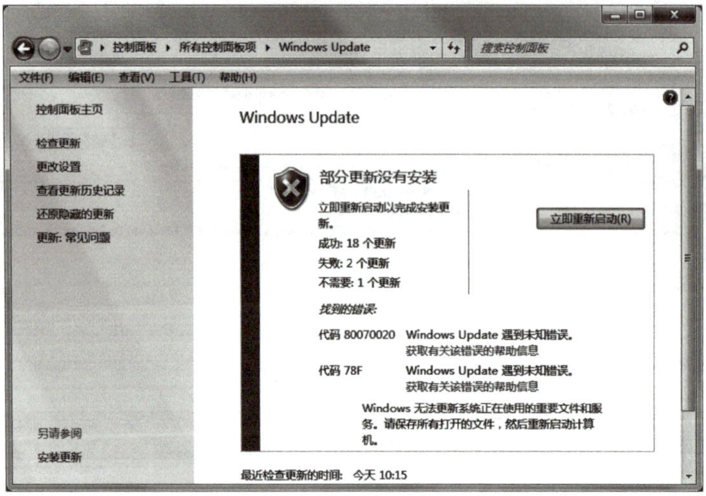

图 10-27　安装完成

实战经验

Windows Update 选项的设置

在控制面板的“系统”窗口中单击“Windows Update”链接，如图 10-28 所示。

在弹出的“Windows Update”窗口中单击左侧的“更改设置”链接，如图 10-29 所示。

可以在弹出的“选择 Windows 安装更新的方法”界面中选择自己需要的更新方式。为了系统安全，不建议选择“从不检查更新”选项，如图 10-30 所示。

图 10-28　控制面板的“系统”窗口

图 10-29　“Windows Update”窗口

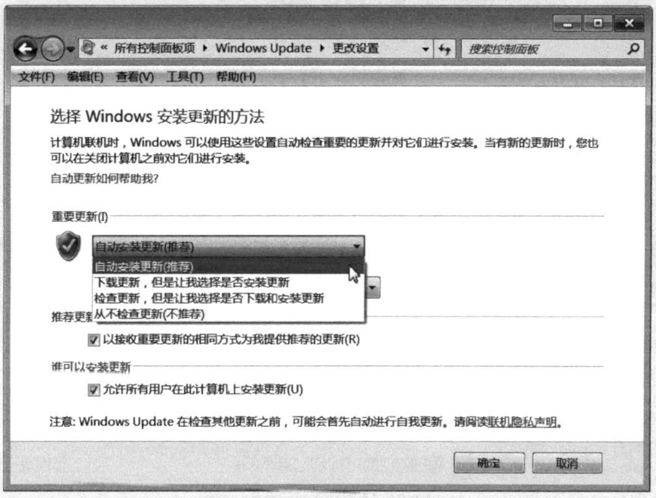

图 10-30　选择更新方式

经验分享

有选择性地修复漏洞

补丁并不是越全越好，有的补丁程序通常很大，但用处却不大，因此如果一些漏洞对系统影响不大，或根本没有什么影响，则完全可以不必理会对应的补丁。另外，对于一般用户，不要轻易在小网站下载所谓的破解补丁程序，一些非法网站通常会在这些补丁程序中植入木马程序。

（3）防火墙的使用　在 Windows 7 操作系统中进行防火墙的使用设置，可以按照以下步骤进行操作。

步骤 1：在控制面板中单击“系统和安全”链接，打开“系统和安全”窗口，然后单击其中的“Windows 防火墙”选项，如图 10-31 所示。

步骤 2：可以看到现在防火墙处于开启状态。左侧有几个相关的选项，单击“允许程序或功能通过 Windows 防火墙”链接，如图 10-32 所示。

图 10-31　选择“Windows 防火墙”

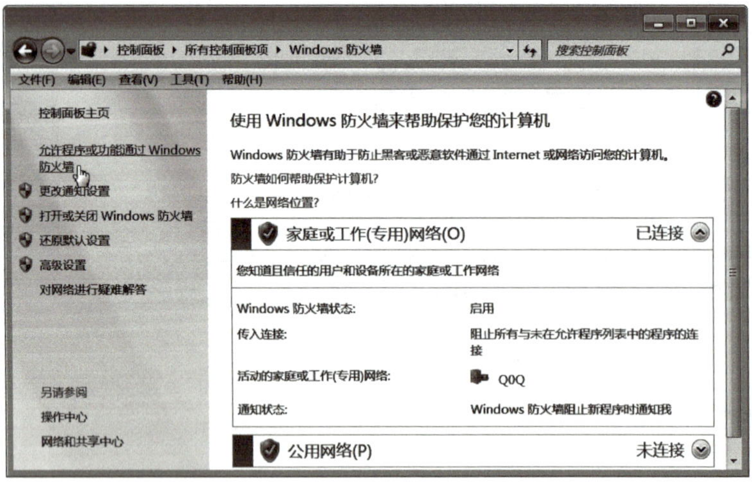

图 10-32　“Windows 防火墙”窗口

步骤 3：在程序列表中选择要添加的程序，单击“确定”按钮，即可将程序添加到允许程序范围内，如图 10-33 所示。

步骤 4：如果列表中没有要添加的程序项，则可以单击“允许运行另一程序”按钮，在打开的“添加程序”对话框中进行添加，如图 10-34 所示。

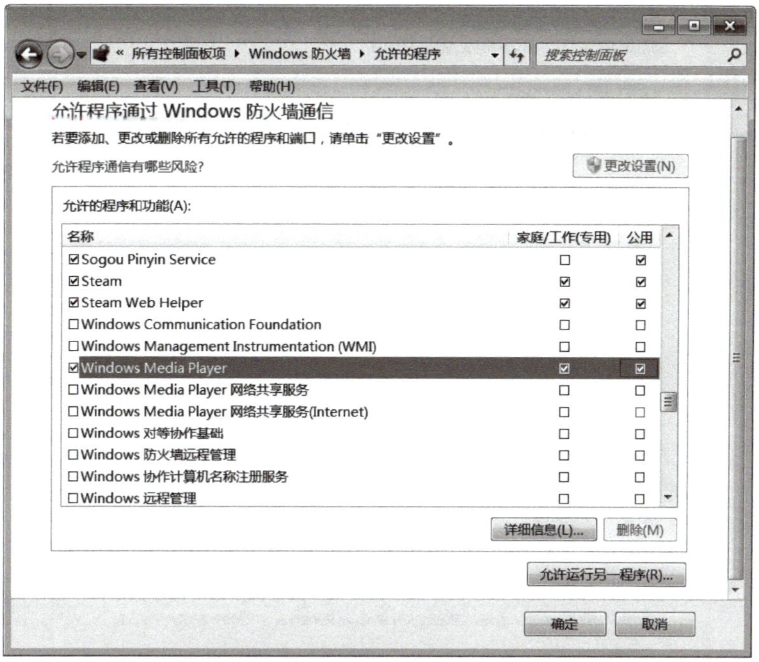

图 10-33 选择允许通过的程序

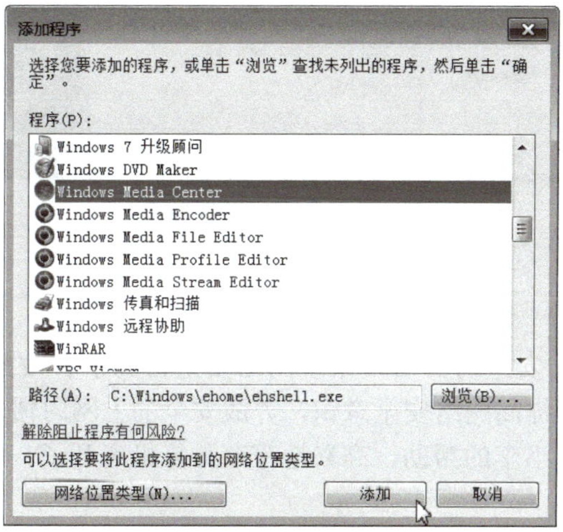

图 10-34 选择程序

步骤 5：在“Windows 防火墙”窗口的左侧单击“打开或关闭 Windows 防火墙”链接，可以打开防火墙“自定义设置”窗口。在该窗口下可以设置防火墙的开启与关闭等选项，如图 10-35 所示。

另外，在“Windows 防火墙”窗口的左侧单击“还原默认设置”链接可以打开防火墙的“还原默认设置”窗口。如果单击“还原默认设置”按钮，并在打开的提示信息对话框中单击“是”按钮，则系统的防火墙状态将恢复为默认值，如图 10-36 所示。

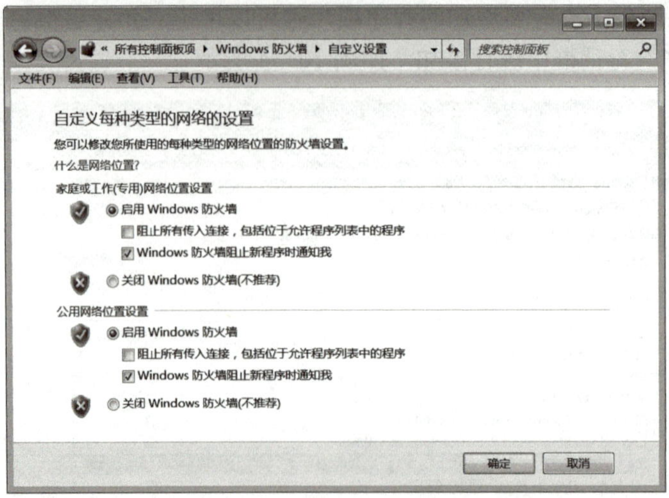

图 10-35 “自定义设置”窗口

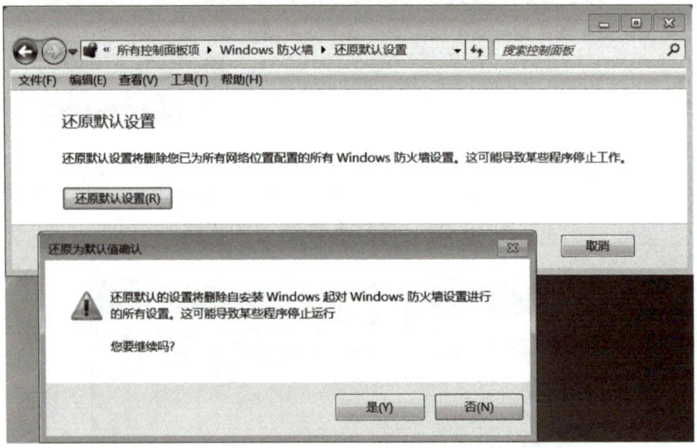

图 10-36 还原默认设置

3. 任务完成

小李为关女士设置好安全防护后，系统网络安全得到了有效的提高，为了保证不被病毒侵入，小李建议关女士提高网络安全意识，养成安全的上网习惯，再选择一款杀毒软件安装使用，关女士十分感谢小李的帮助，高兴地带着计算机离开了。

经验分享

安全的上网习惯

（1）安全使用计算机 针对个人计算机：

1）设置操作系统登录密码，并开启系统防火墙。

2）安装杀毒软件并及时更新病毒特征库。

3）尽量不转借个人计算机。

针对公共计算机:

1）不在未安装杀毒软件的计算机上登录个人账户。

2）尽量不在公共计算机上登录网络银行等敏感账户。

3）不在公共计算机中保存个人资料和账户信息。

4）尽量使用软键盘输入密码。

5）离开网页前注意退出所有已登录的账户。

（2）使用安全的软件

1）只使用正版软件。

2）开启操作系统及其他软件的自动更新设置，及时修复系统漏洞和第三方软件漏洞。

3）非正规渠道获取的软件在运行前须进行病毒扫描。

4）定期全盘扫描病毒等可疑程序。

5）定期清理未知的可疑插件和临时文件。

（3）访问安全的网站

1）尽量访问正规的大型网站。

2）不访问包含黄色、暴力等不良信息的网站。

3）对于网站意外弹出的下载文件或安装插件等请求应拒绝或询问专业人士。

4）登录网络银行等重要账户时，要注意网站地址是否与服务商提供的网址一致。

5）不轻信网站中发布的如“幸运中奖”等信息，更不要轻易向陌生账户汇款。

6）收到来历不明的电子邮件，在确认来源可靠前，不要打开附件或内容中的网站地址。

7）网上购物时，应避免在收到货物前直接付款到对方账户，应尽可能使用“财付通”或“支付宝”等支付平台购物，付款有保障。

8）发现恶意网站应及时举报。

（4）交流中注意保护隐私

1）不在网络中透露银行账户、个人账户密码等敏感内容。

2）不在交谈、个人资料以及论坛留言中轻易泄露真实姓名、个人照片、身份证号码或家庭电话等任何能够识别身份的信息。

3）不随意在不知底细的网站注册会员或向其提供个人资料。

4）对包含隐私内容的个人网站（如博客）应设置访问密码。

5）谨慎开放计算机共享文件和共享资源。

（5）遵守国家法律法规

1）不捏造、散布恐怖谣言等危害国家安全和影响社会稳定的言论。

2）不随意攻击、诽谤他人，交谈中避免使用不文明的语言。

3）尊重他人隐私，在未经他人允许的情况下，不在网络中发布他人照片等隐私信息。

4）在发布含有音乐、图片、照片等存在专利版权内容的资料前，应确保来源合法。

任务评价

将学生分成小组，各小组选出组长。组长带领组员，练习系统漏洞的修复与防火墙的使用，同时填写练习记录，见表 10-3。

表 10-3 练习记录

系统漏洞修复	
防火墙的使用	
遇到的问题及解决方案	

根据各组学生的实际操作情况和记录表填写情况作出任务评价，并填入表 10-4。

表 10-4 系统漏洞的修复与防火墙的使用任务评价

评价内容		评价要求	小组评价	教师评价
知识掌握		简述常见网络攻击的目标和防护方法		
		简述安全的上网习惯		
实际操作	故障现象	正确描述并记录		
	故障分析	完整阐述分析思路		
	诊断方案	制订诊断方案		
	故障解决	正确使用 Windows Defender		
		正确设置和使用 Windows Update		
		正确设置 Windows 防火墙		
教师建议：			评价汇总： A. 优秀 B. 良好 C. 基本掌握	

任务拓展

分析以下故障现象，制订解决方案。

1）防止 QQ 账号丢失。小王在网吧上网时，突然一个 QQ 用户“飞翔”添加他为好友了，经过一段时间的闲聊，“飞翔”说自己正在开发一个小软件，目前刚推出测试版，希望小王也帮忙测试一次，看一看有什么问题以方便在正式版进行完善。小王没有多想，就接收了网友“飞翔”的文件，并直接运行这个文件，结果计算机很快就重新启动了，之后小王发现自己的 QQ 账号再也无法登录，总提示密码不对。显然，小王的 QQ 账号被盗取了。

↬ 诊断提示：

对于个人的 QQ 号码使用，主要应从以下几个方面注意：

① 比较可靠的方法是申请腾讯的密码保护功能。如果申请了这项功能，则即便是他人盗走了密码，也可以通过密码保护功能把密码找回来。

② 如果没有设置密码保护或密码保护失效，则可通过账号申诉联系客服取回 QQ，提高申诉成功率的方法有：

- 早期，邀请早期添加、经常联系的好友辅助申诉。
- 原始，填写以往密码时提供尽量原始的密码等历史资料。
- 充分，填写申诉资料时多填，不确定的也填，填错没影响；多邀请好友，完成辅助才有效。

③ 最好避免在网吧等公共场所使用 QQ。如果在网吧使用，建议进行以下安全操作：

- 选择正规的网吧。一般来说，正规网吧计算机的安全性远远高于无经营执照的“黑”网吧。因此，用户应该尽量在正规的大型网吧上网，使用前先了解网吧计算机的安全性（如是否安装了杀毒软件），发现安全问题及时提醒网吧管理员。
- 重启计算机。网吧计算机一般安装有还原系统，重新启动计算机后，还原系统能够自动将计算机操作系统及软件配置还原到网吧管理员安装后的初始状态。因此，重新启动计算机可以最大程度地避免网吧计算机在使用过程中受到出现的病毒等恶意程序的威胁。
- 登录 QQ 时采用安全措施。

扫描木马：登录 QQ 前，建议先使用 QQ 登录面板上提供的查杀木马功能扫描盗号木马，在扫描程序提示安全的情况下再尝试输入 QQ 密码。

输入密码：使用软键盘输入密码可以防止部分恶意程序非法获取输入的内容，有效提升输入密码过程的安全性。可以使用鼠标单击 QQ 密码输入框左侧的键盘图标打开软键盘，单击屏幕中显示的键盘上的相应字符完成输入。

绑定 QQ 密保卡：如果 QQ 账号绑定了一张 QQ 密码保护卡，且密码保护卡设置网址为 http://aq.qq.com/cn2/manage/mbk/my_mbk，并设置了“登录 QQ 需要验证密保卡”的服务，则 QQ 登录过程将更加安全，即使密码被非法获取，也不能仅通过非法获取的密码登录 QQ。

④ 对于陌生人，不要轻易接收他们发来的文件，即使收取了，也建议对文件进行杀毒操作，尽量确保文件的可靠和安全。

2）防止中奖诈骗。一天，小张在上网时收到一条 QQ 系统中奖信息，信息内容如图 10-37 所示。

图 10-37 QQ 系统中奖信息

看到中奖信息，小张非常激动，赶紧按照信息提示到指定网址领奖。在小张按照网站要求提供了身份证号、银行卡号等个人信息后，系统提示小张要先交保证金 1000 元，并声明所要交纳的保证金是用来方便奖品的顺利运出而收取的，等奖金到账之后再原数退回，并且指定了一个账号让小张汇款。小张想等发了奖金之后，这笔钱还会退回来的，于是就将 1000 元汇了过去。

过了两天，奖金仍没有到账，于是小张拨打客服电话询问。客服回答说需要小张再汇 500 元的手续费，500 元到账后，奖品发放手续才会顺利进行。小张很生气，要求先发奖品再汇款，这时客服竟威胁小张说他们有小张的身份证号和银行卡号等个人信息，如果不汇款，则到法院起诉小张。小张意识到自己很可能是上当受骗了，于是到腾讯的官方网站上进行查询，发现腾讯根本没有办“QQ 欢乐送”这个活动，客服电话也是假的。小张很后悔，如果不是自己贪心，那么就不会掉入坏人的圈套。

↳ 诊断提示：

① 腾讯不会向中奖用户索取任何费用（如手续费、运输费、邮寄费、税收等）。

② 腾讯客服电话为 0755-83765566。

③ 假冒系统消息一般是假冒网站弹出的，不是 QQ 弹出的，可多次打开网站辨别。

腾讯官方网站采用腾讯官方域名 qq.com，官方域名后如果还有字符，则域名后一定紧跟“/”，如网址“http://aq.qq.com/cn/manage/mbk/my_bk”就很可能是真的，而“http://www.qq.com.qqx.cn/index.html”显然是假冒的，其他一些网址中连“qq.com”都没有则 100% 是假的。

④ 假冒“腾讯客服”和“10000 号”的骗子很可能只是修改了 QQ 用户名，可查看 QQ 账号是不是 10000 号。

⑤ 腾讯公司所有的中奖活动都会在其官方主页上进行公布。需特别注意，欺诈者也可能借用相同的活动名称，链接到假冒网站诈骗，但通过前面的辨别方法可以区分。

⑥ 不要心存贪念，对于要求自己汇款的情况，一定要慎重。在上当受骗后，要及时向公安机关报案。

3）防止视频诈骗。这天，杜女士刚上网就接到了正在加拿大留学的儿子的视频邀请，其内容如图 10-38 所示。杜女士不知真假，请求帮助。

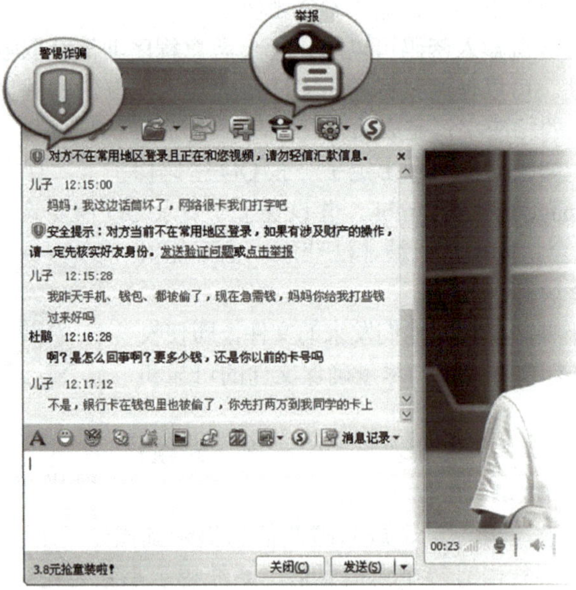

图 10-38　视频邀请

↳ 诊断提示：

① 视频诈骗的特征。

不法分子可能利用盗取的 QQ 号码和事先录下的视频影像，冒充登录的同时播放录制的视频影像来骗取钱财，视频诈骗一般有以下几个特征：

- 骗子一般会借口话筒坏了或网络原因来掩盖视频画面，以盗录视频。
- 骗得亲友信任后，马上以各种理由说自己急需用钱，要求亲友汇款。
- 骗子以各种借口让亲友将钱汇到一个陌生的账户上，从而骗取亲友财物。

② 防护措施。

- 在网络聊天时，不要随意接收对方传过来的文件，那很可能是盗号木马病毒，强烈建议大家安装防护软件，以避免被不法分子利用。
- 在视频聊天时，可能遇到陌生人，当涉及财产和个人隐私等方面的内容时一定要慎重，如果真的涉及账务问题，则一定要打电话核实对方身份，谨防他人冒充好友骗钱。
- 确定对方是骗子后，可以马上在聊天窗口上方进行举报操作，提交相关聊天记录等信息，如图 10-39 所示。

图 10-39　通过 QQ 聊天窗口进行举报操作

- 如果原主人 QQ 账号被盗，则应立刻杀毒并修改 QQ 密码，同时告知其他好友谨防被骗。

项目总结

本项目通过对网络安全设置的典型案例的介绍，使学生掌握 IE 浏览器的安全设置与修复、修补操作系统漏洞、设置 Windows 防火墙等相关知识，具备网络安全设置的基本能力。

1. 维修要点

1）维修人员要熟悉常见的网络安全隐患，了解网络攻击的目标，以便采取正确的防护措施。

2）维修人员要注意系统中“Windows 操作中心”的安全提示，有助于故障的快速解决。

3）维修人员不仅自己要养成安全的上网习惯，还要善意地提醒其他计算机用户，尽量避免被各种网络陷阱蒙骗。

4）维修人员应尽量满足客户要求，以使客户满意，扩大客户群。

5）维修人员要善于积累经验，以便迅速、准确地找到故障部位并排除故障。

2. 解决思路

1）网页打开速度慢的解决思路如图 10-40 所示。

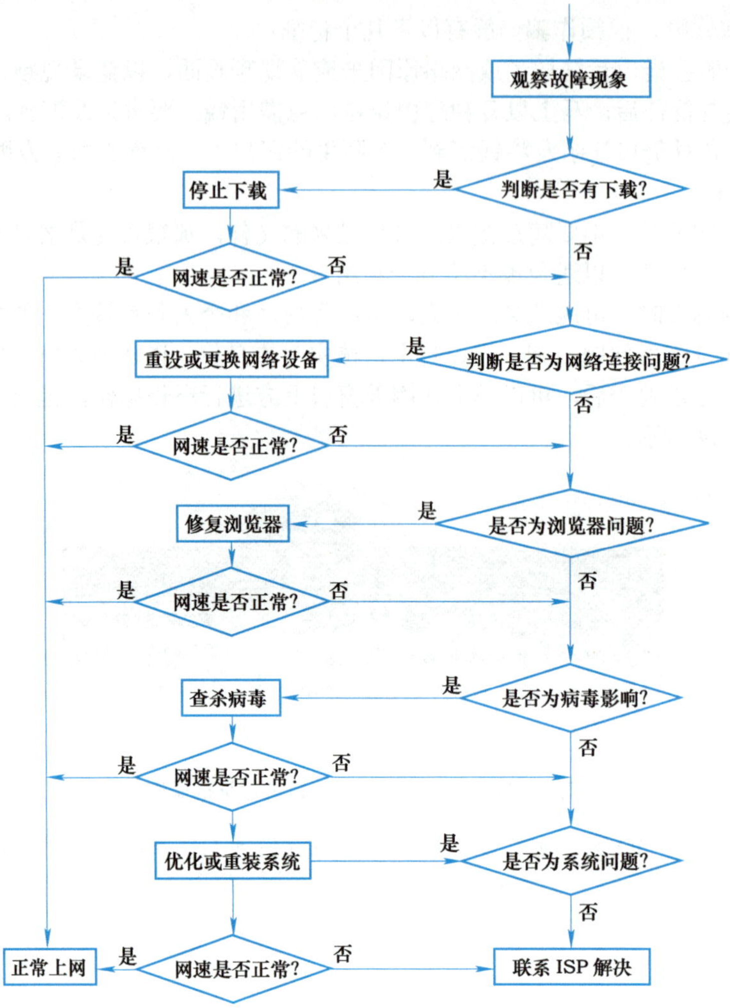

图 10-40　网页打开速度慢的解决思路

2）网络安全设置的思路如图 10-41 所示。

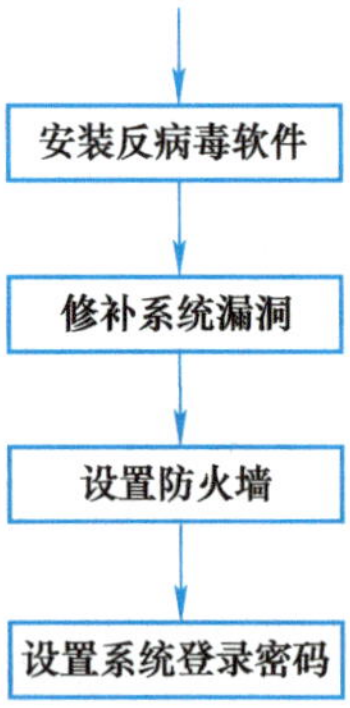

图 10-41　网络安全设置的思路

项目11　反病毒软件的使用

项目情境

小李在计算机公司的三个部门工作时均有出色的表现，客户也都对小李的服务赞不绝口，公司决定评选小李为“月先进员工”。

系统维护和安全防护方面的问题以前小李都解决过，最近他发现，使用一些第三方的工具软件可以更方便地对计算机进行安全维护。

项目概述

现在计算机已经走进了千家万户，网络的普及率也越来越高，但同时计算机病毒也给计算机的使用者带来了麻烦。如果没有安装反病毒软件，那么网络浏览、下载和使用U盘都可能感染病毒。

目前，国内的免费反病毒软件种类繁多，功能类似。本项目中主要通过360安全卫士和360杀毒两个典型案例介绍反病毒软件的使用方法。

学习目标

知识目标：

1. 了解病毒和木马的概念；
2. 了解常见计算机中毒的症状；
3. 掌握常用反病毒软件的使用方法。

能力目标：

1. 能够下载和安装用户指定的反病毒软件；
2. 能够使用一种或几种安全维护工具保护和维护计算机；
3. 能够使用一种或几种杀毒软件查杀病毒。

情感目标：

1. 能够与客户交流，了解故障现象；
2. 能够与客户沟通，确定故障解决方案；
3. 对于不熟悉的内容，能够查阅相关资料进行工作。

任务1 安全工具的使用

任务情境

方女士在计算机公司装完系统后，请网络服务部的小李为他推荐安装一款集系统优化与防护于一身的工具软件。

情境对话：

小　李：您好，您还有什么要求吗？

方女士：有没有比较好用的安全维护工具？最好是操作简便，功能多的。

小　李：那安装免费的360安全卫士吧，我给您演示一下，很容易用的。

方女士：好。

任务分析

1. 观察现象

方女士的计算机启动后，可以发现在“开始”菜单的“所有程序”中没有安装任何安全维护工具，如图11-1所示。这样的计算机随时存在被病毒、木马入侵的危险。

图11-1 “所有程序”中没有安全维护工具

2. 故障分析

只有先对病毒和木马有所了解，才能正确选择工具软件，从而对计算机进行更好的安全防护。

（1）病毒和木马的定义　《中华人民共和国计算机信息系统安全保护条例》中定义病毒和木马为：“编制或者在计算机程序中插入的破坏计算机功能或者破坏数据，影响计算机使用并且能够自我复制的一组计算机指令或者程序代码”。而在一般教科书及通用资料中定义病毒和木马为：“利用计算机软件与硬件的缺陷，由被感染机内部发出的破坏计算机数据并影响计算机正常工作的一组指令集或程序代码”。

木马是目前比较流行的一类病毒文件，与一般的病毒不同，它不会自我繁殖，也不“刻意”地感染其他文件，而是通过一段特定的程序（木马程序）来控制另一台计算机。木马通常有两个可执行程序：一个是客户端，即控制端，另一个是服务器端，即被控制端。植入被种者计算机的是“服务器”部分，而所谓的“黑客”正是利用“控制器”进入并运行了“服务器”的计算机。运行了木马程序的“服务器”后，被种者的计算机就会有一个或几个端口被打开，使黑客可以利用这些打开的端口进入计算机系统，安全和个人隐私也就全无保障了。木马的设计者为了防止木马被发现，而采用多种手段隐藏木马。木马的服务一旦运行并被控制端连接，其控制端将享有服务器端的大部分操作权限，如给计算机增加密码，浏览、移动、复制、删除文件，修改注册表以及更改计算机配置等。

尽管病毒与木马并不是人们所喜欢的东西，但不得不承认它是一种比较完美的、精巧且严谨的代码。编写者的主要目的有：一些天才的程序员为了表现和证明自己的能力；好奇、报复、祝贺、得到控制密码等；也有的是为了防止做完软件拿不到报酬而预留的陷阱等。

（2）计算机病毒的特点

1）寄生性。计算机病毒寄生在其他程序中，当执行这个程序时，病毒就起破坏作用，而在未启动这个程序之前，它是不易被人发觉的。

2）传染性。计算机病毒不但本身具有破坏性，而且更有害的是具有传染性，一旦病毒被复制或产生变种，其速度之快令人难以预防。传染性是病毒的基本特征。计算机病毒是一段人为编制的计算机程序代码，这段程序代码一旦进入计算机并得以执行，就会搜寻其他符合其传染条件的程序或存储介质，确定目标后再将自身代码插入其中，达到自我繁殖的目的。

病毒会在计算机中迅速扩散，其中的大量文件会被感染。而被感染的文件又成了新的传染源，再与其他计算机进行数据交换或通过网络接触时，病毒会继续进行传染。

3）潜伏性。有些病毒像定时炸弹一样，让它什么时间发作是预先设计好的，如黑色星期五病毒和 CIH 病毒，不到预定时间很难觉察出，等到条件具备时立刻运行，对系统进行破坏。

4）隐蔽性。计算机病毒具有很强的隐蔽性，有的可以通过病毒软件检查出来，有的根本查不出来，有的时隐时现、变化无常，这类病毒处理起来通常很困难。

5）破坏性。计算机中毒后，可能会导致正常的程序无法运行，把计算机内的文件删除或受到不同程度的损坏。

6）可触发性。病毒因某个事件或数值的出现，诱使病毒实施感染或进行攻击的特性称为可触发性。病毒既要隐蔽又要维持杀伤力，它必须具有可触发性。

（3）计算机病毒的分类　根据多年对计算机病毒的研究，按照科学的、系统的、严密的方法，计算机病毒可分类如下：

1）根据病毒存在的媒体，病毒可以分为网络病毒、文件病毒、引导型病毒。

2）根据病毒传染的方法，可分为驻留型病毒和非驻留型病毒。

3）根据病毒破坏的能力，可分为无害型、无危险型、危险型、非常危险型。

4）根据病毒特有的算法，病毒可以分为伴随型病毒、“蠕虫”型病毒、寄生型病毒、诡秘型病毒、变型病毒等。

（4）用户计算机中毒的症状　通常可以通过判断计算机是否有以下症状来确定是否感染了病毒：

1）计算机系统运行速度减慢、系统经常无故死机。

2）计算机系统中的文件长度发生变化。

3）计算机存储的容量异常减少。

4）系统引导速度减慢。

5）文件丢失或损坏。

6）计算机屏幕上出现异常显示。

7）计算机系统的蜂鸣器出现异常声响。

8）磁盘卷标发生变化。

9）系统不识别硬盘。

10）对存储系统异常访问。

11）键盘输入异常。

12）文件的日期、时间、属性等发生变化。

13）文件无法正确读取、复制或打开。

14）命令执行出现错误。

15）强制切换盘符。

16）系统时间倒转，逆向计时。

17）Windows 操作系统无故频繁出现错误。

18）系统异常重新启动。

19）异常要求用户输入密码。

20）Word 或 Excel 提示执行“宏”。

21）不应驻留内存的程序驻留内存。

（5）历史上的一些著名病毒

1）CIH（1998 年）。CIH 病毒是迄今为止破坏性最严重的病毒，也是世界上首例破坏硬件的病毒。它发作时不仅破坏硬盘的引导区和分区表，而且破坏计算机系统 BIOS，导致主板损坏。此病毒是由台湾大学生陈盈豪研制的，据说他研制此病毒的目的是纪念 1986 年的灾难或是让反病毒软件难堪。

2）Love bug（2000 年）。Love bug 通过电子邮件进行传播，它利用了人类的本性，把自己伪装成一封求爱信，欺骗收件人打开。这个病毒以其传播速度和范围让安全专家吃惊。在数小时之内，这个小小的计算机程序征服了全世界范围内的计算机系统。

3）“冲击波”（2003 年）。“冲击波”病毒的英文名称是 Blaster，还被叫作 Lovsan 或 Lovesan，它利用了微软软件中的一个缺陷，对系统端口进行疯狂攻击，可以导致系统崩溃。

4）“震荡波”（2004 年）。“震荡波”病毒是又一个利用 Windows 缺陷的蠕虫病毒，它可以导致计算机崩溃并不断重启。

5）“熊猫烧香”（2007 年）。“熊猫烧香”病毒会使所有程序图标变成熊猫烧香的图案，并使它们不能应用。

6）“扫荡波”（2008 年）。同“冲击波”和“震荡波”病毒一样，也是一个利用漏洞从网络入侵的程序。而且正好在黑屏事件，大批用户关闭自动更新后，更加剧了这个病毒的蔓延。此病毒可以导致被攻击者的机器被完全控制。

任务实施

1. 故障判断

进行计算机系统维护和保护时，除了需要掌握常用的技巧外，借助第三方工具软件也是一个非常可行且必要的手段。维护系统的工具软件有很多且都较为优秀，如 360 安全卫士、腾讯电脑管家、金山卫士和百度卫士等，使用这些工具软件可以简便地对系统进行维护与保护。

360 安全卫士是一款由奇虎 360 公司推出的功能强、效果好且受用户欢迎的安全软件。它拥有查杀木马、清理插件、修复漏洞、电脑体检、电脑救援、保护隐私等多种功能，可全面、智能地拦截各类木马，保护用户的账号、隐私等重要信息。由于 360 安全卫士使用极其方便实用，所以注册人数和下载人数在全国均排名前列。

2. 故障解决

小李为方女士安装 360 安全卫士，并演示使用方法。

（1）安装与启动 360 安全卫士　进入网址 http://www.360.cn/，单击“免费下载”按钮，如图 11-2 所示。

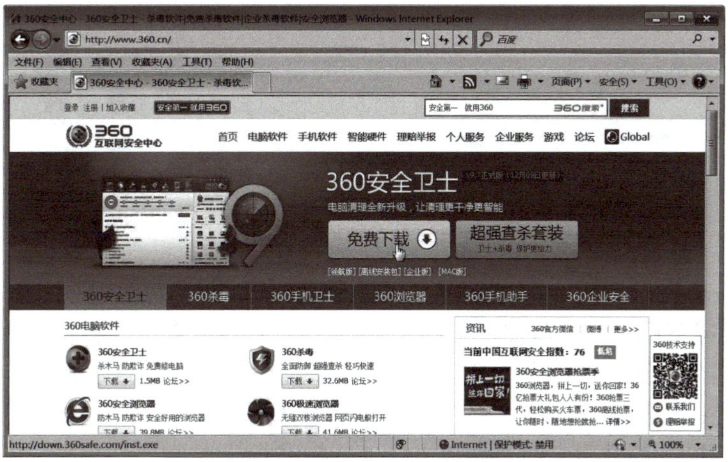

图 11-2　360 安全卫士下载

安装 360 安全卫士时可以选择安装的盘符和功能，安装界面如图 11-3 所示。

图 11-3　安装 360 安全卫士

（2）“电脑体检”功能　体检功能可以全面地检查计算机的各项状况，体检过程分为以下五步。

第 1 步：检测计算机系统和软件是否有故障；

第 2 步：检测计算机中没用的文件缓存和系统更新时留下的补丁等；

第 3 步：检测是否存在可优化的开机启动项；

第 4 步：检测是否有病毒、木马和漏洞等；

第 5 步：检测计算机系统是否需要强化。

体检完成后会提交一份优化计算机的意见，用户可以根据需求对计算机进行优化，也可以便捷地选择一键优化，如图 11-4 所示。

图 11-4　“电脑体检”功能

（3）“木马查杀”功能　“木马查杀”功能可以找出计算机中疑似木马的程序并在取得用户允许的情况下删除这些程序，如图 11-5 所示。主要有以下三种扫描方式。

① 快速扫描：扫描系统内存，开启启动项等关键位置，快速查杀木马。

② 全盘扫描：扫描全部磁盘文件，全面查杀木马及残留。

③ 自定义扫描：扫描指定的文件或文件夹，精准查杀木马。

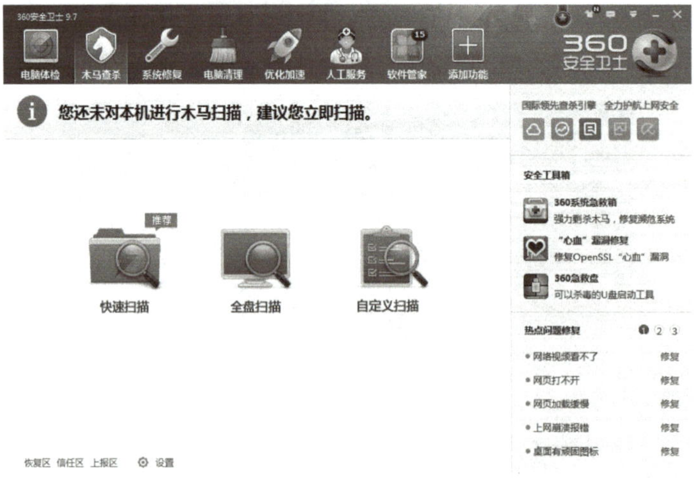

图 11-5　“木马查杀”功能

扫描后，处理结果如图 11-6 所示。

图 11-6 木马查杀处理结果

（4）“系统修复”功能 应用“系统修复”功能可以检查计算机中的关键位置是否处于正常的状态，如图 11-7 所示，包括两种功能：常规修复（修复浏览器组件等问题）和漏洞修复（修复计算机存在的漏洞）。

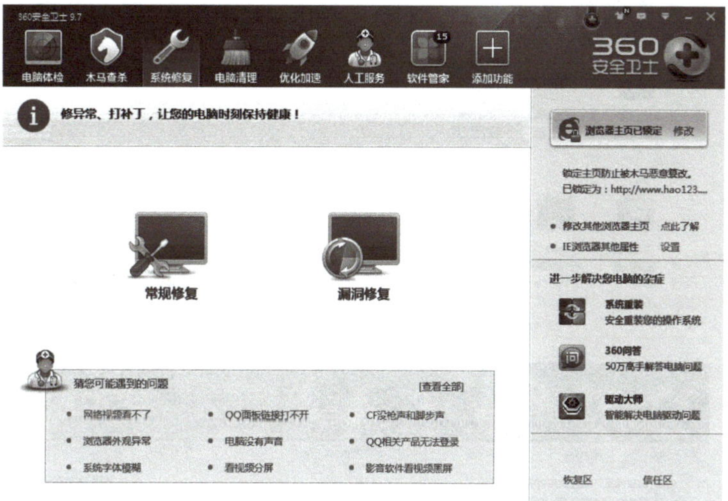

图 11-7 “系统修复”功能

（5）“电脑清理”功能 应用“电脑清理”功能可以清理无用的垃圾、上网痕迹和各种插件等，让计算机更快、更干净，如图 11-8 所示。

（6）“优化加速”功能 应用“优化加速”功能可以全面优化系统，提升计算机的运行速度。

① 一键优化：安全卫士根据检测到的系统状态，自动选择可优化项，如图 11-9 所示。

② 深度优化：通过优化硬盘传输效率、整理磁盘碎片等方法，让计算机运行速度加快，如图 11-10 所示。

③ 我的开机时间：检测计算机开机启动项占用的开机启动时间，可以选择禁止，如图

11-11 所示。

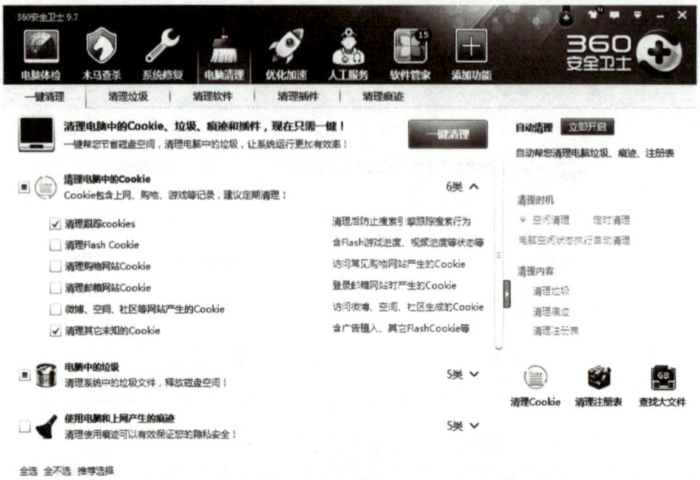

图 11-8 “电脑清理”功能

图 11-9 一键优化

图 11-10 深度优化

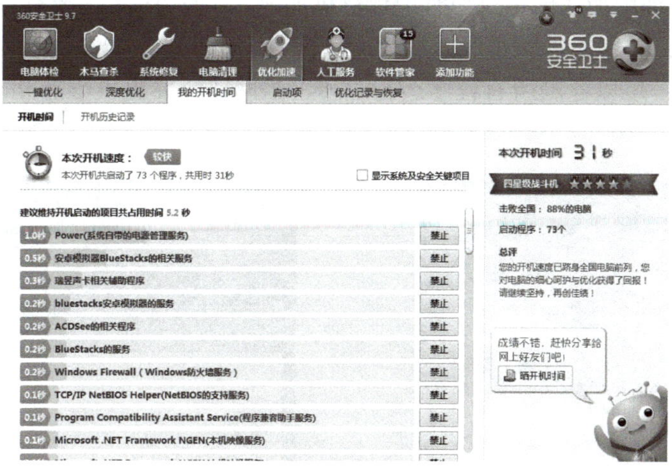

图 11-11　我的开机时间

④ 启动项：管理开机启动项，包括禁止和开启，如图 11-12 所示。

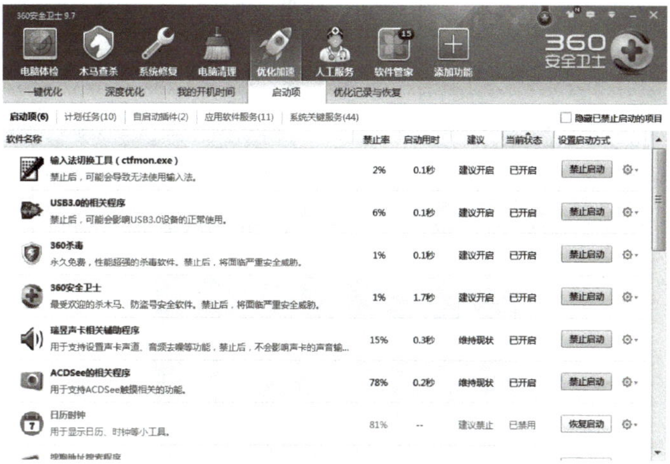

图 11-12　启动项

⑤ 优化记录与恢复：安全卫士保存优化记录，也可以自己选择需要恢复的优化项，如图 11-13 所示。

图 11-13　优化记录与恢复

（7）加速球　使用加速球可以随时给计算机加速，方便快捷，主要有以下三个功能模块。

1）加速模块：关闭闲置的程序，加快计算机的运行速度，如图 11-14 所示。

2）网速模块：可以检测所有程序运行时所占的网速，并提供限速和流量保护功能，如图 11-15 所示。

图 11-14　加速模块

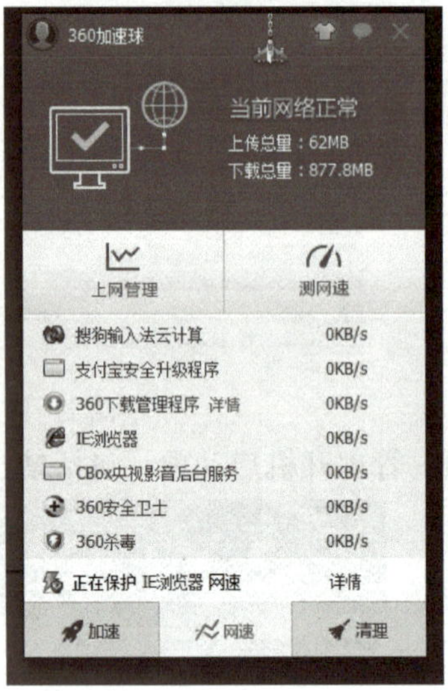

图 11-15　网速模块

3）清理模块：用于一键清理垃圾、不常用软件和启动项等，如图 11-16 所示。

图 11-16　清理模块

3. 任务完成

方女士很快就学会了 360 安全卫士的基本使用方法，以后就可以自己维护计算机了。

经验分享

对下载文件的自动扫描

当通过 QQ、阿里旺旺等聊天工具接收文件，或通过迅雷、快车等下载工具下载文件时，如果已经开启了对聊天软件及下载软件的防护功能，则 360 安全卫士会自动扫描接收到的文件，具体设置可在 360 设置中心更改，如图 11-17 所示。

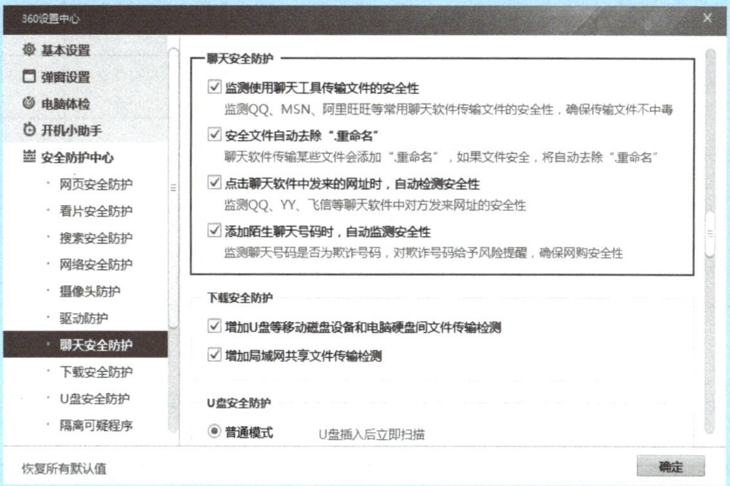

图 11-17　360 设置中心

任务评价

将学生分成小组，各小组选出组长。组长带领组员，在不同的计算机上分别安装并使用 360 安全卫士、腾讯电脑管家、金山卫士和百度卫士等工具软件，同时填写练习记录，见表 11-1。

表 11-1　练习记录

安装工具软件	
使用工具软件	
遇到的问题 及解决方案	

根据各组学生的实际操作情况和记录表填写情况作出任务评价，并填入表 11-2。

表 11-2　安全工具的使用任务评价

评价内容		评价要求	小组评价	教师评价
知识掌握		简述病毒和木马的定义		
		简述病毒的特点和分类		
实际操作	故障现象	正确描述并记录		
	故障分析	完整阐述分析思路		
	诊断方案	制订诊断方案		
	故障解决	使用工具软件进行木马查杀		
		使用工具软件进行漏洞修复		
		使用工具软件进行垃圾清理与优化		
教师建议：			评价汇总： A．优秀 B．良好 C．基本掌握	

任务拓展

分析以下故障现象，制订解决方案。

1）计算机不上网，也不使用外来磁盘，会感染病毒吗？

诊断提示：

只要安装好操作系统之后没有病毒，在不使用网络和外来存储介质的前提下，是不会感染病毒的。

2）计算机上安装了 360 安全卫士，需要再安装 360 杀毒吗？

诊断提示：

360 杀毒和 360 安全卫士组合是一个完整的安全防护体系，建议同时安装。360 安全卫士可查杀流行木马、恶意软件、修复系统漏洞；360 杀毒除了查杀流行的木马病毒外，对感染型病毒和脚本病毒等传统病毒也有非常好的查杀效果，同时安装可以最大程度地保护计算机的安全。

3）小马的操作系统是 Windows XP SP3，已经通过托盘区的音量小喇叭图标，将系统声音设置为静音了，但是小红伞杀毒软件在遇到病毒时仍会发出声音，请问这是怎么回事？

诊断提示：

一般情况下，计算机主板上都有蜂鸣器，不少程序都会调用这个蜂鸣器来发出特定的声音事件，例如，小红伞、卡巴斯基等都会调用这个蜂鸣器来发出警告声，与音量没有任何关系。如果想关闭警告声，则只有在软件中直接设置才可以，但不建议取消杀毒软件的警告声，以免忽略病毒危险。

任务 2　查杀病毒

任务情境

方女士的计算机安装好了 360 安全卫士软件，小李建议她最好再安装一套杀毒软件，以保护操作系统。

情境对话：

小　李：再给您安装一款免费的杀毒软件吧，要不计算机中毒就麻烦了。

方女士：刚才不是安装了 360 安全卫士吗？

小　李：360 安全卫士主要用于查杀流行木马和恶意软件；杀毒软件不仅可以用来查杀木马病毒，对其他类型的病毒也有非常好的查杀效果，可以最大程度地保护计算机的安全。

方女士：好。

任务分析

1. 观察现象

方女士的计算机只安装了 360 安全卫士，如图 11-18 所示。该软件虽然有一定的木马查杀能力，但为了全面防止病毒入侵，小李准备再安装一款杀毒软件进行病毒的防护与查杀。

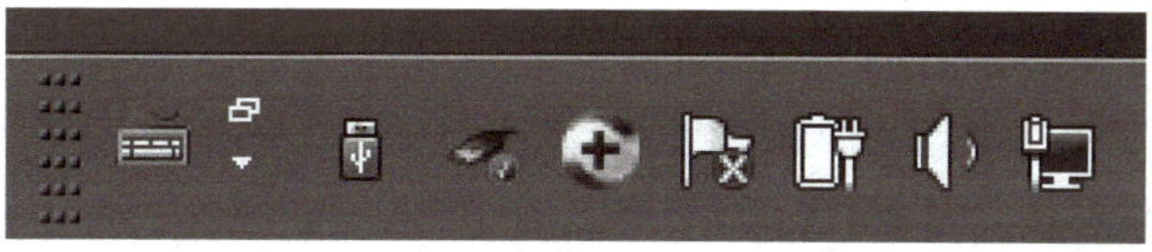

图 11-18　系统安装 360 安全卫士状态

2. 故障分析

（1）杀毒软件　杀毒软件是一种可以对病毒、木马等一切已知的对计算机有危害的程序代码进行清除的程序工具。“杀毒软件”是国内老一辈的反病毒软件厂商起的名字，后来和世界反病毒业接轨，统称为“反病毒软件”“安全防护软件”或“安全软件”。集成防火墙的“互联网安全套装”和“全功能安全套装”等用于消除计算机病毒、特洛伊木马和恶意软件的一类软件，从广义上说也属于杀毒软件的范畴。杀毒软件通常具有监控识别、病毒扫描、清除和病毒库自动升级等功能，有的杀毒软件还带有数据恢复、网络流量控制等功能，是计算机防御系统（包含杀毒软件、防火墙、特洛伊木马和其他恶意软件的查杀程序、入侵预防系统等）的重要组成部分。

（2）杀毒软件的原理　杀毒软件的任务是实时监控和扫描磁盘。部分杀毒软件通过在操作系统中添加驱动程序的方式，进驻操作系统，并且随操作系统启动。大部分的杀毒软件还具有防火墙功能。

1）实时监控。杀毒软件的实时监控方式因软件而异。有的杀毒软件，是通过在内存里划分一部分空间，将计算机中流过内存的数据与杀毒软件自身所带的病毒库（包含病毒定义）

的特征码相比较，以判断是否为病毒。另一些杀毒软件则在所划分到的内存空间中，虚拟执行操作系统或用户提交的程序，根据其行为或结果作出判断。

2）扫描磁盘。扫描磁盘的方式与上面提到的实时监控的第一种工作方式一样，只是在这里，反病毒软件会对磁盘上所有的文件（或用户自定义的扫描范围内的文件）做一次检查。

3）其他扫描技术。在此基础上，杀毒软件涉及的其他扫描技术主要有：

- 扫描压缩文件技术，即对压缩文件和封装文件作分析检查的技术。
- 程序窜改防护，即避免恶意程序借删除杀毒侦测程序而大肆破坏计算机。
- 修复技术，即是对恶意程序所损坏的文件进行还原。

任务实施

1．故障判断

目前，国内绝大多数杀毒软件均为免费的，如 360 杀毒、金山毒霸、瑞星杀毒和百度杀毒等。其中，360 杀毒通常与 360 安全卫士配套使用，这款软件目前支持的操作系统有 Windows XP SP2 以上（32 位简体中文版）、Windows Vista （32 位简体中文版）、Windows 7（32/64 位简体中文版）、Windows 8（32/64 位简体中文版）和 Windows Server 2003/2008 等。

给方女士安装的操作系统是 Windows 7 64 位中文旗舰版，符合安装环境要求，小李准备安装并向方女士演示如何查杀病毒。

2．故障解决

（1）下载安装 360 杀毒软件　要安装 360 杀毒软件，首先要通过 360 杀毒官方网站下载最新版本的 360 杀毒安装程序，如图 11-19 所示。

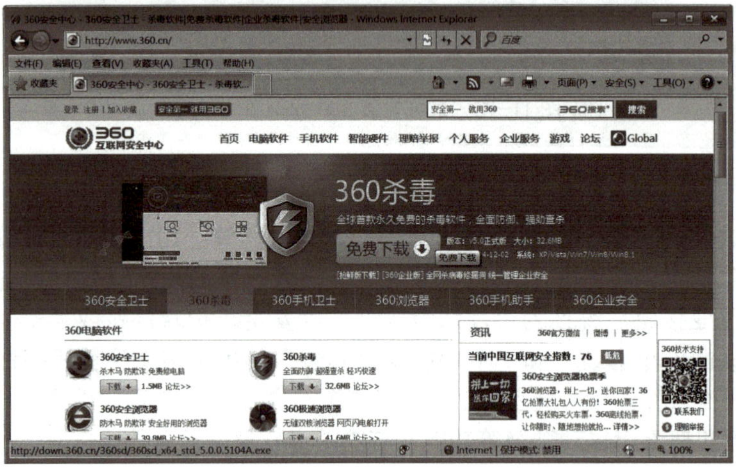

图 11-19　360 杀毒下载

双击运行下载好的安装包，弹出 360 杀毒安装向导。在这一步可以选择安装路径，建议按照默认设置即可，也可以单击“更换目录”按钮选择安装目录，如图 11-20 所示。

单击“立即安装”按钮，开始安装 360 杀毒软件，如图 11-21 所示。

安装完成后就可以看到杀毒软件的主界面，如图 11-22 所示。

如果需要卸载 360 杀毒，则可以从“开始”菜单的相关选项中进行卸载。

（2）升级　360 杀毒软件安装好后应该先升级，单击主界面下方的“检查更新”即可升级为最新的程序和病毒库，如图 11-23 所示。

图 11-20　360 杀毒安装目录

图 11-21　360 杀毒安装过程

图 11-22　360 杀毒软件的主界面

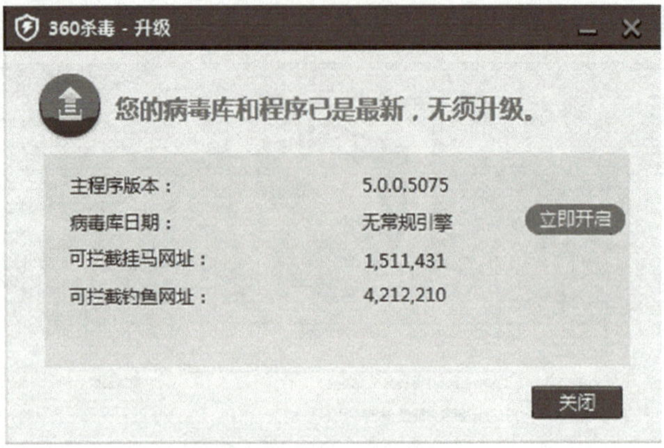

图 11-23　360 杀毒升级

另外，360 杀毒软件具有自动升级功能，如果开启了自动升级功能，则 360 杀毒软件会在有升级可用时自动下载并安装升级文件，如图 11-24 所示。

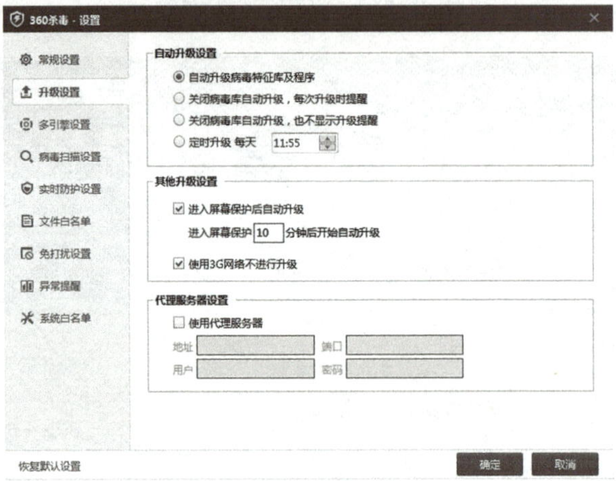

图 11-24　360 杀毒软件升级设置

（3）实时防护　360 杀毒软件具有实时病毒防护和手动扫描功能，为系统提供全面的安全防护。360 杀毒软件安装后默认开启实时防护功能，该功能的设置如图 11-25 所示。

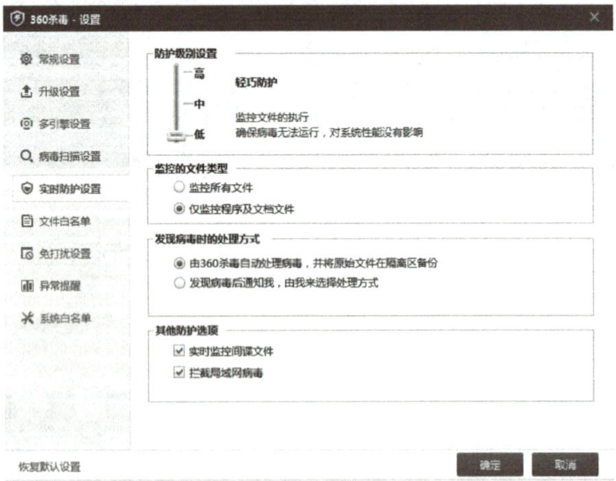

图 11-25　360 杀毒实时保护功能设置

实时防护功能会在文件被访问时对文件进行扫描，及时拦截活动的病毒。在发现病毒时会通过提示窗口警告用户，如图 11-26 所示。

图 11-26　360 杀毒发现病毒现象

（4）病毒查杀　360 杀毒软件杀毒时可以通过主界面直接使用快速扫描和全盘扫描，“功能大全”选项中还有“自定义扫描”等其他病毒扫描功能，如图 11-27 所示。

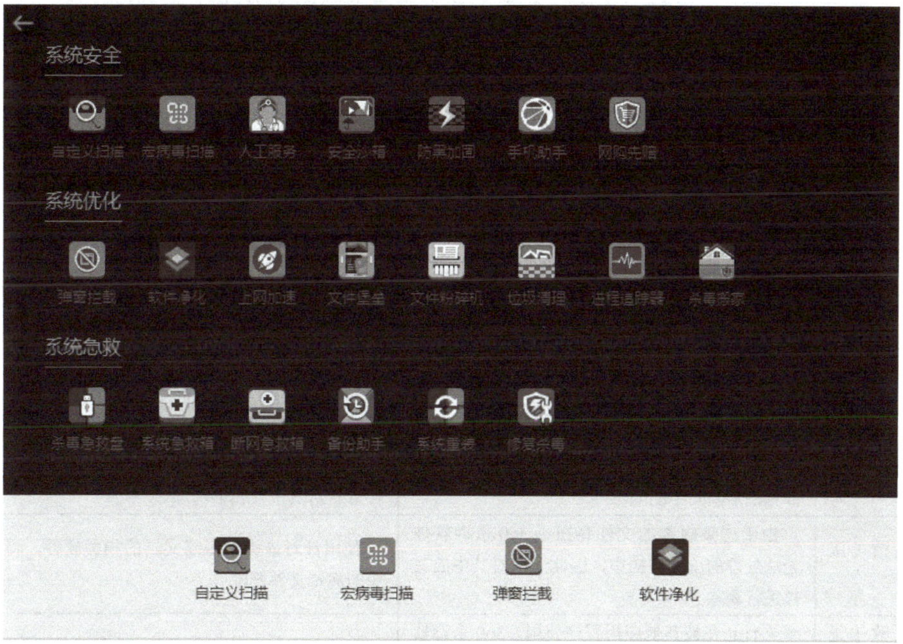

图 11-27　360 杀毒“功能大全”选项卡

360 杀毒软件扫描到病毒后，会先尝试清除文件所感染的病毒，如果无法清除，则会提示删除感染病毒的文件。木马和间谍软件由于并不采用感染其他文件的形式，而是其自身即为恶意软件，因此会被直接删除。

360 杀毒软件扫描完成后显示的恶意软件名称及含义见表 11-3。

表 11-3　常见恶意软件说明

名　称	说　明
病毒程序	病毒是指通过复制自身感染其他正常文件的恶意程序，被感染的文件可以通过清除病毒后恢复正常，也有部分被感染的文件无法进行清除，此时建议删除该文件，重新安装应用程序
木马程序	木马是一种伪装成正常文件的恶意软件，通常通过隐蔽的手段获得运行权限，然后盗窃用户的隐私信息，或进行其他的恶意行为
盗号木马	这是一种以盗取在线游戏、银行、信用卡等账号为主要目的的木马程序
Office 宏病毒	宏病毒是一种寄存在微软 Office 文档或模板的宏中的计算机病毒。一旦打开这样的文档，其中的宏就会被执行，于是宏病毒就会被激活并驻留在 Normal 模板上。从此以后，所有自动保存的文档都会感染上这种宏病毒，而且如果在其他计算机上打开了感染病毒的文档，则宏病毒又会转移到其他计算机上
广告软件	广告软件通常用于通过弹窗或打开浏览器页面向用户显示广告，此外，它还会监测用户的广告浏览行为，从而弹出更“相关”的广告。广告软件通常捆绑在免费软件中，在安装免费软件时一起安装
蠕虫病毒	蠕虫病毒是指通过网络将自身复制到网络中其他计算机上的恶意程序，有别于普通病毒，蠕虫病毒通常并不感染计算机上的其他程序，而是窃取其他计算机上的机密信息
后门程序	后门程序是指在用户不知情的情况下远程连接到用户计算机，并获取操作权限的程序
可疑程序	可疑程序是指有第三方安装并具有潜在风险的程序。虽然程序本身无害，但是经验表明，此类程序比正常程序具有更高的可能性被用作恶意目的，常见的有 HTTP 及 SOCKS 代理、远程管理程序等。此类程序通常可在用户不知情的情况下安装，并且在安装后对用户完全隐藏
测试代码	被检测出的文件是用于测试安全软件是否正常工作的测试代码，本身无害
恶意程序	其他不宜归类为以上类别的恶意软件，会被归类到“恶意程序”类别

在处理过程中，由于情况不同，有些感染文件无法被处理，请参见表 11-4 的解决说明，采用其他方法处理这些文件。

表 11-4　无法自动处理病毒的解决说明

错误类型	原　因	建议操作
清除失败（压缩文件）	由于感染病毒的文件存在于 360 杀毒软件无法处理的压缩文档中，因此无法对其中的文件进行病毒清除。360 杀毒软件对于 RAR、CAB、MSI 及系统备份卷类型的压缩文档目前暂时无法支持	使用针对该类型压缩文档的相关软件将压缩文档解压缩到一个目录下，然后使用 360 杀毒软件对该目录下的文件进行扫描及清除，完成后使用相关软件重新压缩成一个压缩文档
清除失败（密码保护）	对于有密码保护的文件，360 杀毒软件无法将其打开进行病毒清理	去除文件的保护密码，然后使用 360 杀毒软件进行扫描及清除。如果文件不重要，则也可直接删除该文件
清除失败（正被使用）	文件正在被其他应用程序使用，360 杀毒软件无法清除其中的病毒	退出使用该文件的应用程序，然后使用 360 杀毒软件重新对其进行扫描清除
删除失败（压缩文件）	由于感染病毒的文件存在于 360 杀毒软件无法处理的压缩文档中，因此无法对其中的文件进行删除	使用针对该类型压缩文档的相关软件，将压缩文档中的病毒文件删除
删除失败（正被使用）	文件正在被其他应用程序使用，360 杀毒软件无法删除该文件	退出使用该文件的应用程序，然后手工删除该文件
备份失败（文件太大）	由于文件太大，超出了文件恢复区的大小，因此无法被备份到文件恢复区	删除系统盘上的无用程序和数据，增加可用磁盘空间，然后再次尝试。如果文件不重要，那么也可选择删除文件，不进行备份

经验分享

对于隐藏在 U 盘中的文件病毒的处理

对于隐藏在 U 盘中的正常文件的病毒，该病毒或木马将 U 盘或移动硬盘中的正常文件或文件夹隐藏，然后将自己改名为和被隐藏的文件或文件夹相同的名称，并隐藏自己的文件扩展名。同时，病毒会将自己的图标改为文件夹图标或常见软件图标（如图片、视频等）。用户如未察觉，双击了病毒文件后，病毒即会执行并感染计算机。

对于这类病毒，可在 Windows 资源管理器中，执行“工具”→“文件夹选项”→“查看”命令，在对话框中选中“显示隐藏的文件和文件夹”，并清除“隐藏已知文件类型的扩展名”，就可看到移动硬盘或 U 盘中的所有文件，删除那些和自己的文件同名的程序文件即可（其文件扩展名一般为 .exe、.com、.bat 等）。

3. 任务完成

小李给方女士安装了 360 安全卫士和 360 杀毒软件后，方女士觉得简单好用，系统安全得到了保障。小李提醒方女士平时要多注意计算机的使用安全，远离病毒侵扰。方女士十分感谢小李，交完系统安装的费用后离开了计算机公司。

温馨提示

如何远离病毒侵扰

1）建立良好的安全习惯：不要轻易打开一些来历不明的邮件及附件，不要浏览一些具有诱惑性的网站，从网上下载的软件要杀毒后再安装，良好的使用习惯会使计算机更安全。

2）关闭或删除操作系统中不需要的服务：通常操作系统会安装一些辅助服务，如 FTP 客户端、Telnet 和 Web 服务器。这些服务为攻击者提供了方便，而对用户又没有太大用处，如果删除它们，则能大大减少被攻击的可能性。

3）经常升级安全补丁：绝大多数网络病毒是通过系统安全漏洞进行传播的，如蠕虫王、冲击波、震荡波等，所以应该定期到微软网站下载最新的安全补丁，以防范于未然。

4）使用复杂的密码：有许多网络病毒是通过猜测简单密码的方式攻击操作系统的，因此使用复杂的密码，可大大提高计算机的安全系数。

5）迅速隔离受感染的计算机：当计算机发现病毒或异常时应立刻断网，以防止计算机受到更多的感染，或成为传播源，再次感染其他计算机。

6）安装专业的杀毒软件进行全面监控：目前，国内大部分杀毒软件是免费使用的，建议用户安装使用正版的杀毒软件，以保障计算机的安全。

7）开启防火墙软件进行防“黑”：由于网络的发展，用户计算机面临的黑客攻击问题也越来越严重，许多网络病毒都采用了黑客的方法来攻击用户计算机，因此，开启防火墙，将安全级别设为“中”或“高”，这样才能有效地防止网络上的黑客攻击。

任务评价

将学生分成小组，各小组选出组长。组长带领组员，练习安装和运行各种杀毒软件，同时填写练习记录，见表 11-5。

表 11-5　练习记录

安装杀毒软件	
运行和使用杀毒软件	
遇到的问题及解决方案	

根据各组学生的实际操作情况和记录表填写情况作出任务评价，并填入表 11-6。

表 11-6　查杀病毒任务评价

评价内容		评价要求	小组评价	教师评价
知识掌握		简述杀毒软件的概念并举例		
		简述远离病毒侵扰的方法		
实际操作	故障现象	正确描述并记录		
	故障分析	完整阐述分析思路		
	诊断方案	制订诊断方案		
	故障解决	正确下载并安装杀毒软件		
		正确使用杀毒软件快速扫描操作系统		
		正确处理杀毒软件无法自动清除病毒的情况		
教师建议：			评价汇总： A. 优秀 B. 良好 C. 基本掌握	

任务拓展

分析以下故障现象，制订解决方案。

1）为了保护计算机的安全，在计算机中安装好几款杀毒软件，可取吗？

诊断提示：

很多的计算机用户以为在多个杀毒软件的层层绞杀之下，计算机就能安全无忧，于是买回好几种杀毒软件，都安装进了自己的计算机，这是不可取的。通常一台计算机只要安装一个杀毒软件就够了，如果这个杀毒软件不能满足自己的要求，则可以更换其他软件，但最好先卸载之前安装的软件。因为多个杀毒软件共存极易产生不兼容情况，从而导致系统资源占用大、系统运行慢、网速慢以及系统蓝屏等问题，不仅不能起到杀毒的效用，反而可能让系统在各种杀毒软件的冲突下出现错误，甚至造成计算机瘫痪。

2）如果安装了双系统，在每个操作系统中各安装了一个杀毒软件，会有冲突吗？

诊断提示：

这样安装不会起冲突，不过尽量不要安装在同一目录下。

3）360 杀毒软件病毒隔离区有什么作用？卸载、重装及杀毒时需要保留吗？

诊断提示：

病毒隔离区可以看作是计算机中的一个安全的、被隔离的文件夹，既不会被感染，也不会感染计算机。如果正常文件感染后被杀毒软件删除了，则建议保留杀毒软件的隔离区，以便在隔离区中对需要的文件进行恢复操作。

项目总结

本项目通过对反病毒软件的相关典型案例的介绍，使学生掌握反病毒软件的下载、安装和使用等相关知识，具备解决计算机病毒故障的能力。

1. 维修要点

1）维修人员要熟悉常见的杀毒软件，掌握一种或几种主流杀毒软件的安装使用方法。

2）维修人员要指导用户注意计算机使用安全，远离病毒侵扰。

3）维修人员应善于上网查阅病毒的相关资料和杀毒方法，以便在杀毒软件失效时手动查杀。

4）维修人员在无法查杀病毒时，应尽量在保证用户资料完好的情况下重装操作系统。

5）维修人员要善于积累经验，以便迅速、准确地排除故障。

2. 解决思路

病毒的处理思路如图 11-28 所示。

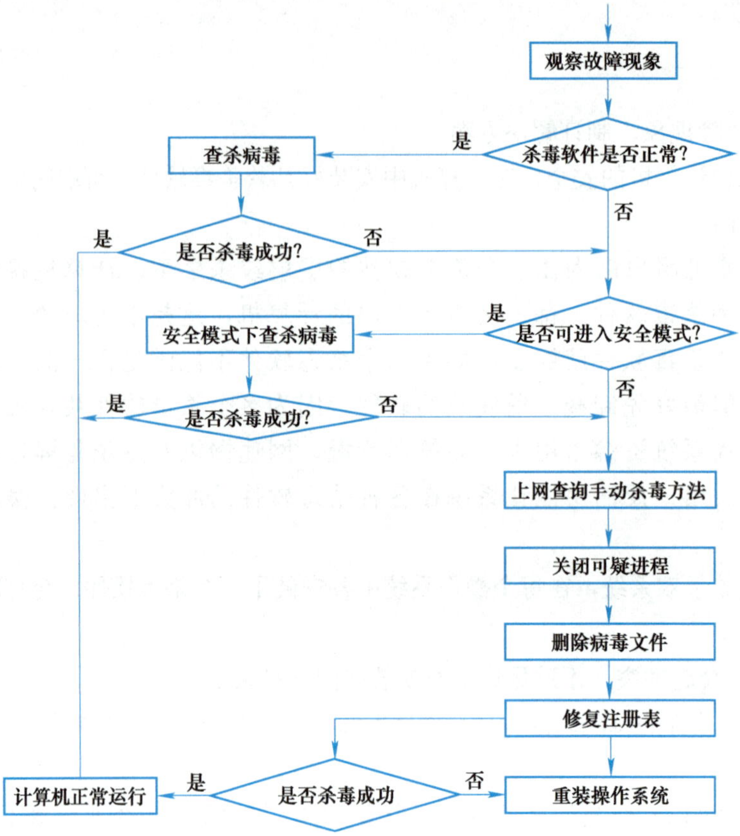

图 11-28　病毒的处理思路

参 考 文 献

[1] 吴民，刘征. 计算机故障检测与排除 [M]. 北京：机械工业出版社，2014.

[2] 丁强华. 计算机维护与维修 [M]. 北京：清华大学出版社，2014.

[3] 唐秋宇. 微机组装与维护实训教程 [M]. 2 版. 北京：中国铁道出版社，2011.

[4] 王先国，韩晋艳，等. 计算机组装与维修基础教程 [M]. 4 版. 北京：清华大学出版社，2009.

[5] 张思卿. 计算机组装与维护项目化教程 [M]. 北京：化学工业出版社，2012.

[6] 冯宝坤. 电脑硬件工程师资格认证教程 [M]. 北京：人民邮电出版社，2001.

[7] 邱玉辉. 电脑报（2014 合订本）[M]. 重庆：重庆出版社，2015.

[8] 人力资源和社会保障部教材办公室. 计算机（微机）维修工（中级）—国家职业技能鉴定考试指导 [M]. 北京：中国劳动社会保障出版社，2011.

[9] 柏松. 电脑常见故障排除应用技巧 800 例 [M]. 北京：航空工业出版社，2012.

[10] 刘洋，曲大海，等. 计算机组装、维护与维修项目教程 [M]. 北京：航空工业出版社，2013.

[11] 文光斌. 计算机组装、维护与维修 [M]. 2 版. 北京：电子工业出版社，2014.

[12] 李敬川. 计算机故障检测与维护 [M]. 北京：中国水利水电出版社，2014.